Inhalt

Alphabete, Primzahlen, Rechnen mit Näherungswerten

Griechisches Alphabet

Α	α	Alpha	Η	η	Eta	Ν	ν	Ny	Τ	τ	Tau
Β	β	Beta	Θ	θ, ϑ	Theta	Ξ	ξ	Xi	Υ	υ	Ypsilon
Γ	γ	Gamma	Ι	ι	Jota	Ο	ο	Omikron	Φ	φ	Phi
Δ	δ	Delta	Κ	κ	Kappa	Π	π	Pi	Χ	χ	Chi
Ε	ε	Epsilon	Λ	λ	Lambda	Ρ	ρ	Rho	Ψ	ψ	Psi
Ζ	ζ	Zeta	Μ	μ	My	Σ	σ, ς	Sigma	Ω	ω	Omega

Römische Zahlzeichen

Schreibweise:
- links beginnend mit dem Symbol der größten Zahl
- die Symbole I, X, C werden höchstens dreimal hintereinander geschrieben, die Symbole V, L, D nur einmal
- steht ein Symbol einer kleineren Zahl vor dem einer größeren, so wird sein Wert von dem folgenden größeren subtrahiert (vorangestellt, also subtrahiert, darf immer nur *ein* kleineres Symbol werden)

Symbole													
I	**1**	**C**	**100**	III	3	X	10	XL	40	XCVIII	98	DCCCLXXXVIII	888
V	**5**	**D**	**500**	VII	7	XI	11	XLI	41	IC	99	CM	900
X	**10**	**M**	**1000**	VIII	8	XXX	30	LXXXIV	84	CVII	107	MCMLXXXVII	1987
L	**50**			IX	9	XXXIX	39	XC	90	CCCII	302	MXMIII	1993

Primzahlen

2	101	233	383	547	701	877	1039	1223	1427	1583	1777	1987
3	103	239	389	557	709	881	1049	1229	1429	1597	1783	1993
5	107	241	397	563	719	883	1051	1231	1433	1601	1787	1997
7	109	251	401	569	727	887	1061	1237	1439	1607	1789	1999
11	113	257	409	571	733	907	1063	1249	1447	1609	1801	
13	127	263	419	577	739	911	1069	1259	1451	1613	1811	2003
17	131	269	421	587	743	919	1087	1277	1453	1619	1823	2011
19	137	271	431	593	751	929	1091	1279	1459	1621	1831	2017
23	139	277	433	599	757	937	1093	1283	1471	1627	1847	2027
29	149	281	439	601	761	941	1097	1289	1481	1637	1861	2029
31	151	283	443	607	769	947	1103	1291	1483	1657	1867	2039
37	157	293	449	613	773	953	1109	1297	1487	1663	1871	2053
41	163	307	457	617	787	967	1117	1301	1489	1667	1873	2063
43	167	311	461	619	797	971	1123	1303	1493	1669	1877	2069
47	173	313	463	631	809	977	1129	1307	1499	1693	1879	2081
53	179	317	467	641	811	983	1151	1319	1511	1697	1889	2083
59	181	331	479	643	821	991	1153	1321	1523	1699	1901	2087
61	191	337	487	647	823	997	1163	1327	1531	1709	1907	2089
67	193	347	491	653	827		1171	1361	1543	1721	1913	2099
71	197	349	499	659	829	1009	1181	1367	1549	1723	1931	2111
73	199	353	503	661	839	1013	1187	1373	1553	1733	1933	2113
79	211	359	509	673	853	1019	1193	1381	1559	1741	1949	2129
83	223	367	521	677	857	1021	1201	1399	1567	1747	1951	2131
89	227	373	523	683	859	1031	1213	1409	1571	1753	1973	2137
97	229	379	541	691	863	1033	1217	1423	1579	1759	1979	2141

Verteilung der Elektronen in der Atomhülle (Grundzustand)

Periode	Ordnungszahl	Elemente		Anordnung der Elektronen 1	2	3	4	5	6	7
Periode 1	1	Wasserstoff	H	1						
	2	Helium	He	2						
Periode 2	3	Lithium	Li	2	1					
	4	Beryllium	Be	2	2					
	5	Bor	B	2	3					
	6	Kohlenstoff	C	2	4					
	7	Stickstoff	N	2	5					
	8	Sauerstoff	O	2	6					
	9	Fluor	F	2	7					
	10	Neon	Ne	2	8					
Periode 3	11	Natrium	Na	2	8	1				
	12	Magnesium	Mg	2	8	2				
	13	Aluminium	Al	2	8	3				
	14	Silicium	Si	2	8	4				
	15	Phosphor	P	2	8	5				
	16	Schwefel	S	2	8	6				
	17	Chlor	Cl	2	8	7				
	18	Argon	Ar	2	8	8				
Periode 4	19	Kalium	K	2	8	8	1			
	20	Calcium	Ca	2	8	8	2			
	21	Scandium	Sc	2	8	8+1	2			
	22	Titanium	Ti	2	8	8+2	2			
	23	Vanadium	V	2	8	8+3	2			
	24	Chromium	Cr	2	8	8+4	2			
	25	Mangan	Mn	2	8	8+5	2			
	26	Eisen	Fe	2	8	8+6	2			
	27	Cobalt	Co	2	8	8+7	2			
	28	Nickel	Ni	2	8	8+8	2			
	29	Kupfer	Cu	2	8	8+9	2			
	30	Zink	Zn	2	8	8+10	2			
	31	Gallium	Ga	2	8	18	3			
	32	Germanium	Ge	2	8	18	4			
	33	Arsen	As	2	8	18	5			
	34	Selen	Se	2	8	18	6			
	35	Brom	Br	2	8	18	7			
	36	Krypton	Kr	2	8	18	8			
Periode 5	37	Rubidium	Rb	2	8	18	8	1		
	38	Strontium	Sr	2	8	18	8	2		
	39	Yttrium	Y	2	8	18	8+1	2		
	40	Zirconium	Zr	2	8	18	8+2	2		
	41	Niobium	Nb	2	8	18	8+3	2		
	42	Molybdän	Mo	2	8	18	8+4	2		
	43	Technetium	Tc	2	8	18	8+5	2*		
	44	Ruthenium	Ru	2	8	18	8+6	2		
	45	Rhodium	Rh	2	8	18	8+7	2		
	46	Palladium	Pd	2	8	18	8+8	2		
	47	Silber	Ag	2	8	18	8+9	2		
	48	Cadmium	Cd	2	8	18	8+10	2		
	49	Indium	In	2	8	18	18	3		
	50	Zinn	Sn	2	8	18	18	4		
	51	Antimon	Sb	2	8	18	18	5		
	52	Tellur	Te	2	8	18	18	6		
	53	Iod	I	2	8	18	18	7		
	54	Xenon	Xe	2	8	18	18	8		
Periode 6	55	Caesium	Cs	2	8	18	18	8	1	
	56	Barium	Ba	2	8	18	18	8	2	
	57	Lanthan	La	2	8	18	18	8+1	2	
	58	Cerium	Ce	2	8	18	18+1	8+1	2*	
	59	Praseodymium	Pr	2	8	18	18+2	8+1	2	
	60	Neodymium	Nd	2	8	18	18+3	8+1	2	
	61	Promethium	Pm	2	8	18	18+4	8+1	2	
	62	Samarium	Sm	2	8	18	18+5	8+1	2	
	63	Europium	Eu	2	8	18	18+6	8+1	2	
	64	Gadolinium	Gd	2	8	18	18+7	8+1	2	
	65	Terbium	Tb	2	8	18	18+8	8+1	2	
	66	Dysprosium	Dy	2	8	18	18+9	8+1	2	
	67	Holmium	Ho	2	8	18	18+10	8+1	2	
	68	Erbium	Er	2	8	18	18+11	8+1	2	
	69	Thulium	Tm	2	8	18	18+12	8+1	2	
	70	Ytterbium	Yb	2	8	18	18+13	8+1	2	
	71	Lutetium	Lu	2	8	18	18+14	8+1	2	
	72	Hafnium	Hf	2	8	18	32	8+2	2	
	73	Tantal	Ta	2	8	18	32	8+3	2	
	74	Wolfram	W	2	8	18	32	8+4	2	
	75	Rhenium	Re	2	8	18	32	8+5	2	
	76	Osmium	Os	2	8	18	32	8+6	2	
	77	Iridium	Ir	2	8	18	32	8+7	2	
	78	Platin	Pt	2	8	18	32	8+8	2*	
	79	Gold	Au	2	8	18	32	8+9	2	
	80	Quecksilber	Hg	2	8	18	32	8+10	2	
	81	Thallium	Tl	2	8	18	32	18	3	
	82	Blei	Pb	2	8	18	32	18	4	
	83	Bismut	Bi	2	8	18	32	18	5	
	84	Polonium	Po	2	8	18	32	18	6	
	85	Astat	At	2	8	18	32	18	7	
	86	Radon	Rn	2	8	18	32	18	8	
Periode 7	87	Francium	Fr	2	8	18	32	18	8	1
	88	Radium	Ra	2	8	18	32	18	8	2
	89	Actinium	Ac	2	8	18	32	18	8+1	2
	90	Thorium	Th	2	8	18	32	18+1	8+1	2*
	91	Protactinium	Pa	2	8	18	32	18+2	8+1	2*
	92	Uranium	U	2	8	18	32	18+3	8+1	2*
	93	Neptunium	Np	2	8	18	32	18+4	8+1	2*
	94	Plutonium	Pu	2	8	18	32	18+5	8+1	2*
	95	Americium	Am	2	8	18	32	18+6	8+1	2*
	96	Curium	Cm	2	8	18	32	18+7	8+1	2*
	97	Berkelium	Bk	2	8	18	32	18+8	8+1	2*
	98	Californium	Cf	2	8	18	32	18+9	8+1	2*
	99	Einsteinium	Es	2	8	18	32	18+10	8+1	2*
	100	Fermium	Fm	2	8	18	32	18+11	8+1	2*
	101	Mendelevium	Md	2	8	18	32	18+12	8+1	2*
	102	Nobelium	No	2	8	18	32	18+13	8+1	2*
	103	Lawrencium	Lr	2	8	18	32	18+14	8+1	2*
	104	Rutherfordium	Rf	2	8	18	32	32	8+2	2*
	105	Dubnium	Db	2	8	18	32	32	8+3	2*
	106	Seaborgium	Sg*							
	107	Bohrium	Bh*							
	108	Hassium	Hs*							
	109	Meitnerium	Mt*							

* Die Anordnung der Elektronen ist nicht gesichert.

Verwendete Zeichen, Abkürzungen und Symbole

Zeichen	Sprechweise / Bedeutung
$\ldots$	und so weiter bis
$=$ $\neq$	gleich ungleich
$<$ $\leq$	kleiner als kleiner oder gleich
$>$ $\geq$	größer als größer oder gleich
$\ll$ $\gg$	sehr klein gegen sehr groß gegen
$\approx$ $\hat{=}$	rund, angenähert entspricht
$\equiv$	identisch
% ‰	Prozent (S. 25) Promille (S. 25)
$]a, b[$	offenes Intervall von a bis b (S. 21)
$[a, b]$	abgeschlossenes Intervall von a bis b (S.21)
$[a, b[$	halboffenes Intervall von a bis b (S. 21)
$(a; b)$	geordnetes Paar
lim	Limes, Grenzwert
$\rightarrow$	gegen, konvergiert nach, nähert sich
∞	unendlich
$f(x)$	f von x (Wert der Funktion f an der Stelle x)
Δx, (Δy)	Delta x (Delta y), Differenz zweier Argumente (Werte) der Funktion f
$f'(x)$, $f''(x)$	1. bzw. 2. Ableitung der Funktion f (S. 42)
$\frac{dy}{dx}$	dy nach dx, 1. Differentialquotient der Funktion $y = f(x)$ (S. 42)
$\frac{d^2y}{dx^2}$	d2y nach dx^2, 2. Differentialquotient der Funktion $y = f(x)$ (S. 42)
$\int_a^b f(x)\,dx$	(bestimmtes) Integral f(x)dx von a bis b (S. 45)
$F(x)\Big\vert_a^b$	Stammfunktion F(x) von a bis b (S. 45)
(a_k)	Folge a_k (S. 40)
$\log_a x$	Logarithmus x zur Basis a (S. 23)
lg x	Logarithmus x zur Basis 10 (S. 23)
ln x	Logarithmus x zur Basis e (S. 23)
lb x	Logarithmus x zur Basis 2 (S. 40)
sin	Sinus (S. 35)
cos	Kosinus (S. 35)
tan	Tangens (S. 35)
cot	Kotangens (S. 35)
arcsin	Arkussinus (S. 39)
arccos	Arkuskosinus (S. 39)
arctan	Arkustangens (S. 39)
$a \mid b$	a teilt b; a ist Teiler von b
$a \nmid b$	a teilt nicht b; a ist kein Teiler von b
e	e, eulersche Zahl (S. 11)
π	Pi, ludolfsche Zahl (S. 11)

Zeichen	Sprechweise / Bedeutung
$\sim$	proportional, ähnlich (geom.)
$\cong$	kongruent, deckungsgleich
$\parallel$	parallel zu, Beispiel: $g \parallel h$
$\perp$	senkrecht auf, rechtwinklig zu
ΔABC	Dreieck mit den Eckpunkten A, B, C
$\sphericalangle$ ⦜	Winkel rechter Winkel
$\overline{AB}$	Strecke AB
$\vec{a}$, $\vec{F}$, $\overrightarrow{AB}$	Vektoren
$\vec{A} \times \vec{B}$, $\vec{a} \times \vec{b}$	Vektorprodukt, Kreuzprodukt (S. 52)
$\vec{a} \cdot \vec{b}$	Skalarprodukt (S. 52)
a^b	a hoch b (Potenz) (S. 23)
$\sqrt{\ }$ $\sqrt[n]{\ }$	Quadratwurzel aus n-te Wurzel aus (S. 23)
i	imaginäre Einheit ($\sqrt{-1}$) (S. 60)
$\vert x \vert$ $n!$	Betrag von x (S. 22) n Fakultät (S. 54)
$\binom{n}{p}$	n über p (Binomialkoeffizient) (S. 54)
$\sum_{k=1}^{n} a_k$	Summe aller a_k für $k = 1$ bis n
$\prod_{k=1}^{n} a_k$	Produkt aller a_k für $k = 1$ bis n
A, B, M_1	Mengen
$\{a; b\}$	Menge mit den Elementen a und b
$\varnothing$, $\{\}$	leere Menge
$\{x \mid \ldots\}$	Menge aller x, für die gilt: ...
$\in$ $\notin$	Element von nicht Element von
$\subseteq$ $\subset$	Teilmenge von (S.20) echte Teilmenge von
$A \cap B$	Schnittmenge von A und B (S. 20)
$A \cup B$	Vereinigungsmenge von A und B (S. 20)
$A \setminus B$	Differenzmenge A ohne B (S. 20)
$A \times B$	Produktmenge von A und B (S. 20)
$\overline{A}$	Komplementärmenge zu A (S. 20)
$\mathbb{N}$	Menge der natürlichen Zahlen (S. 21)
$\mathbb{N}^*$	Menge der natürlichen Zahlen ohne 0 (S. 21)
$\mathbb{Z}$	Menge der ganzen Zahlen (S. 21)
$\mathbb{Q}_+$	Menge der gebrochenen Zahlen (S. 21)
$\mathbb{Q}$	Menge der rationalen Zahlen (S. 21)
$\mathbb{R}$	Menge der reellen Zahlen (S. 21)
$\mathbb{C}$	Menge der komplexen Zahlen (S. 21, 60)
$\Rightarrow$	wenn ..., dann ... (Implikation) (S. 21)
$\Leftrightarrow$	genau dann, wenn (Äquivalenz) (S. 21)
$\wedge$	und (Konjunktion) (S. 21)
$\vee$	oder (Disjunktion) (S. 21)
$\neg$	nicht (Negation) (S. 21)

Formeln und Tabellen

für die Sekundarstufen I und II

DUDEN PAETEC Schulbuchverlag

Berlin · Mannheim

Autoren
Frank-Michael Becker (Biologie)
Gunter Boortz (Technik)
Prof. Dr. habil. Volkmar Dietrich (Chemie)
Dr. Lutz Engelmann (Mathematik, Informatik)
Dr. Christine Ernst (Chemie)
Dr. habil. Günter Fanghänel (Mathematik)
Heinz Höhne (Chemie)
Rudi Lenertat† (Mathematik)
Dr. Günter Liesenberg (Mathematik)
Prof. Dr. habil. Lothar Meyer (Physik)
Doz. Dr. habil. Christa Pews-Hocke (Biologie)
Dr. Gerd-Dietrich Schmidt (Physik, Technik)
Dr. habil. Reinhard Stamm (Mathematik)
Prof. Dr. habil. Karlheinz Weber (Mathematik)

1. Auflage
1 15 14 13 12 11 | 2013 2012 2011 2010 2009
Alle Drucke dieser Auflage können im Unterricht nebeneinander benutzt werden.
Die letzte Zahl bezeichnet das Jahr des Druckes.

Internet www.duden.de

Redaktion Dr. Lutz Engelmann, Prof. Dr. habil. Lothar Meyer,
Doz. Dr. habil. Christa Pews-Hocke, Helga Simon,
Prof. Dr. habil. Karlheinz Weber, Dr. Adria Wehser
Layout und Zeichnungen Dr. Zlatko Enev, Dieter Ruhmke
Druck und Bindung Těšínská tiskárna, Český Těšín

ISBN 978-3-89517-253-3
ISBN 978-3-89517-624-1 (Buch und CD mit Explorer Mathcad)

Allgemeines

Darstellung von Dezimalzahlen mit Hilfe abgetrennter Zehnerpotenzen

$a \in \mathbb{Q}_+$

a > 1	a < 1
$3\,440\,000 = 3{,}44 \cdot 1\,000\,000 = 3{,}44 \cdot 10^6$ Beim Übergang von $3{,}44 \cdot 10^6$ zur normalen Schreibweise rückt das Komma um sechs Stellen nach rechts und man erhält 3 440 000.	$0{,}000\,000\,023 = 2{,}3 \cdot 0{,}000\,000\,01 = 2{,}3 \cdot 10^{-8}$ Beim Übergang von $2{,}3 \cdot 10^{-8}$ zur normalen Schreibweise rückt das Komma um acht Stellen nach links und man erhält 0,000 000 023.

Hinweis:
Für $3{,}44 \cdot 10^6$ wird von manchen Taschenrechnern und Computern auch „3,44E6" oder „3,44 06" ausgegeben.

Rundungsregeln

Abrunden	Aufrunden
Beim Runden werden alle auf eine bestimmte Ziffer folgenden Ziffern durch Nullen ersetzt. Die betreffende Ziffer bleibt unverändert, wenn ihr vor der Nulleneinsetzung eine 0, 1, 2, 3 oder 4 folgte.	Beim Runden werden alle auf eine bestimmte Ziffer folgenden Ziffern durch Nullen ersetzt. Die betreffende Ziffer wird um 1 erhöht, wenn ihr vor der Nulleneinsetzung eine 5, 6, 7, 8 oder 9 folgte.

Rechnen mit Näherungswerten

Näherungswerte erhält man beim
- Schätzen,
- Messen und Runden,
- Ersetzen von irrationalen Zahlen durch rationale Zahlen,
- Ersetzen von gemeinen Brüchen, die auf periodische Dezimalbrüche führen,
- Arbeiten mit Tafeln, Taschenrechnern oder Computern.

Regel	Anwendung
Beim **Addieren und Subtrahieren** sucht man denjenigen Näherungswert heraus, bei dem die letzte zuverlässige Ziffer am weitesten links steht, und rundet das Ergebnis auf diese Stelle.	19,123 + 33,1 ← + 6,24 58,463 ≈ 58,5 ←
Beim **Multiplizieren und Dividieren** sucht man denjenigen Näherungswert heraus, der die geringste Anzahl zuverlässiger Ziffern besitzt, und rundet das Ergebnis auf diese Stellenanzahl.	$2{,}345 \cdot \overbrace{2{,}3}$ 4690 7035 $5{,}3935 \approx \overbrace{5{,}4}$

Vorsätze bei Einheiten

Vorsatz	Bedeutung	Zeichen	Faktor, mit dem die Einheit multipliziert wird	Vorsatz	Bedeutung	Zeichen	Faktor, mit dem die Einheit multipliziert wird
Exa	Trillion	E	10^{18}	Dezi	Zehntel	d	$0{,}1 = 10^{-1}$
Peta	Billiarde	P	10^{15}	Zenti	Hundertstel	c	$0{,}01 = 10^{-2}$
Tera	Billion	T	$10^{12} = 1\,000\,000\,000\,000$	Milli	Tausendstel	m	$0{,}001 = 10^{-3}$
Giga	Milliarde	G	$10^9 = 1\,000\,000\,000$	Mikro	Millionstel	µ	$0{,}000\,001 = 10^{-6}$
Mega	Million	M	$10^6 = 1\,000\,000$	Nano	Milliardstel	n	$0{,}000\,000\,001 = 10^{-9}$
Kilo	Tausend	k	$10^3 = 1\,000$	Pico	Billionstel	p	$0{,}000\,000\,000\,001 = 10^{-12}$
Hekto	Hundert	h	$10^2 = 100$	Femto	Billiardstel	f	10^{-15}
Deka	Zehn	da	$10^1 = 10$	Atto	Trillionstel	a	10^{-18}

Größen und Einheiten

SI-Basiseinheiten sind rot hervorgehoben.

Größe	Formelzeichen	Einheiten		Beziehungen zwischen den Einheiten
Abklingkoeffizient (S. 77,89)	δ	je Sekunde	s^{-1}	$1\ s^{-1} = 60\ min^{-1}$
Adiabatenexponent (S. 82)	κ, γ		1	
Aktivität einer radioaktiven Substanz (Zerfallsrate) (S. 94)	A	Becquerel	Bq	1 Bq $= 1 s^{-1}$
Äquivalentdosis (S. 94)	H	Sievert	Sv rem	1 Sv $= 1\ J \cdot kg^{-1}$ = 100 rem
Arbeit (S. 75)	W, A	Joule Newtonmeter Wattsekunde Kilowattstunde	J N·m W·s kW·h	1 J $= 1\ kg \cdot m^2 \cdot s^{-2}$ = 1 N·m = 1 W·s 1 kW·h $= 3{,}6 \cdot 10^6$ W·s
Atommasse, relative (S. 93)	A_r		1	
Beleuchtungsstärke (S. 92)	E	Lux	lx	1 lx $= 1\ lm \cdot m^{-2}$
Beschleunigung (S. 72 f.)	a, g	Meter je Quadratsekunde	$m \cdot s^{-2}$	$1\ m \cdot s^{-2} = 1\ N \cdot kg^{-1}$
Blindleistung, elektrische (S. 87)	Q	Watt	W	1 W = 1 var
Brennweite (S. 91)	f	Meter	m	
Brechwert (Brechkraft) (S. 91)	D	Dioptrie	dpt	1 dpt $= 1\ m^{-1}$
Dehnung, elastische (S. 72)	ε		1	
Dichte (Massendichte) (S. 76)	ρ	Kilogramm je Kubikmeter Gramm je Kubikzentimeter	$kg \cdot m^{-3}$ $g \cdot cm^{-3}$	$1\ kg \cdot m^{-3} = 10^{-3}\ g \cdot cm^{-3}$ $1\ g \cdot cm^{-3} = 10^3\ kg \cdot m^{-3}$
Drehimpuls (Drall) (S. 74)	L	Newtonmetersekunde	N·m·s	1 N·m·s $= 1\ kg \cdot m^2 \cdot s^{-1}$
Drehmoment (Kraftmoment) (S. 71)	M	Newtonmeter	N·m	1 N·m $= 1\ kg \cdot m^2 \cdot s^{-2}$
Drehzahl (S. 73 f.)	n	je Sekunde	s^{-1}	$1\ s^{-1} = 60\ min^{-1}$
Druck (S. 76)	p	Pascal Bar Atmosphäre Torr (Millimeter Quecksilbersäule) Meter Wassersäule	Pa bar at mmHg mWS	1 Pa $= 1\ N \cdot m^{-2}$ 1 bar $= 10^5$ Pa 1 at $= 9{,}81 \cdot 10^4$ Pa 1 Torr = 133,32 Pa 1 mWS $= 9{,}81 \cdot 10^3$ Pa
Durchflutung, elektrische (S. 86)	Θ	Ampere	A	
Durchschlagsfestigkeit (S. 85)	E_d	Volt je Meter	$V \cdot m^{-1}$	
Energie innere (S. 80)	E, W, U	Joule Newtonmeter Wattsekunde Elektronenvolt Steinkohleneinheit	J N·m W·s eV SKE	1 J $= 1\ kg \cdot m^2 \cdot s^{-2}$ = 1 N·m = 1 W·s 1 eV $= 1{,}602 \cdot 10^{-19}$ J 1 kg SKE = 29,3 MJ
Energiedosis (S. 94)	D	Gray	Gy	1 Gy $= 1\ J \cdot kg^{-1}$
Enthalpie (Wärmeinhalt) (S. 80)	H	Joule	J	1 J $= 1\ kg \cdot m^2 \cdot s^{-2}$
Entropie (S. 80)	S	Joule je Kelvin	$J \cdot K^{-1}$	$1\ J \cdot K^{-1} = 1\ kg \cdot m^2 \cdot s^{-2} \cdot K^{-1}$

Größe	Formelzeichen	Einheiten		Beziehungen zwischen den Einheiten
Fallbeschleunigung (Ortsfaktor) (S. 11)	g	Meter je Quadratsekunde	$m \cdot s^{-2}$	$1\ m \cdot s^{-2} = 1\ N \cdot kg^{-1}$
Feldstärke, elektrische (S. 84)	E	Volt je Meter	$V \cdot m^{-1}$	$1\ V \cdot m^{-1} = 1\ kg \cdot m \cdot s^{-3} \cdot A^{-1}$ $= 1\ N \cdot C^{-1}$
Feldstärke, magnetische (S. 86)	H	Ampere je Meter	$A \cdot m^{-1}$	$1\ A \cdot m^{-1} = 1\ kg \cdot m \cdot s^{-3} \cdot V^{-1}$ $= 1\ N \cdot Wb^{-1}$
Feuchte, absolute (S. 81)	ρ_w	Kilogramm je Kubikmeter	$kg \cdot m^{-3}$	$1\ kg \cdot m^{-3} = 10^{-3}\ g \cdot cm^{-3}$
Feuchte, relative (S. 81)	φ		1	
Flächeninhalt (Fläche)	A, S	Quadratmeter Hektar Ar	m^2 ha a	$1\ m^2 = 10^{-6}\ km^2$ $= 10^2\ dm^2$ $= 10^4\ cm^2$ $= 10^6\ mm^2$ $1\ ha = 10^4\ m^2$ $1\ a = 10^2\ m^2$
Fluss, elektrischer (S. 84)	ψ	Coulomb	C	$1\ C = 1\ A \cdot s$
Fluss, magnetischer (S. 86)	Φ	Weber	Wb	$1\ Wb = 1\ V \cdot s$
Flussdichte, elektrische (S. 84)	D	Coulomb je Quadratmeter	$C \cdot m^{-2}$	$1\ C \cdot m^{-2} = 1\ A \cdot s \cdot m^{-2}$
Flussdichte, magnetische (magnetische Induktion) (S. 86)	B	Tesla	T	$1\ T = 1\ Wb \cdot m^{-2}$ $= 1\ V \cdot s \cdot m^{-2}$ $= 1\ N \cdot m^{-1} \cdot A^{-1}$
Frequenz (S. 90)	f, ν	Hertz	Hz	$1\ Hz = 1\ s^{-1}$
Geschwindigkeit Ausbreitungsgeschwindigkeit (S. 90)	v, u c	Meter je Sekunde Kilometer je Stunde Knoten	$m \cdot s^{-1}$ $km \cdot h^{-1}$ kn	$1\ m \cdot s^{-1} = 3{,}6\ km \cdot h^{-1}$ $1\ km \cdot h^{-1} = 0{,}28\ m \cdot s^{-1}$ $1\ kn = 1\ sm \cdot h^{-1}$ $= 1\,852\ m \cdot h^{-1}$
Höhe	h	Meter	m	s. Länge
Impuls (Bewegungsgröße) (S. 74)	p	Kilogrammeter je Sekunde	$kg \cdot m \cdot s^{-1}$	$1\ kg \cdot m \cdot s^{-1} = 1\ N \cdot s$
Induktivität (S. 87)	L	Henry	H	$1\ H = 1\ Wb \cdot A^{-1}$ $= 1\ m^2 \cdot kg \cdot s^{-2} \cdot A^{-2}$
Kapazität, elektrische (S. 85)	C	Farad	F	$1\ F = 1\ A \cdot s \cdot V^{-1}$
Kraft (S. 70)	F	Newton Kilopond	N kp	$1\ N = 1\ kg \cdot m \cdot s^{-2}$ $= 1\ J \cdot m^{-1}$ $1\ kp = 9{,}81\ N$
Kraftstoß (S. 74)	I	Newtonsekunde	$N \cdot s$	$1\ N \cdot s = 1\ kg \cdot m \cdot s^{-1}$
Kreisfrequenz (S. 90)	ω	je Sekunde	s^{-1}	$1\ s^{-1} = 60\ min^{-1}$
Ladung, elektrische (S. 84)	Q	Coulomb	C	$1\ C = 1\ A \cdot s$
Länge	l	Meter Seemeile Astronomische Einheit Lichtjahr Parsec Ångström	m sm AE ly pc Å	 $1\ sm = 1\,852\ m$ $1\ AE = 1{,}495\,978\,70 \cdot 10^{11}\ m$ $1\ ly = 9{,}461 \cdot 10^{15}\ m$ $1\ pc = 3{,}086 \cdot 10^{16}\ m$ $1\ Å = 10^{-10}\ m$
Lautstärkepegel (Lautstärke) (S. 78)	L_N	Phon	phon	

Allgemeines

Größe	Formelzeichen	Einheiten		Beziehungen zwischen den Einheiten
Leistung (S. 75, 83, 87)	P	Watt Pferdestärke	W PS	1 W = 1 J · s^{-1} = 1 V · A = 1 kg · m^2 · s^{-3} = 1 N · m · s^{-1} 1 PS = 736 W
Leistungsfaktor (S. 87)	cos φ		1	
Leistungszahl einer Kältemaschine (S. 79)	ε_K		1	
Leitfähigkeit, elektrische (S. 83, 17)	γ, κ	Siemens je Meter	S · m^{-1}	1 S · m^{-1} = 1 Ω^{-1} · m^{-1} = 10^{-6} m · Ω^{-1} · mm^{-2}
Leitwert, elektrischer (S. 83)	G	Siemens	S	1 S = 1 Ω^{-1}
Leuchtdichte (S. 92)	L_V	Candela je Quadratmeter	cd · m^{-2}	
Leuchtkraft (S. 95)	L	Watt	W	s. Leistung
Lichtstärke (S. 92)	I_V	Candela	cd	
Lichtstrom (S. 92)	Φ_V	Lumen	lm	1 lm = 1 cd · sr
Masse	m	Kilogramm Tonne Zentner Pfund Karat Atomare Masseeinheit	kg t Ztr. Pfd. k u	 1 t = 10^3 kg 1 Ztr. = 50 kg 1 Pfd. = 500 g 1 k = 2 · 10^{-4} kg 1 u = 1,660 540 · 10^{-27} kg
molare Masse (S. 82)	M	Kilogramm je Mol	kg · mol^{-1}	1 kg · mol^{-1} = 10^3 g · mol^{-1}
molares Volumen (S. 82)	V_m	Kubikmeter je Mol	m^3 · mol^{-1}	1 m^3 · mol^{-1} = 10^3 l · mol^{-1}
Periodendauer (Schwingungsdauer) (S. 90)	T	Sekunde	s	s. Zeit
Potential, elektrisches (S. 85)	φ, φ_e	Volt	V	
Radius	r	Meter	m	s. Länge
Raumwinkel	Ω, ω	Steradiant	sr	1 sr = 1 m^2 · m^{-2}
Schalldruckpegel (S. 78)	L_A	Dezibel (A)	dB(A)	
Schallintensität (S. 78)	I	Watt je Quadratmeter	W · m^{-2}	1 W · m^{-2} = 1 kg · s^{-3}
Spannung, elektrische (Potentialdifferenz) (S. 83)	U, u	Volt	V	1 V = 1 kg · m^2 · s^{-3} · A^{-1}
Spannung, magnetische (S. 86)	V	Ampere	A	1 A = 1 J · Wb^{-1}
Spannung, mechanische (S. 72)	σ	Newton je Quadratmeter	N · m^{-2}	1 N · m^{-2} = 1 kg · s^{-2} · m^{-1}
Stoffmenge (S. 82)	n	Mol	mol	
Stoffmengenkonzentration	c	Mol je Liter	mol · l^{-1}	1 mol · l^{-1} = 1 mol · dm^{-3}
Stromstärke, elektrische (S. 83)	I, i	Ampere	A	1 A = 1 kg · m^2 · s^{-3} · V^{-1}
Temperatur	T ϑ	Kelvin Grad Celsius Grad Fahrenheit Grad Réaumur	K °C °F °R	 0 °C = 273,15 K 32 °F = 0 °C 212 °F = 100 °C 0 °R = 0 °C 80 °R = 100 °C
Trägheitsmoment (S. 74)	J	Kilogrammquadratmeter	kg · m^2	
Übersetzungsverhältnis (S. 68, 88)	ü, i		1	

Größe	Formelzeichen	Einheiten		Beziehungen zwischen den Einheiten	
Vergrößerung eines optischen Gerätes (S. 91)	V		1		
Volumen	V	Kubikmeter	m^3	1 m^3	= 10^{-9} km^3 = 10^3 dm^3 = 10^6 cm^3 = 10^9 mm^3
		Liter	l	1 l	= 10^{-3} m^3 = 1 dm^3
		Registertonne	RT	1 RT	= 2,832 m^3
Wärme (Wärmemenge) (S. 79)	Q	Joule	J	1 J	= 1 N·m = 1 kg · m^2 · s^{-2} = 1 W·s
		Kalorie	cal	1 cal	= 4,19 J
Wärmekapazität (Wärmeinhalt) (S. 79)	C_{th}	Joule je Kelvin	J · K^{-1}	1 J · K^{-1}	= 1 W·s · K^{-1}
Wärmeleitwiderstand (S. 80)	R_λ	Kelvin je Watt	K · W^{-1}		
Wärmestrom (S. 80)	Φ_{th}	Watt	W	1 W	= 1 J · s^{-1}
Weg	s	Meter	m	s. Länge	
Wellenlänge (S. 90)	λ	Meter	m	s. Länge	
Widerstand, ohmscher (S. 83)	R	Ohm	Ω	1 Ω	= 1 V · A^{-1} = 1 S^{-1}
Widerstand, induktiver (S. 87)	X_L	Ohm	Ω	1 Ω	= 1 V · A^{-1}
Widerstand, kapazitiver (S. 87)	X_C	Ohm	Ω	1 Ω	= 1 V · A^{-1}
Widerstand, magnetischer (S. 86)	R_m	je Henry	H^{-1}	1 H^{-1}	= 1 A · Wb^{-1}
Winkel (S. 29, 35)	α, β, γ, φ, σ, …	Radiant	rad	1 rad	$= \frac{180\,°}{\pi} \approx 57{,}296\,°$
		Grad	°	1 °	$= \frac{\pi}{180}$ rad ≈ 0,017 45 rad
Winkelbeschleunigung (S. 73)	α	je Sekundenquadrat	s^{-2}	1 s^{-2} 1 s^{-2}	= 3 600 · min^{-2} = 1 rad · s^{-2}
Winkelgeschwindigkeit (S. 73)	ω	je Sekunde	s^{-1}	1 s^{-1} 1 s^{-1}	= 60 min^{-1} = 1 rad · s^{-1}
Wirkungsgrad (S. 75, 79)	η		1 oder in %		
Zeit (Zeitspanne, Dauer)	t	Sekunde	s		
		Minute	min	1 min	= 60 s
		Stunde	h	1 h	= 60 min = 3 600 s
		Tag	d	1 d	= 24 h = 1 440 min = 86 400 s
		Jahr	a	1 a	= 365 d oder 366 d

A2

Nichtdezimale Maße

Land	Einheit	Kürzel	Umrechnungen	
Zählmaße				
Deutschland	Dutzend		1 Dutzend = 12 Stück	
Deutschland	Schock		1 Schock = 5 Dutzend	1 Schock = 60 Stück
Deutschland	Gros		1 Gros = 12 Dutzend	1 Gros = 144 Stück
Deutschland	Mandel		1 Mandel = 15 Stück	
Längenmaße				
Großbritannien, USA	inch (Zoll)	in (auch ")	1 in = 1" = 25,4 mm	
Großbritannien, USA	foot (Pl.: feet)	ft (auch ')	1 ft = 1' = 30,48 cm	1 foot = 12 inches
Großbritannien, USA	yard (Elle)	yd	1 yd = 91,44 cm 11 m = 12 yds	1 yard = 3 feet
Großbritannien, USA	statute mile	st mi	1 st mi = 1609,3 m	1 km = 0,6215 st mi
Großbritannien	fathom (Tiefenmaß)		1 fathom = 1,829 m	
Deutschland	geographische Meile		1 geogr. Meile = 7421,5 m	1 g. M. $\widehat{=} \frac{1}{15}$ Äquatorgrad
Deutschland	Seemeile	sm	1 sm = 1852 m	1 sm $\widehat{=} \frac{1}{60}$ Meridiangrad
Russland	Sashen		1 Sashen = 2,13 m	
Russland	Werst		1 Werst = 1,067 km	1 Werst = 500 Sashen
Flächenmaße				
Großbritanien	acre		1 acre = 40,47 a	
Deutschland (preuß.)	Morgen		1 Morgen = 25,5 a = 0,255 ha	
Deutschland (sächs.)	Morgen		1 Morgen = 27,67 a = 0,2767 ha	
Deutschland (sächs.)	Acker		1 Acker = 55,34 a = 0,5534 ha	1 Acker = 2 Morgen
Russland	Desjatine		1 Desjatine = 1,0925 ha	
Raummaße				
Deutschl., USA, GB	Registertonne	RT (reg tn)	1 RT = 2,832 m^3	1 RT = 100 Kubikfuß
Großbritannien, USA	barrel (Rohöl)		1 barrel = 158,988 l	
Großbritannien	Imperial gallon	gal	1 gal = 4,546 l	
USA	Petrol gallon	gal	1 gal = 3,785 l	
Großbritannien	bushel	bu	1 bu = 36,349 l	1 bu = 8 gal
USA	bushel	bu	1 bu = 35,239 l	
Russland	Botschka		1 Botschka = 4,9195 hl	
Massenmaße				
Großbritannien, USA	ounce (Unze)	oz	1 oz = 28,35 g	
Großbritannien, USA	pound (Gewichtspfund)	lb (lat.: libra)	1 lb = 0,45359 kg = 453,59 g	1 lb = 16 oz
Großbritannien	quarter (Viertel)	qr	1 qr = 12,7 kg	1 qr = 28 lbs
USA	quarter (Viertel)	qr	1 qr = 11,34 kg	1 qr = 25 lbs
Großbritannien	centweight (Zentner)	cwt	1 cwt = 50,802 kg	1 cwt = 4 qrs = 112 lbs
USA	centweight (Zentner)	cwt	1 cwt = 45,359 kg	1 cwt = 4 qrs = 100 lbs
Großbritannien	long ton (Tonne)	lton	1 lton = 1 016,05 kg	1 lton = 20 cwts = 2240 lbs
USA	short ton (Tonne)	ston	1 ston = 907,185 kg	1 ston = 20 cwts = 2000 lbs
Deutschland	Pfund	Pfd.	1 Pfd. = 500 g	
Deutschland	Zentner	Ztr.	1 Ztr. = 50 kg	1 Ztr. = 100 Pfd.
Russland	Funt		1 Funt = 409,5 g	
Russland	Pud		1 Pud = 16,385 kg	1 Pud = 40 Funt
Russland	Berkowetz		1 Berkowetz = 163,85 kg	1 Berkowetz = 10 Pud

Allgemeines

Mathematische Konstanten

eulersche Zahl	e	2,718 281 828 459 045 235 36 …
ludolfsche Zahl (S. 32)	π	3,141 592 653 589 793 238 46 … $\approx \frac{22}{7}$

Physikalische und chemische Konstanten

absoluter Nullpunkt		T_o	0 K = –273,15 °C
atomare Masseeinheit		u	1,660 540 · 10^{-27} kg
Lichtgeschwindigkeit im Vakuum		c	2,997 924 58 · 10^{8} m · s^{-1}
molares Normvolumen		V_n	22,414 l · mol^{-1}
Normdruck		p_n	101 325 Pa = 1,013 25 bar
Normfallbeschleunigung		g_n	9,806 65 m · s^{-2}
Normtemperatur		T_n, ϑ_n	T_n = 273,15 K ϑ_n = 0 °C
Gravitationskonstante		G, f, γ	6,672 59 · 10^{-11} m^3 · kg^{-1} · s^{-2}
elektrische Feldkonstante		ε_0	8,854 188 · 10^{-12} A · s · V^{-1} · m^{-1}
magnetische Feldkonstante		μ_0	1,256 637 · 10^{-6} V · s · A^{-1} · m^{-1}
AVOGADRO-Konstante (AVOGADRO-Zahl)		N_A, L	6,022 136 · 10^{23} · mol^{-1}
BOLTZMANN-Konstante		k	1,380 658 · 10^{-23} J · K^{-1}
FARADAY-Konstante		F	9,648 53 · 10^{4} A · s · mol^{-1}
HUBBLE-Konstante		H	55 km · s^{-1} · Mpc^{-1}
PLANCK-Konstante (plancksches Wirkungsquantum)		h	6,626 076 · 10^{-34} J · s
RYDBERG-Konstante		R_∞, R_H	1,097 373 15 · 10^{7} m^{-1}
Solarkonstante		S	1,359 · 10^{3} W · m^{-2}
universelle Gaskonstante		R	8,314 510 J · K^{-1} · mol^{-1}
Elektron	Ladung (Elementarladung)	e	1,602 177 · 10^{-19} C
	Ruhemasse	m_e	9,109 389 7 · 10^{-31} kg
	spezifische Ladung	$\frac{e}{m_e}$	1,758 819 62 · 10^{11} C · kg^{-1}
Neutron	Ruhemasse	m_n	1,674 928 6 · 10^{-27} kg
Proton	Ruhemasse	m_p	1,672 623 1 · 10^{-27} kg

Wertetabellen

Dichte ρ von festen Stoffen und Flüssigkeiten

bei 20 °C und 1013 mbar

feste Stoffe				Flüssigkeiten	
Stoff	**ρ in g · cm^{-3}**	**Stoff**	**ρ in g · cm^{-3}**	**Stoff**	**ρ in g · cm^{-3}**
Aluminium	2,7	Kupfer	8,96	Aceton (Propanon)	0,785
Beton	1,8 … 2,4	Messing	8,4	Benzin	0,70… 0,74
Blei	11,4	Papier	0,8 … 1,3	Benzol (Benzen)	0,874
Diamant	3,51	Platin	21,4	Dieselkraftstoff	0,84
Eis (bei 0 °C)	0,92	Polypropylenfolie	0,91	Erdöl	0,7 … 0,9
Eisen	7,86	Porzellan	2,2 … 2,5	Methanol	0,787
Glas (Fensterglas)	2,4 … 2,6	Schnee (pulvrig)	0,1	Quecksilber	13,53
Gold	19,3	Silber	10,5	Salpetersäure 50%	1,31
Gummi	0,9 … 1,2	Silicium	2,33	65%	1,40
Holz Buche	0,7	Stahl	7,8	Salzsäure 37%	1,18
Eiche	0,9	Zement	0,9 … 2,1	Spiritus (Ethanol 96%)	0,83
Fichte	0,5	Ziegel	1,4 … 1,9	Transformatorenöl	0,90
Kiefer	0,5	Zink	7,14	Wasser destilliert	1,00
Kork	0,2 … 0,3	Zinn	7,30	Meerwasser	1,02

▲ ▼ Allg

Dichte ρ von Gasen

bei 0 °C und 1013 mbar

Stoff	ρ in kg · m⁻³	Stoff	ρ in kg · m⁻³	Stoff	ρ in kg · m⁻³
Ammoniak	0,77	Kohlenstoffmonooxid	1,250	Sauerstoff	1,429
Chlor	3,214	Luft (trocken)	1,29	Stickstoff	1,251
Erdgas	0,73 … 0,83	Methan	0,717	Wasserdampf (100 %)	0,61
Helium	0,178	Ozon	2,14	Wasserstoff	0,089
Kohlenstoffdioxid	1,977	Propan	2,019	Xenon	5,85

Reibungszahlen

Es sind Durchschnittswerte angegeben.

Stoff	Haftreibungszahl μ_0	Gleitreibungszahl μ	Rollreibungszahl μ_F (Fahrwiderstandszahl)
Beton auf Kies	0,8 … 0,9	–	–
Bremsbelag auf Stahl	–	0,6	–
Holz auf Holz	0,6	0,5	–
Reifen auf Asphalt trocken nass	0,8 0,5	0,5 0,3	0,02 –
Stahl auf Eis	0,03	0,01	–
Stahl auf Stahl trocken geschmiert	0,15 0,11	0,06 0,01	0,002 0,001

Luftwiderstandszahlen c_w

Körper	c_w	Körper	c_w
Scheibe → 	1,1	PKW	0,25 … 0,45
Kugel → 	0,45	Omnibus	0,6 … 0,7
Halbkugel → 	0,3 … 0,4	LKW	0,6 … 1,3
Schale → 	1,4 … 1,6	Motorrad	0,6 … 0,7
Stromlinienkörper → 	0,06	Rennwagen	0,15 … 0,2

Trägheitsmoment J von Körpern

Körper	Trägheitsmoment	
beliebiger Rotationskörper	$J = \frac{1}{2}\pi \cdot \rho \cdot \int_{x_1}^{x_2} r^4 dx$	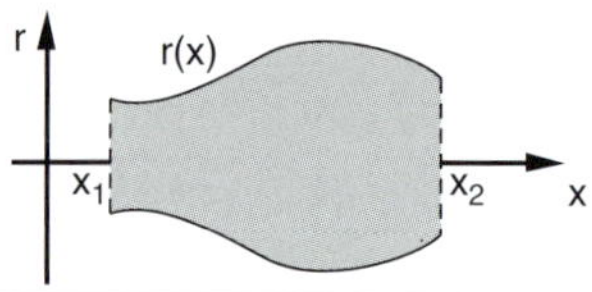
Massepunkt auf Kreisbahn	$J = m \cdot r^2$	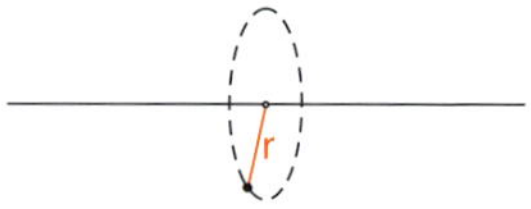
Langer dünner Stab	$J = \frac{1}{12} m \cdot l^2$	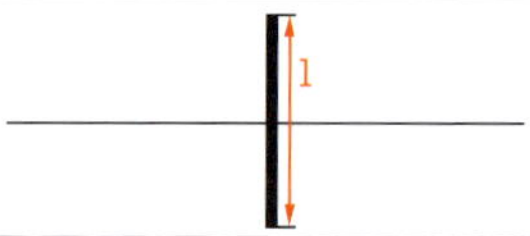

dünner Kreisring	$J = m \cdot r^2$	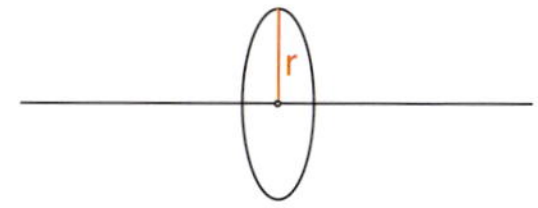
Vollzylinder	$J = \frac{1}{2} m \cdot r^2$	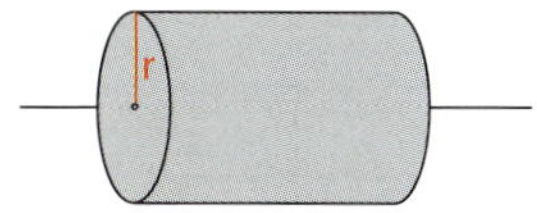
Hohlzylinder	$J = \frac{1}{2} m \, (r_a^2 + r_i^2)$	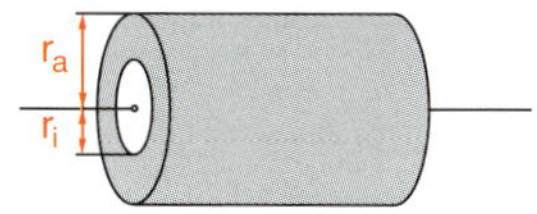
Kugel	$J = \frac{2}{5} m \cdot r^2$	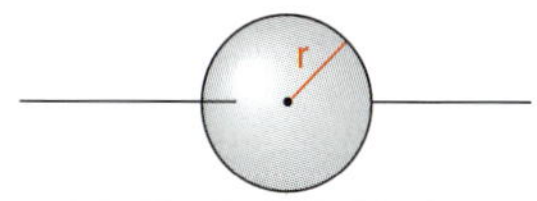
gerader Kreiskegel	$J = \frac{3}{10} m \cdot r^2$	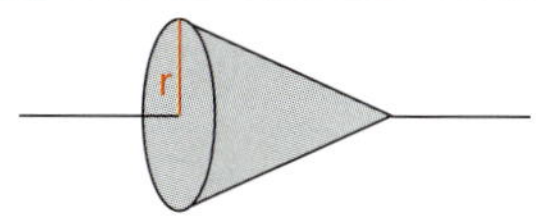

Elastizitätsmodul E

Stoff	E in 10^{10} N · m^{-2}	Stoff	E in 10^{10} N · m^{-2}	Stoff	E in 10^{10} N · m^{-2}
Aluminium	7,2	Holz	1,0 … 1,5	Silber	7,9
Beton	1 … 4	Kupfer	12	Silicium	9,8
Celluloid	0,25	Messing	10	Titan	11
Federstahl	22	Molybdän	33	Wolfram	36
Glas	4 … 9	Nickel	20	Zink	9
Gummi	0,00001 … 0,0005	Platin	17	Zinn	5,5

Dynamische Viskosität η von Flüssigkeiten und Gasen

bei 0 °C und 1013 mbar

Flüssigkeiten				Gase	
Stoff	η in 10^{-6} Pa·s	Stoff	η in 10^{-6} Pa·s	Stoff	η in 10^{-6} Pa·s
Aceton	395	Salpetersäure (konzentriert)	890	Ammoniak	9,3
Benzol (Benzen)	910	Salzsäure (20 %)	1 360	Chlor	12,3
Ethanol	1 780	Schwefelsäure (konzentriert)	29 000	Helium	18,7
Methanol	820	Terpentinöl	1 460	Luft bei 0 °C bei 20 °C bei 100 °C	17,2 18,2 21,8
Motorenöl	$2 \cdot 10^4 \ldots 10^7$	Tetrachlormethan	1 350	Sauerstoff	19,2
Quecksilber	1 685	Wasser bei 0 °C bei 20 °C bei 50 °C bei 100 °C	1 792 1 005 549 284	Wasserstoff	8,4

A3

Schallgeschwindigkeit c

Feste Stoffe (bei 20 °C)		Flüssigkeiten (bei 20 °C)		Gase (bei 0 °C und 1013 mbar)	
Stoff	**c in $m \cdot s^{-1}$**	**Stoff**	**c in $m \cdot s^{-1}$**	**Stoff**	**c in $m \cdot s^{-1}$**
Aluminium	5 100	Benzol (Benzen)	1 320	Ammoniak	415
Beton	3 800	Ethanol	1 170	Helium	981
Holz (Eiche)	3 400	Propantriol (Glyzerin)	1 920	Kohlenstoffdioxid	258
Eis	3 250	Quecksilber	1 430	Luft bei –20 °C bei 0 °C bei +20 °C	320 332 344
Stahl	5 100	Toluol (Toluen)	1 350	Sauerstoff	315
Ziegelstein	3 600	Wasser bei 0 °C bei 20 °C	1 407 1 484	Wasserstoff	1 280

Längenausdehnungskoeffizient α fester Stoffe

bei 20 °C

Stoff	α in 10^{-5} K^{-1}	Stoff	α in 10^{-5} K^{-1}	Stoff	α in 10^{-5} K^{-1}
Aluminium	2,4	Glas (Fensterglas)	1,0	Silber	2,0
Beton	1,2	Gold	1,4	Silicium	0,2
Blei	2,9	Holz (Eiche)	0,8	Stahl	1,2
Cadmium	4,1	Kupfer	1,6	Wolfram	0,4
Eis (bei 0 °C)	5,1	Messing	1,8	Ziegelstein	0,5
Eisen	1,2	Porzellan	0,4	Zinn	2,7

Volumenausdehnungskoeffizient γ von Flüssigkeiten

bei 20 °C

Stoff	γ in 10^{-3} K^{-1}	Stoff	γ in 10^{-3} K^{-1}	Stoff	γ in 10^{-3} K^{-1}
Aceton	1,4	Methanol	1,1	Schwefelsäure	0,6
Benzin	1,0	Petroleum	0,9	Toluol (Toluen)	1,1
Ethanol	1,1	Quecksilber	0,18	Wasser	0,21

Spezifische Wärmekapazität c von festen Stoffen und Flüssigkeiten

Feste Stoffe zwischen 0 °C und 100 °C				Flüssigkeiten bei 20 °C	
Stoff	**c in $kJ \cdot kg^{-1} \cdot K^{-1}$**	**Stoff**	**c in $kJ \cdot kg^{-1} \cdot K^{-1}$**	**Stoff**	**c in $kJ \cdot kg^{-1} \cdot K^{-1}$**
Aluminium	0,90	Messing	0,38	Aceton	2,10
Beton	0,90	Porzellan	0,73	Benzol (Benzen)	1,70
Blei	0,13	Stahl	0,47	Ethanol	2,43
Eis (bei ≤ 0 °C)	2,09	Wolfram	0,13	Methanol	2,40
Glas	0,86	Ziegelstein	0,86	Petroleum	2,0
Holz (Eiche)	2,39	Zink	0,39	Quecksilber	0,14
Kupfer	0,39	Zinn	0,23	Wasser	4,19

Spezifische Wärmekapazität von Gasen bei konstantem Druck c_p und bei konstantem Volumen c_v; spezifische Gaskonstante R_S

bei 0 °C

Stoff	c_p in kJ · kg^{-1} · K^{-1}	c_v in kJ · kg^{-1} · K^{-1}	R_S in J · kg^{-1} · K^{-1}
Ammoniak	2,05	1,56	488
Helium	5,24	3,22	2 077
Kohlenstoffdioxid	0,85	0,65	189
Luft	1,01	0,72	287
Sauerstoff	0,92	0,65	260
Stickstoff	1,04	0,75	297
Wasserdampf	1,86	1,40	462
Wasserstoff	14,28	10,13	4 124

Wärmeleitfähigkeit λ

bei 20 °C und 1013 mbar

feste Stoffe				Flüssigkeiten		Gase	
Stoff	λ in W · m^{-1} · K^{-1}	Stoff	λ in W · m^{-1} · K^{-1}	Stoff	λ in W · m^{-1} · K^{-1}	Stoff	λ in W · m^{-1} · K^{-1}
Aluminium	234	Kupfer	398	Benzol (Benzen)	0,1	Helium	0,143
Beton	1,1	Stahl	41 … 58	Ethanol	0,2	Luft	0,02
Blei	35	Wolfram	169	Quecksilber	8,7	Sauerstoff	0,02
Eis (bei 0 °C)	2,2	Ziegelstein	0,4 … 0,8	Terpentin	0,14	Stickstoff	0,02
Holz (Eiche)	0,2	Zinn	63	Wasser	0,6	Wasserstoff	0,16

Wärmeübergangskoeffizient α

Körper	α in W · m^{-2} · K^{-1}
ruhendes Wasser um Rohre	350 … 600
siedendes Wasser an Metallflächen	3 500 … 6 000
siedendes Wasser in Rohren	7 000 … 14 000
Innenflächen geschlossener Räume Innenfenster, Wandflächen Fußboden, Decken	 8 7
Außenfenster	12
Außenseite geschlossener Räume	23

Wärmedurchgangskoeffizient k

Körper		k in W · m^{-2} · K^{-1}
Außenwand (Hohlziegel)	ungedämmt mit Dämmschicht (8 cm)	1,3 0,4
Glasscheiben	einfach doppelt (6 mm Abstand) doppelt (12 mm Abstand)	5,8 3,5 3,0
Ziegeldach	ungedämmt mit Dämmschicht (10 cm)	6,0 0,4

A3

Schmelztemperatur ϑ_s und spezifische Schmelzwärme q_s

bei 1013 mbar

Stoff	ϑ_s in °C	q_s in kJ · kg^{-1}	Stoff	ϑ_s in °C	q_s in kJ · kg^{-1}
Aluminium	660	396	Aceton (Propanon)	–94,7	82
Blei	327	24	Ethanol	–114,1	105
Eis	0	334	Methanol	–97,7	69
Eisen	1 540	275	Quecksilber	–39	12
Kupfer	1 083	205	Ammoniak	–78	332
Silber	961	104	Helium	–270	–
Stahl	1 500	270	Sauerstoff	–219	14
Wolfram	3 410	192	Stickstoff	–210	26
Zinn	232	59	Wasserstoff	–259	59

Siedetemperatur ϑ_v und spezifische Verdampfungswärme q_v

bei 1013 mbar

Stoff	ϑ_v in °C	q_v in kJ · kg^{-1}	Stoff	ϑ_v in °C	q_v in kJ · kg^{-1}
Aluminium	2 450	10 500	Aceton (Propanon)	56,1	525
Blei	1 740	871	Benzol (Benzen)	80,1	394
Eisen	3 000	6 322	Ethanol	78,3	845
Gold	2 970	1 578	Quecksilber	357	285
Graphit	4 830	–	Wasser	100	2 260
Kupfer	2 600	4 650	Ammoniak	–33,5	1 370
Silber	2 210	2 357	Kohlenstoffdioxid	–78,4 subl.	574
Wolfram	5 930	4 190	Sauerstoff	–183	214
Zink	906	1 802	Stickstoff	–196	198
Zinn	2 270	2 386	Wasserstoff	–253	455

Maximale absolute Feuchte $\rho_{w,max}$ bei verschiedener Temperatur

ϑ in °C	$\rho_{w,max}$ in g · m^{-3}	ϑ in °C	$\rho_{w,max}$ in g · m^{-3}	ϑ in °C	$\rho_{w,max}$ in g · m^{-3}
–10	2,14	2	5,6	14	12,1
–8	2,54	4	6,4	16	13,6
–6	2,99	6	7,3	18	15,4
–4	3,51	8	8,3	20	17,3
–2	4,13	10	9,4	22	19,4
0	4,84	12	10,7	24	21,8

Heizwert H (unterer Heizwert)

feste Stoffe	H in MJ · kg^{-1}	Flüssigkeiten	H in MJ · kg^{-1}	Gase	H in MJ · kg^{-1}
Braunkohle	8 … 15	Benzin	44 … 53 (32 … 38 MJ/l)	Ethin (Azetylen)	50 (59 MJ/m^3)
Braunkohlen-briketts	20	Diesel	41 … 44 (35 … 38 MJ/l)	Erdgas	42 (31 MJ/m^3)
Holz (trocken)	8 … 16	Heizöl	42,6 (37 MJ/l)	Propan	47 (94 MJ/m^3)
Steinkohle	27 … 33	Petroleum	51 (41 MJ/l)	Stadtgas	28 (17 MJ/m^3)
Torf (trocken)	15	Spiritus (Ethanol 96%)	39 (32 MJ/l)	Wasserstoff	120 (11 MJ/m^3)

Druckkoeffizient ψ der Siedetemperatur von Flüssigkeiten

Flüssigkeit	ψ in $K \cdot kPa^{-1}$	Flüssigkeit	ψ in $K \cdot kPa^{-1}$
Ethanol	0,26	Propanol	0,29
Benzol (Benzen)	0,32	Quecksilber	0,56
Methanol	0,26	Wasser	0,29

van der waalssche Konstanten a und b

Stoff	a in $kPa \cdot m^6 \cdot kmol^{-2}$	b in $m^3 \cdot kmol^{-1}$	Stoff	a in $kPa \cdot m^6 \cdot kmol^{-2}$	b in $m^3 \cdot kmol^{-1}$
Argon	136	0,032 2	Neon	21,5	0,017 4
Chlor	659	0,056 0	Sauerstoff	138	0,031 6
Helium	3,43	0,023 5	Stickstoff	136	0,038 5
Kohlenstoffdioxid	365	0,042 5	Wasserstoff	24,8	0,026 7

Spezifischer elektrischer Widerstand ρ und elektrische Leitfähigkeit

bei 20 °C

Leiter	ρ in $\Omega \cdot mm^2 \cdot m^{-1}$	γ in $\Omega^{-1} \cdot m^{-1}$	Isolatoren	ρ in $\Omega \cdot mm^2 \cdot m^{-1}$	γ in $\Omega^{-1} \cdot m^{-1}$	andere Stoffe	ρ in $\Omega \cdot mm^2 \cdot m^{-1}$	γ in $\Omega^{-1} \cdot m^{-1}$
Aluminium	0,028	$3{,}6 \cdot 10^7$	Bernstein	$> 10^{22}$	$< 10^{-16}$	Blut	$1{,}6 \cdot 10^6$	0,63
Eisen	0,10	$1{,}0 \cdot 10^7$	Glas	$10^{13} \ldots 10^{17}$	$10^{-11} \ldots 10^{-7}$	Fettgewebe	$3{,}3 \cdot 10^7$	0,03
Gold	0,022	$4{,}5 \cdot 10^7$	Glimmer	$10^{15} \ldots 10^{17}$	$10^{-11} \ldots 10^{-9}$	Kochsalzlösung (10%)	$7{,}9 \cdot 10^4$	13
Konstantan	0,50	$2 \cdot 10^6$	Holz (trocken)	$10^{10} \ldots 10^{15}$	$10^{-9} \ldots 10^{-4}$	Kupfersulfatlösung (10 %)	$3{,}0 \cdot 10^5$	3,3
Kupfer	0,017	$5{,}9 \cdot 10^7$	Papier	$10^{15} \ldots 10^{16}$	$10^{-10} \ldots 10^{-9}$	Meerwasser	$5{,}0 \cdot 10^5$	2,0
Silber	0,016	$6{,}3 \cdot 10^7$	Polypropylenfolie	10^{11}	10^{-4}	Muskelgewebe	$2{,}0 \cdot 10^6$	0,50
Stahl	0,10…0,20	$5 \cdot 10^6 \ldots 10 \cdot 10^6$	Porzellan	10^{18}	10^{-12}	Salzsäure (10 %)	$1{,}5 \cdot 10^4$	67
Wolfram	0,053	$1{,}9 \cdot 10^7$	Wasser (destilliert)	10^{10}	10^{-4}	Schwefelsäure (10%)	$2{,}5 \cdot 10^4$	40

Temperaturkoeffizient α des elektrischen Widerstandes für die Ausgangstemperatur von 20 °C

Stoff	α in 10^{-3} K^{-1}	Stoff	α in 10^{-3} K^{-1}	Stoff	α in 10^{-3} K^{-1}
Aluminium	3,9	Konstantan	0,05	Stahl	5,6
Eisen	5,6	Kupfer	3,8	Wolfram	4,1
Gold	3,9	Silber	3,8	Zinn	4,6

A3

Elektrochemisches Äquivalent c

Stoff	c in mg · C^{-1}	Stoff	c in mg · C^{-1}	Stoff	c in mg · C^{-1}
Aluminium	0,093 2	Lithium	0,071 9	Sauerstoff	0,082 9
Blei	1,074 1	Natrium	0,238 3	Silber	1,117 9
Chlor	0,367 5	Nickel	0,202 7	Wasserstoff	0,010 5
Gold	0,681 3	Quecksilber	2,079 2	Zink	0,338 8
Kupfer	0,329 4	Platin	0,505 9	Zinn	0,615 1

HALL-Konstante R_H

bei 20 °C

Stoff	R_H in 10^{-11} m^3 · C^{-1}	Stoff	R_H in 10^{-11} m^3 · C^{-1}
Aluminium	–3,5	Palladium	–8,6
Cadmium	+5,9	Platin	–2,0
Gold	–7,2	Silber	–8,9
Kupfer	–5,2	Zink	+6,4

Dielektrizitätszahl (Permittivitätszahl) ε_r

Stoff	ε_r	Stoff	ε_r	Stoff	ε_r
Bernstein	2,8	Luft	1,000 6	Porzellan	5 … 6,5
Glas	5 … 16	Methanol	34	Transformatorenöl	2,2 … 2,5
Glimmer	5 … 9	Papier	1,2 … 3,0	Wasserstoff	1,000 3
Holz	3 … 10	Paraffin	2,0	Wasser	80
keramische Werkstoffe	50 … 10 000	Polypropylenfolie	2,2	Vakuum	1

Permeabilitätszahl μ_r

diamagnetische Stoffe		paramagnetische Stoffe		ferromagnetische Stoffe	
Stoff	μ_r	Stoff	μ_r	Stoff	μ_r
Antimon	0,999 884	Aluminium	1,000 02	Cobalt	80 … 200
Gold	0,999 971	Chromium	1,000 28	Dynamoblech	200 … 3 000
Quecksilber	0,999 966	Eisen(III)-chlorid	1,003 756	Eisen	250 … 680
Wasser	0,999 991	Platin	1,000 2	Nickel	280 … 2 500
Zink	0,999 986	Luft	1,000 000 37	Sonderlegierungen	bis 900 000

Austrittsarbeit W_A von Elektronen aus Metallen und Metalloxiden

Stoff	W_A in eV	Stoff	W_A in eV	Stoff	W_A in eV
Aluminium	4,20	Cadmium	4,04	Platin	5,36
Barium	2,52	Cäsium	1,94	Wolfram	4,54
Barium auf Wolframoxid	0,30	Cäsium auf Wolframoxid	0,001	Zink	4,27

▲

A3

Spektrum elektromagnetischer Wellen

Bezeichnung	Wellenlänge in m	Bezeichnung	Wellenlänge in nm
technischer Wechselstrom	$1{,}9 \cdot 10^7 \ldots 3 \cdot 10^6$	sichtbares Licht	
tonfrequenter Wechselstrom	$3 \cdot 10^6 \ldots 3 \cdot 10^4$	rot	780 … 620
		orange	620 … 600
hertzsche Wellen		gelb	600 … 570
Langwellen	$10^4 \ldots 10^3$	grün	570 … 490
Mittelwellen	$10^3 \ldots 10^2$	blau	490 … 460
Kurzwellen	100 … 10	indigo	460 … 430
UKW (VHF)	10 … 1	violett	430 … 390
UKW (UHF)	1 … 0,1		
Mikrowellen	$0{,}1 \ldots 3 \cdot 10^{-5}$	ultraviolette Strahlung	$3{,}9 \cdot 10^2 \ldots 10$
		Röntgenstrahlung	$10 \ldots 6 \cdot 10^{-5}$
infrarote Strahlung	$3 \cdot 10^{-5} \ldots 7{,}8 \cdot 10^{-7}$	Gammastrahlung und kosmische Strahlung	$< 3 \cdot 10^{-1}$

Brechzahl n und Lichtgeschwindigkeit c

Stoff		n	c in $km \cdot s^{-1}$
Diamant		2,42	124 000
Eis		1,31	229 000
Flintglas	leicht	1,61	186 000
	schwer	1,75	171 000
Flussspat		1,43	210 000
Kalkspat	ordentlich	1,66	181 000
	außerordentlich	1,49	201 000
Kronglas	leicht	1,51	199 000
	schwer	1,61	186 000
Luft		1,00	299 711
Plexiglas		1,49	201 000
Polystyrol		1,59	189 000
Quarzglas		1,46	205 000
Wasser		1,33	225 000

Spektrallinien einiger Elemente

Element	λ in nm
Argon	420 426 434
Helium	471 588
Natrium	589 590
Neon	540 585 640
Quecksilber	436 577 623
Wasserstoff	434 486 656

Halbwertszeit $T_{1/2}$ und Art der Strahlung einiger Isotope

Isotop	Halbwertszeit $T_{1/2}$	Art der Strahlung
Americium-241	433 Jahre	α, γ
Cäsium-137	30 Jahre	β^-, γ
Cobalt-60	5,3 Jahre	β^-, γ
Iod-131	8,04 Tage	β^-
Kohlenstoff-14	5 760 Jahre	β^-
Krypton-85	10,76 Jahre	β^-, γ
Plutonium-239	24 390 Jahre	α
Radium-226	1 600 Jahre	α
Radon-220	55,6 Sekunden	α
Uran-238	4,5 Milliarden Jahre	α
Uran-235	700 Millionen Jahre	α

▼

Allg

Mengenlehre

Mengenbeziehungen

Begriff	Veranschaulichung	Gesetze
Mengengleichheit. Eine Menge **A ist gleich einer Menge B, A = B,** wenn jedes Element von A auch Element von B und jedes Element von B auch Element von A ist.	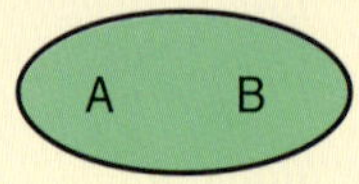	$A = A$ $A = B \Rightarrow B = A$ $A = B \wedge B = C \Rightarrow A = C$
Teilmenge. Eine Menge **A ist echte Teilmenge von B, $A \subset B$,** wenn jedes Element von A auch Element von B ist und es in B mindestens ein Element gibt, welches nicht zu A gehört. Eine Menge **C ist (unechte) Teilmenge von D, $C \subseteq D$,** wenn jedes Element von C auch Element von D ist.	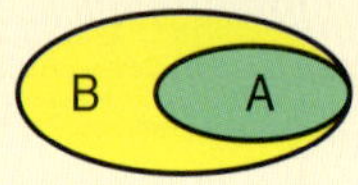	$A \subseteq A$ $A \not\subset A$ $A \subseteq B \wedge B \subseteq A \Rightarrow A = B$ $A \subseteq B \wedge B \subseteq C \Rightarrow A \subseteq C$
Die **Potenzmenge P(A)** ist die Menge aller Teilmengen von A.	$A = \{a; b\} \Rightarrow$ $P(A) = \{\varnothing; \{a\}; \{b\}; \{a; b\}\}$	
Äquivalente Mengen. Eine Menge A ist **äquivalent** (gleichmächtig) zu einer Menge B, **$A \sim B$**, wenn eine eineindeutige Abbildung der einen auf die andere Menge existiert.	$A = \{1; x; y\}$ $B = \{t; 3; y\} \Rightarrow A \sim B$ $\mathbb{N} \sim \mathbb{Z}$ $\mathbb{N} \sim \mathbb{Q}$ $\mathbb{N} \nsim \mathbb{R}$	$A \sim B \wedge B \sim C \Rightarrow A \sim C$
Ist A Teilmenge von B, so ist die **Komplementärmenge $\overline{A}$** von A bezüglich B diejenige Teilmenge von B, die alle Elemente enthält, welche nicht zu A gehören.	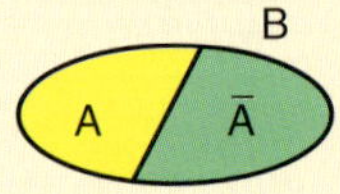	$\overline{A \cup B} = \overline{A} \cap \overline{B}$ $\overline{A \cap B} = \overline{A} \cup \overline{B}$ **morgansche Gesetze**

Mengenverknüpfungen (Mengenoperationen)

Die **Vereinigungsmenge $A \cup B$** (A vereinigt mit B) ist die Menge aller Elemente, die zu A oder zu B oder zu beiden Mengen gehören. $A \cup B = \{x \mid x \in A \vee x \in B\}$	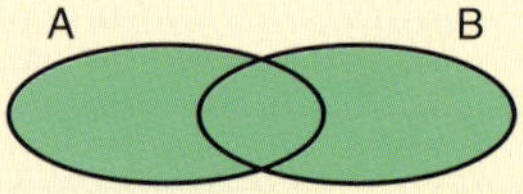
Die **Schnittmenge $A \cap B$** (A geschnitten mit B) ist die Menge aller Elemente, die zu A und gleichzeitig zu B gehören. $A \cap B = \{x \mid x \in A \wedge x \in B\}$	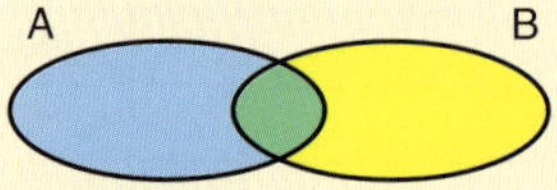
Die **Differenzmenge A\B** (A ohne B, A Differenz B) ist die Menge aller Elemente von A, die nicht zu B gehören. $A \setminus B = \{x \mid x \in A \wedge x \notin B\}$	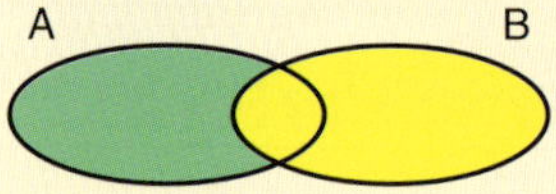
Die **Produktmenge $A \times B$** (A kreuz B) ist die Menge aller Paare, deren erstes Glied zu A und deren zweites Glied zu B gehört. $A \times B = \{(x; y) \mid x \in A \wedge y \in B\}$	Beispiel: $A = \{a; b; c\}$ $B = \{u; v\}$ $A \times B = \{(a; u); (a; v); (b; u); (b; v); (c; u); (c; v)\}$

Rechenregeln für Mengen (Gesetze)

$A \cup A = A$	$A \cap A = A$	$A \cup \varnothing = A$	$A \setminus B = A \setminus (A \cap B) = (A \cup B) \setminus B$
$A \cup B = B \cup A$	$A \cap B = B \cap A$	$A \cap \varnothing = \varnothing$	$A \setminus (B \cap C) = (A \setminus B) \cup (A \setminus C)$
$(A \cup B) \cup C = A \cup (B \cup C)$	$(A \cap B) \cap C = A \cap (B \cap C)$	$A \setminus A = \varnothing$	$A \setminus (B \cup C) = (A \setminus B) \cap (A \setminus C)$
$A \cup (B \cap C) = (A \cup B) \cap (A \cup C)$	$A \cap (B \cup C) = (A \cap B) \cup (A \cap C)$	$(A \setminus B) \cap B = \varnothing$	$A \cup B = (A \setminus B) \cup (B \setminus A) \cup (A \cap B)$

$A \cap (A \cup B) = A = A \cup (A \cap B)$

Wenn eine der Beziehungen $A \subseteq B$, $A \cup B = B$, $A \cap B = A$ gilt, dann folgt daraus die Gültigkeit der anderen beiden.

Zahlenmengen

Zahlenmenge	Beschreibung	uneingeschränkt ausführbare Grundrechenoperationen
natürliche Zahlen	$\mathbb{N} = \{0; 1; 2; 3; ...\}$ $\quad \mathbb{N}^* = \mathbb{N} \setminus \{0\}$	Addition, Multiplikation
ganze Zahlen	$\mathbb{Z} = \{...; -3; -2; -1; 0; 1; 2; 3; ...\}$	Addition, Multiplikation, Subtraktion
gebrochene Zahlen	$\mathbb{Q}_+ = \{\frac{p}{q} \mid p, q \in \mathbb{N} \wedge q \neq 0\}$	Addition, Multiplikation, Division (ausgenommen durch 0)
rationale Zahlen	$\mathbb{Q} = \{\frac{p}{q} \mid p, q \in \mathbb{Z} \wedge q \neq 0\}$	Addition, Subtraktion, Multiplikation, Division (ausgenommen durch 0)
reelle Zahlen	$\mathbb{R} = \mathbb{Q} \cup \mathbb{I}$ $\mathbb{I}$ irrationale Zahlen (unendliche nichtperiodische Dezimalbrüche)	Addition, Subtraktion, Multiplikation, Division (ausgenommen durch 0)
komplexe Zahlen	$\mathbb{C} = \{a + bi \mid a, b \in \mathbb{R} \wedge i^2 = -1\}$ (S. 60)	Addition, Subtraktion, Multiplikation, Division (ausgenommen durch 0)

$\mathbb{N} \subset \mathbb{Z}$ $\quad \mathbb{N} \subset \mathbb{Q}_+$ $\quad \mathbb{N} = \mathbb{Z} \cap \mathbb{Q}_+$ $\quad \mathbb{Q}_+ \subset \mathbb{Q}$ $\quad \mathbb{Z} \subset \mathbb{Q}$ $\quad \mathbb{Q} \subset \mathbb{R}$ $\quad \mathbb{I} \subset \mathbb{R}$ $\quad \mathbb{Q} \cap \quad = \emptyset$ $\quad \mathbb{R} \subset \mathbb{C}$

Intervalle (spezielle Teilmengen von $\mathbb{R}$)

abgeschlossenes Intervall von a bis b	$[a, b] = \{x \in \mathbb{R} \mid a \le x \le b\}$	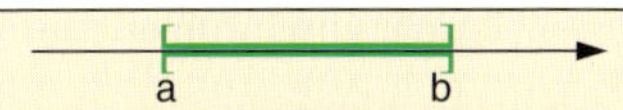
offenes Intervall von a bis b	$]a, b[= \{x \in \mathbb{R} \mid a < x < b\}$	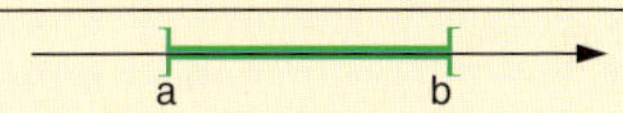
rechtsoffenes Intervall von a bis b	$[a, b[= \{x \in \mathbb{R} \mid a \le x < b\}$	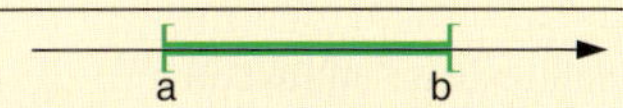
linksoffenes Intervall von $-\infty$ bis a	$]-\infty, a] = \{x \in \mathbb{R} \mid x \le a\}$	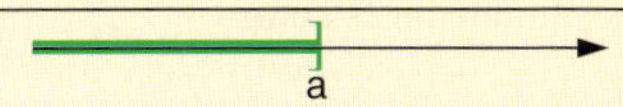

Aussagenlogik

Grundelemente: zweiwertige Variable für Aussagen: p, q, r
Werte für Aussagen: w (wahr)/f (falsch), ja/nein, ein/aus, I/0, L/O

Verknüpfung	Negation	Konjunktion	Disjunktion	Alternative	Implikation	Äquivalenz
Symbol	$\neg p$	$p \wedge q$	$p \vee q$	$p \dot{\vee} q$	$p \Rightarrow q$	$p \Leftrightarrow q$
Bedeutung	nicht p	p und q; sowohl p als auch q	p oder q; einschließendes oder	entweder p oder q; ausschließendes oder	wenn p, dann q	genau dann p, wenn q

Zusammenhänge: $p \Rightarrow q \equiv \neg p \vee q$ $\quad p \Leftrightarrow q \equiv (\neg p \vee q) \wedge (p \vee \neg q)$ $\quad p \Leftrightarrow q \equiv (p \wedge q) \vee (\neg p \wedge \neg q)$
$p \dot{\vee} q \equiv (p \vee q) \wedge (\neg p \vee \neg q)$ $\quad p \dot{\vee} q \equiv (p \wedge \neg q) \vee (\neg p \wedge q)$

Wahrheitswertetafeln (Schaltbelegungstabellen)

p	$\neg p$
wahr	falsch
falsch	wahr

p	q	$p \wedge q$	$p \vee q$	$p \dot{\vee} q$	$p \Rightarrow q$	$p \Leftrightarrow q$
wahr	wahr	wahr	wahr	falsch	wahr	wahr
wahr	falsch	falsch	wahr	wahr	falsch	falsch
falsch	wahr	falsch	wahr	wahr	wahr	falsch
falsch	falsch	falsch	falsch	falsch	wahr	wahr

Tautologien:
(sind immer wahr)

$p \vee \neg p$	Gesetz vom ausgeschlossenen Dritten
$\neg(\neg p) \Leftrightarrow p$	Gesetz von der doppelten Verneinung
$(p \Rightarrow q) \wedge (q \Rightarrow r) \Rightarrow (p \Rightarrow r)$	Kettenschluss
$p \wedge (p \Rightarrow q) \Rightarrow q$	Abtrennungsregel
$p \wedge (\neg q \Rightarrow \neg p) \Rightarrow q$	indirekter Schluss
$(p \Rightarrow q) \Leftrightarrow (\neg q \Rightarrow \neg p)$	Kontraposition

Rechenregeln

Teiler und Vielfache natürlicher Zahlen

$a, b \in \mathbb{N}^*$

a heißt **Teiler** von b, wenn es ein $n \in \mathbb{N}$ gibt, sodass $a \cdot n = b$ gilt.	b heißt **Vielfaches** von a, wenn a ein Teiler von b ist.
ggT(a, b) ... größter gemeinsamer Teiler von a und b	**kgV(a, b)** ... kleinstes gemeinsames Vielfaches von a und b
Bestimmung des ggT(a, b) mittels Primfaktorenzerlegung: $a = 18 = 2 \cdot 3 \cdot 3$ $b = 60 = 2 \cdot 2 \cdot 3 \cdot 5 \Rightarrow \text{ggT}(18, 60) = 2 \cdot 3 = 6$	*Bestimmung des kgV(a, b) mittels Primfaktorenzerlegung:* $a = 18 = 2 \cdot 3 \cdot 3$ $b = 60 = 2 \cdot 2 \cdot 3 \cdot 5 \Rightarrow \text{kgV}(18, 60) = 2^2 \cdot 3^2 \cdot 5 = 180$
*Bestimmung des ggT(a,b) mithilfe des **euklidischen Algorithmus**:* $a : b = c_1$, Rest b_1 $b_1 \neq 0$ $b : b_1 = c_2$, Rest b_2 $b_2 \neq 0$ $b_1 : b_2 = c_3$, Rest b_3 $b_3 \neq 0$ ⋮ $b_{n-2} : \mathbf{b_{n-1}} = c_n$, Rest **0** $\Rightarrow \text{ggT}(a, b) = b_{n-1}$	*Bestimmung des kgV(a,b) mithilfe des **euklidischen Algorithmus** und der folgenden Beziehung:* $\text{kgV}(a, b) = \frac{a \cdot b}{\text{ggT}(a, b)}$ (Primzahlen S. 4)

Bruchrechnung

$a, b, c, d \in \mathbb{Z}$; Nenner $\neq 0$

$\frac{a}{b}$ heißt **Bruch**, a heißt **Zähler**, b heißt **Nenner**	$\frac{b}{a}$ heißt **Kehrwert** von $\frac{a}{b}$ $\frac{a}{b} \cdot \frac{b}{a} = 1$
Erweitern: $\frac{a}{b} = \frac{a \cdot c}{b \cdot c}$ $(c \neq 0)$	**Kürzen:** $\frac{a}{b} = \frac{a : c}{b : c}$ $(c \neq 0 \wedge c \mid a \wedge c \mid b)$
Addition und Subtraktion gleichnamiger Brüche: $\frac{a}{b} \pm \frac{c}{b} = \frac{a \pm c}{b}$	**Umwandeln in Dezimalzahl:** $\frac{a}{b} = a : b$ $\frac{6}{5} = 6 : 5 = 1{,}2$
Addition und Subtraktion ungleichnamiger Brüche: $\frac{a}{b} \pm \frac{c}{d} = \frac{a \cdot d \pm b \cdot c}{b \cdot d}$	*oder* (1) gV(b, d) bestimmen (Hauptnenner) (2) beide Brüche auf einen Hauptnenner erweitern (3) wie bei gleichnamigen Brüchen verfahren
Multiplikation: $\frac{a}{b} \cdot \frac{c}{d} = \frac{a \cdot c}{b \cdot d}$	**Division:** $\frac{a}{b} : \frac{c}{d} = \frac{a}{b} \cdot \frac{d}{c} = \frac{a \cdot d}{b \cdot c}$

Rechnen mit positiven und negativen Zahlen

$a, b \in \mathbb{R}$; Nenner $\neq 0$

Betrag einer Zahl: $\lvert a \rvert = \begin{cases} a, & \text{wenn } a \geq 0 \\ -a, & \text{wenn } a < 0 \end{cases}$ Der Betrag $\lvert a \rvert$ einer Zahl a entspricht dem Abstand dieser Zahl von 0 auf der Zahlengeraden.	$\lvert a \rvert = \lvert -a \rvert$ $\lvert a \rvert \geq 0$ $\pm a \leq \lvert a \rvert$ $\lvert a \cdot b \rvert = \lvert a \rvert \cdot \lvert b \rvert$ $\lvert a \rvert - \lvert b \rvert \leq \lvert a + b \rvert \leq \lvert a \rvert + \lvert b \rvert$ (**Dreiecksungleichung**) $\left\lvert \frac{a}{b} \right\rvert = \frac{\lvert a \rvert}{\lvert b \rvert}$ $\lvert a \rvert - \lvert b \rvert \leq \lvert a - b \rvert \leq \lvert a \rvert + \lvert b \rvert$ $\lvert a_1 + a_2 + \ldots + a_n \rvert \leq \lvert a_1 \rvert + \lvert a_2 \rvert + \ldots + \lvert a_n \rvert$

$a - (-b) = a + b$	$-a - b = -(a + b)$	$(-a) - (-b) = -a + b$
$a \cdot (-b) = -ab$	$(-a) \cdot b = -ab$	$(-a) \cdot (-b) = +ab$
$a : (-b) = -\frac{a}{b}$	$(-a) : b = -\frac{a}{b}$	$(-a) : (-b) = +\frac{a}{b}$

Termumformungen

$a, b, c, d \in \mathbb{R}$ bzw. selbst wieder in $\mathbb{R}$ erklärte Terme

$a + b = b + a$ $a \cdot b = b \cdot a$ (**Kommutativgesetze**) $a \cdot (b + c) = a \cdot b + a \cdot c$ (**Distributivgesetz**)

$a + (b + c) = (a + b) + c$ $a \cdot (b \cdot c) = (a \cdot b) \cdot c$ (**Assoziativgesetze**) $(a + b) \cdot (c + d) = a \cdot c + a \cdot d + b \cdot c + b \cdot d$

$(a + b)^2 = a^2 + 2ab + b^2$ $(a - b)^2 = a^2 - 2ab + b^2$ $(a + b)(a - b) = a^2 - b^2$ (**binomische Formeln**)

$(a \pm b)^3 = a^3 \pm 3a^2b + 3ab^2 \pm b^3$ (Verallgemeinerung S. 54) $a^3 - b^3 = (a - b)(a^2 + ab + b^2)$

Potenzen, Wurzeln, Logarithmen

Nenner ≠ 0

Potenzen	Wurzeln	Logarithmen
$a^n = \underbrace{a \cdot a \cdot \ldots \cdot a}_{n \text{ Faktoren } a}$ a ... Basis, n ... Exponent $a^0 = 1$ $a^1 = a$ $a \in \mathbb{R}\setminus\{0\},\ n \in \mathbb{N}$ $a^{-n} = \frac{1}{a^n}$	$\sqrt[n]{a} = b \Leftrightarrow b^n = a \wedge b > 0$ a ... Radikand, n ... Wurzelexponent $\sqrt[2]{a} = \sqrt{a}$ $a \in \mathbb{R} \wedge a \geq 0,\ n \in \mathbb{N}^*\setminus\{1\}$	$\log_a b = c \Leftrightarrow a^c = b$ a ... Basis, b ... Numerus $a^{\log_a b} = b$ $\log_a 1 = 0$ $\log_a a = 1$ $a \in \mathbb{R} \wedge a > 0 \wedge a \neq 1$ $b \in \mathbb{R} \wedge b > 0$
Folgende **Potenzgesetze** gelten für alle $m,n \in \mathbb{R}$ bei positiven reellen Basen. Für $m,n \in \mathbb{Z}$ gelten sie bei Basen aus $\mathbb{R}\setminus\{0\}$. $a^m \cdot a^n = a^{m+n}$ $a^n \cdot b^n = (a \cdot b)^n$ $\frac{a^m}{a^n} = a^{m-n}$ $\frac{a^n}{b^n} = \left(\frac{a}{b}\right)^n$ $(a^m)^n = a^{m \cdot n} = (a^n)^m$	Für Exponenten der Form $\frac{1}{n}$ mit $n \in \mathbb{N}^*$ und $n \neq 1$ und nichtnegativen reellen a, b können die Potenzgesetze auch als **Wurzelgesetze** formuliert werden: $\sqrt[m]{a} \cdot \sqrt[n]{a} = \sqrt[mn]{a^{m+n}}$ $\sqrt[n]{a} \cdot \sqrt[n]{b} = \sqrt[n]{a \cdot b}$ $\frac{\sqrt[m]{a}}{\sqrt[n]{a}} = \sqrt[mn]{a^{n-m}}$ $\frac{\sqrt[n]{a}}{\sqrt[n]{b}} = \sqrt[n]{\frac{a}{b}}$ $\sqrt[n]{\sqrt[m]{a}} = \sqrt[mn]{a} = \sqrt[m]{\sqrt[n]{a}}$	**spezielle Basen:** $\log_{10} x = \lg x$ dekadischer Logarithmus (S. 40) $\log_e x = \ln x$ natürlicher Logarithmus (S. 40) **Logarithmengesetze:** $\log_a(u \cdot v) = \log_a u + \log_a v$ $u,v \in \mathbb{R}$ $\log_a \frac{u}{v} = \log_a u - \log_a v$ $u,v > 0$ $\log_a u^r = r \log_a u$ $r \in \mathbb{R}$ $\log_a \sqrt[n]{u} = \frac{1}{n} \log_a u$ $n \in \mathbb{N}$
$\frac{1}{a^{-n}} = a^n$ $\left(\frac{a}{b}\right)^{-n} = \left(\frac{b}{a}\right)^n$	$\sqrt[n]{a^m} = (\sqrt[n]{a})^m$ $\sqrt[n]{a^m} = \sqrt[nk]{a^{mk}}$	**Basiswechsel:** $\log_a b \cdot \log_b a = 1$ $\log_c b = \frac{\log_a b}{\log_a c} = \frac{\ln b}{\ln c} = \frac{\lg b}{\lg c}$ $\lg x = M \ln x$ $M = \lg e = 0{,}43429\ldots$ $\ln x = \frac{\lg x}{M}$ $\frac{1}{M} = \ln 10 = 2{,}30258\ldots$ $a^c = e^{c \cdot \ln a}$ $c \in \mathbb{R}$

Für alle $n \in \mathbb{N}$, $n \geq 2$ und $a \in \mathbb{R}$, $a > 0$ gilt:

$a^{\frac{1}{n}} = \sqrt[n]{a}$ $a^{-\frac{1}{n}} = \frac{1}{\sqrt[n]{a}}$ $a^{\frac{m}{n}} = \sqrt[n]{a^m}$ $a^{-\frac{m}{n}} = \frac{1}{\sqrt[n]{a^m}}$

Proportionen und Mittelwerte

$a, b, c, d, k, a_i \in \mathbb{R}$; $k \neq 0$; Nenner ≠ 0

Sachverhalt	Proportion	Verhältnisgleichung	Proportionalitätsfaktor k
Größe x: a, c (→) Größe y: b, d (→) je mehr, desto mehr	$y \sim x$ direkt	$\frac{a}{c} = \frac{b}{d} \Rightarrow a \cdot d = b \cdot c$	$\left.\begin{array}{l} b = k \cdot a \\ d = k \cdot c \end{array}\right\} \Rightarrow k = \frac{b}{a} = \frac{d}{c}$ (quotientengleich)
Größe x: a, c (→) Größe y: b, d (←) je mehr, desto weniger	$y \sim \frac{1}{x}$ umgekehrt	$\frac{a}{c} = \frac{d}{b} \Rightarrow a \cdot b = c \cdot d$	$\left.\begin{array}{l} b = k \cdot \frac{1}{a} \\ d = k \cdot \frac{1}{c} \end{array}\right\} \Rightarrow k = a \cdot b = c \cdot d$ (produktgleich)

Mittelwerte	Proportion und Formel	allgemeine Formel	Zusammenhänge
arithmetisches Mittel (S. 55)	$\frac{a - \bar{x}}{\bar{x} - b} = \frac{1}{1} \Rightarrow \bar{x} = \frac{a + b}{2}$	$\bar{x} = \frac{a_1 + a_2 + \ldots + a_n}{n} = \frac{1}{n} \cdot \sum_{i=1}^{n} a_i$	$(a_i)_{Max} \geq \bar{x} \geq g \geq h \geq (a_i)_{Min}$ für $a_i \geq 0$ nach CAUCHY
geometrisches Mittel (mittlere Proportionale)	$\frac{a}{g} = \frac{g}{b} \Rightarrow g = \sqrt{ab}$ $a, b > 0$	$g = \sqrt[n]{a_1 \cdot a_2 \cdot \ldots \cdot a_n} = \sqrt[n]{\prod_{i=1}^{n} a_i}$ $a_i > 0$	
harmonisches Mittel	$\frac{a - h}{h - b} = \frac{a}{b} \Rightarrow h = \frac{2ab}{a + b}$	$h = \frac{n}{\frac{1}{a_1} + \frac{1}{a_2} + \ldots + \frac{1}{a_n}} = \frac{n}{\sum_{i=1}^{n} \frac{1}{a_i}}$	$g = \sqrt{h \cdot \bar{x}}$ für zwei Werte a, b

Ma1

Kaufmännisches Rechnen

Währungsrechnen

Nenner ≠ 0

Größen:	**AW** ... Auslandswährung **Euro** ... Euro-Betrag	**Kurs** ...	Umrechnungsverhältnis zwischen Devisen (bezogen auf 100 €) *Ausnahmen:* \$ ..... Dollar (bezogen auf 1) £ ..... Pfund Sterling (bezogen auf 1)
$\frac{AW}{Euro} = \frac{Kurs}{100}$ $\frac{AW(\$,£)}{Euro} = Kurs$		**Anwendung:**	Wie viel Yen erhält man für 130,00 €? (Kurs 108,81, d. h. 108,81 Yen pro 100 €) $AW = \frac{Kurs \cdot Euro}{100} = \frac{108{,}81 \cdot 130}{100}$ Yen ≈ 141,45 Yen

Dreisatz

	direkte Proportionalität	umgekehrte Proportionalität
Verfahren, durch das mit drei gegebenen Größen eine vierte errechnet wird	Wie viel bezahlt man für 750 g Tee, wenn 400 g 12,00 € kosten?	5 Kühe kommen mit einer bestimmten Futtermenge 16 Tage aus. Wie viel Tage reicht das Futter für 8 Kühe?
(1) Schluss vom Wert der bekannten Mehrheit	400 g ≙ 12,00 €	5 Kühe ≙ 16 Tage
(2) auf den Wert für eine Mengeneinheit	1 g ≙ $\frac{12{,}00\ €}{400}$ = 0,03 €	1 Kuh ≙ 16 Tage · 5 = 80 Tage
(3) von dieser Einheit auf die gesuchte Mehrheit	750 g ≙ 0,03 € · 750 = 22,50 €	8 Kühe ≙ $\frac{80\ \text{Tage}}{8}$ = 10 Tage

Kettensatz

Verfahren, welches bei Preisberechnungen mit ausländischen Währungen und Maßen zur Anwendung gelangt (Aufeinanderfolge von Dreisätzen bei direkter Proportionalität)

(1) Entwickeln der Kette:
- Die Kette beginnt mit der Frage nach der gesuchten Größe.
- Jeder linke Term der folgenden Gleichung hat die gleiche Einheit wie der rechte Term der vorhergehenden Gleichung.
- Die Kette ist geschlossen, wenn erste und letzte Einheit übereinstimmen.

(2) Ausrechnen der Kette:
- Produkt der Zahlen der rechten Terme in den Zähler eines Bruches schreiben; Produkt der Zahlen der linken Terme in den Nenner schreiben; Bruch berechnen

Anwendung:
Wie viel Euro kosten 50 m Stoff aus den USA, wenn dieser dort zu 8,90 \$ das Yard gehandelt wird? (11 m = 12 yds, Kurs 1,0253)

x €	≙	50 m
11 m	≙	12 yds
1 yd	≙	8,90 \$
1,0253 \$	≙	1 €

$x = \frac{50 \cdot 12 \cdot 8{,}90}{11 \cdot 1{,}0253}\ € = 473{,}48\ €$

Mischungsrechnen

Berechnen des Mischungsverhältnisses von zwei Sorten bei vorgegebenen Preisen

Mischungskreuz-Regel: Die zu mischenden Sorten sind im umgekehrten Verhältnis ihrer Preisdifferenzen zur Mischungssorte zu mischen.

Anwendung: In welchem Verhältnis müssen zwei Sorten Tee zu 16,00 €/kg bzw. 22,00 €/kg gemischt werden, damit die Mischsorte 18,00 €/kg kostet?

P: Preis
M: Menge, Anteil

		Unterschied zu P_G	gekürzt	Anteil
Sorte 1:	P_1 = 16,00 €/kg	2,00 €/kg	1	2 = M_1
Mischung:	P_G = 18,00 €/kg			
Sorte 2:	P_2 = 22,00 €/kg	4,00 €/kg	2	1 = M_2

allgemein gilt:

$$\left|\frac{P_G - P_2}{P_G - P_1}\right| = \frac{M_1}{M_2}$$

Probe: $M_1 \cdot P_1 + M_2 \cdot P_2 = (M_1 + M_2) \cdot P_G$ 2 · 16,00 + 1 · 22,00 = 3 · 18,00

Prozentrechnung

G: Grundwert p%: Prozentsatz	W: Prozentwert Prozentsatz: $p\% = \frac{p}{100}$	Promillesatz: $p‰ = \frac{p}{1000}$	$1\% = 10‰$

Grundgleichung der Prozentrechnung	vermehrter (verminderter) Grundwert	
$\frac{W}{p} = \frac{G}{100}$	$\overline{G} = G \cdot \left(\frac{100 \pm p}{100}\right)$	nach prozentualem Zuschlag (Abschlag)

einige „bequeme" Prozentsätze

Prozentsatz	1%	2%	$2\frac{1}{2}$%	4%	5%	$6\frac{1}{4}$%	$6\frac{2}{3}$%	$12\frac{1}{2}$%	20%	25%	$33\frac{1}{3}$%	50%	$66\frac{2}{3}$%	75%
Anteil am Grundwert	$\frac{1}{100}$	$\frac{1}{50}$	$\frac{1}{40}$	$\frac{1}{25}$	$\frac{1}{20}$	$\frac{1}{16}$	$\frac{1}{15}$	$\frac{1}{8}$	$\frac{1}{5}$	$\frac{1}{4}$	$\frac{1}{3}$	$\frac{1}{2}$	$\frac{2}{3}$	$\frac{3}{4}$

Zinsrechnung

K:	Kapital	Z:	Zinsen	R:	Rate, Rente
p%:	Zinssatz des Kapitals	p.a.:	per annum (pro Jahr)	S:	Schuld, Darlehen
#:	Zinszahl (# = 1% · K · t))	q:	Zinsfaktor ($q = \frac{100 + p}{100} = 1 + \frac{p}{100}$)	D:	Zinsdivisor ($D = \frac{360}{p}$)
t:	Anzahl der Tage	m:	Anzahl der Monate	n:	Anzahl der Jahre

1 Jahr ≙ 360 Tage, 1 Monat ≙ 30 Tage (im deutschen Bankwesen)

Jahreszinsen	Monatszinsen	Tageszinsen (Diskont)
$Z = \frac{K \cdot p}{100}$ $\quad Z_n = \frac{K \cdot p \cdot n}{100}$	$Z_m = \frac{K \cdot p \cdot m}{100 \cdot 12}$	$Z_t = \frac{K \cdot p \cdot t}{100 \cdot 360} = \frac{\#}{D}$

Rendite (effektive Jahresverzinsung)	**Zinseszinsen** (Endwert K_n des Anfangskapitals K_0 nach n Jahren)	
$p = \frac{Z \cdot 100}{K}$	$K_n = K_0 \cdot q^n = K_0 \cdot \left(\frac{100 + p}{100}\right)^n$	$n = \frac{\lg K_n - \lg K_0}{\lg q}$

einige Zinsdivisoren (sinnvoll zur Berechnung von Tageszinsen und des Diskonts beim Diskontieren)

Zinssatz	2%	$2\frac{1}{2}$%	$2\frac{2}{3}$%	3%	$3\frac{1}{3}$%	$3\frac{3}{4}$%	4%	$4\frac{1}{2}$%	5%	6%	$6\frac{2}{3}$%	$7\frac{1}{2}$%	8%	9%	10%
Zinsdivisor	180	144	135	120	108	96	90	80	72	60	54	48	45	40	36

Rentenformeln, Schuldentilgungsformeln

Zahlungsendwert (nachschüssig)	Wird am Jahresende regelmäßig ein Betrag R eingezahlt und mit p% p.a. verzinst, so beträgt das Kapital nach n Jahren:	$K_n = \frac{R(q^n - 1)}{q - 1}$
Zahlungsendwert (vorschüssig)	Wird am Jahresanfang regelmäßig ein Betrag R eingezahlt und mit p% p.a. verzinst, so beträgt das Kapital nach n Jahren:	$K_n = \frac{Rq(q^n - 1)}{q - 1}$
Vermehrung (Verminderung) eines Kapitals durch Raten (nachschüssig)	Wird ein vorhandener Betrag K_0 durch die Zahlung eines festen Betrages R jeweils am Jahresende vermehrt (durch Abhebung von R vermindert), so beträgt bei p% p.a. Zinsen das Kapital nach n Jahren:	$K_n = K_0 \cdot q^n \overset{+}{(-)} \frac{R(q^n - 1)}{q - 1}$
Vermehrung (Verminderung) eines Kapitals durch Raten (vorschüssig)	Wird ein vorhandener Betrag K_0 durch die Zahlung eines festen Betrages R jeweils am Jahresanfang vermehrt (durch Abhebung von R vermindert), so beträgt bei p% p.a. Zinsen das Kapital nach n Jahren:	$K_n = K_0 \cdot q^n \overset{+}{(-)} \frac{Rq(q^n - 1)}{q - 1}$
Tilgungsrate einer Schuld	Soll eine Schuld S in n Jahren bei einem Zinssatz p% p.a. durch regelmäßige Ratenzahlungen jeweils am Jahresende getilgt werden, so beträgt die Rate R:	$R = \frac{Sq^n(q - 1)}{q^n - 1}$

Gleichungslehre

Lineare Gleichungen

$a, b \in \mathbb{R};\ a \neq 0;\ a, b$ konstant

Lösen der Gleichung	z. B. durch Anwendung der Umformungsregeln vereinfachen
Normalform	$ax + b = 0$ (a, b Koeffizienten)
Lösungsmenge L	$L = \left\{-\frac{b}{a}\right\}$

Lineare Gleichungssysteme aus zwei Gleichungen mit zwei Variablen

Normalform	I $a_1x + b_1y = c_1$ II $a_2x + b_2y = c_2$ $a_1, b_1, c_1, a_2, b_2, c_2 \in \mathbb{R}$ $a_1, b_1, c_1, a_2, b_2, c_2$ konstant
Lösungsformeln (cramersche Regel)	$x = \frac{c_1b_2 - c_2b_1}{a_1b_2 - a_2b_1} = \frac{D_1}{D}$ $D \neq 0$ $y = \frac{a_1c_2 - a_2c_1}{a_1b_2 - a_2b_1} = \frac{D_2}{D}$ $D \neq 0$ D, D_1, D_2 Determinanten
Lösungsmenge L	$D \neq 0 \Rightarrow L \subset \mathbb{R} \times \mathbb{R}$ $L = \left\{\left(\frac{D_1}{D}; \frac{D_2}{D}\right)\right\}$ $D = 0, D_1 \neq 0 \vee D_2 \neq 0 \Rightarrow L = \varnothing$ $D = 0, D_1 = 0 \wedge D_2 = 0 \Rightarrow L \subset \mathbb{R} \times \mathbb{R}$ (unendlich viele Lösungen)
Lösungsverfahren	**Beschreibung**
Einsetzungsverfahren	Man löst eine der Gleichungen (z. B. I) nach einer der Variablen (z. B. x) auf und setzt den erhaltenen Term für x in die andere Gleichung (II) ein. Die erhaltene lineare Gleichung mit der Variablen y wird gelöst. Der Wert für y wird in die Gleichung I eingesetzt und daraus x berechnet.
Gleichsetzungsverfahren	Man löst beide Gleichungen nach derselben Variablen auf, setzt die so erhaltenen Terme gleich und erhält damit eine Gleichung mit einer Variablen.
Additionsverfahren	Durch äquivalentes Umformen wird erreicht, dass die Koeffizienten einer Variablen in beiden Gleichungen übereinstimmen. Durch Addition bzw. Subtraktion der Gleichungen erhält man eine Gleichung mit einer Variablen.
grafisches Lösungsverfahren	Jede der beiden Gleichungen wird als analytischer Ausdruck einer linearen Funktion aufgefasst. Man zeichnet deren Bilder in ein Koordinatensystem und ermittelt den Schnittpunkt. (S. 38) Dessen Koordinaten sind die Lösung des Gleichungssystems. Existiert kein Schnittpunkt (verlaufen die Geraden also parallel), hat das System keine Lösung. Fallen die Geraden zusammen, dann existieren unendlich viele Lösungen.

Quadratische Gleichungen

$a, b, c, p, q \in \mathbb{R}$; a, b, c, p, q konstant; $a \neq 0$

	allgemeine Form	Normalform
Gleichung	$ax^2 + bx + c = 0$	$x^2 + px + q = 0$
Lösungen	$x_{1,2} = \frac{-b \pm \sqrt{b^2 - 4ac}}{2a}$	$x_{1,2} = -\frac{p}{2} \pm \sqrt{\left(\frac{p}{2}\right)^2 - q}$
Diskriminante	$D = b^2 - 4ac$	$D = \frac{p^2}{4} - q = \left(\frac{p}{2}\right)^2 - q$
Lösungsfälle in $\mathbb{R}$	$D > 0 \Rightarrow L = \{x_1; x_2\}$ $D = 0 \Rightarrow L = \{x_1\} = \{x_2\}$ $D < 0 \Rightarrow L = \varnothing$	
Zerlegung in Linearfaktoren	$ax^2 + bx + c = a(x - x_1)(x - x_2) = 0$	$x^2 + px + q = (x - x_1)(x - x_2) = 0$
vietascher Wurzelsatz	$x_1 + x_2 = -\frac{b}{a}$ $\quad$ $x_1 \cdot x_2 = \frac{c}{a}$	$x_1 + x_2 = -p$ $\quad$ $x_1 \cdot x_2 = q$

Algebraische Gleichungen n-ten Grades

$a_i \in \mathbb{R}$; $n \in \mathbb{N}$; $x_i \in \mathbb{C}$

normierte Form	$P_n(x) = x^n + a_{n-1}x^{n-1} + a_{n-2}x^{n-2} + \ldots + a_2x^2 + a_1x^1 + a_0 = 0$ $P_n(x)$ Polynom
Lösungen (Nullstellen)	$x_1, x_2, x_3, \ldots, x_n$
Lösungsverfahren	Ist x_1 eine durch Probieren gefundene Nullstelle des Polynoms $P_n(x)$, so kann $P_n(x)$ mittels **Polynomdivision** ohne Rest durch $(x - x_1)$ geteilt werden. Man erhält dadurch eine Gleichung (ein Polynom) $(n - 1)$-ten Grades und es gilt $P_n(x) = (x - x_1)P_{n-1}(x)$. Das Verfahren kann gegebenenfalls fortgesetzt werden.
Zerlegung in Linearfaktoren	$P_n(x) = x^n + a_{n-1}x^{n-1} + \ldots + a_2x^2 + a_1x^1 + a_0 = (x - x_1)(x - x_2) \cdot \ldots \cdot (x - x_n) = 0$
vietascher Wurzelsatz	$x_1 + x_2 + x_3 + \ldots + x_n = -a_{n-1}$ $x_1x_2 + x_1x_3 + \ldots + x_2x_3 + x_2x_4 + \ldots + x_{n-1}x_n = a_{n-2}$ $x_1x_2x_3 + x_1x_2x_4 + \ldots + x_2x_3x_4 + x_2x_3x_5 + \ldots + x_{n-2}x_{n-1}x_n = -a_{n-3}$ $\vdots$ $x_1x_2x_3 \cdots x_n = (-1)^n a_0$
Fundamentalsatz der Algebra	Jede algebraische Gleichung n-ten Grades hat in der Menge der komplexen Zahlen genau n Lösungen (wobei diese in ihrer Vielfachheit zu zählen sind).

Exponentialgleichungen

$a, b \in \mathbb{R}$; $a > 0$; $a \neq 1$; $b > 0$

Gleichung	$a^x = b$
Lösung	$x = \frac{\lg b}{\lg a}$ oder $x = \frac{\ln b}{\ln a}$ oder $x = \frac{\log_c b}{\log_c a}$ $\quad c > 0, c \neq 1$ (vgl. S. 23)

Ma2

Planimetrie

Strahlensätze

Strahlenabschnitte auf einem Strahl und **gleichliegende Strahlenabschnitte** auf einem *anderen* Strahl	$\frac{\overline{CA}}{\overline{CA'}} = \frac{\overline{CB}}{\overline{CB'}}$	Werden **Strahlenbüschel** (s_1; s_2; s_3) von **Parallelen** (p_1; p_2) geschnitten, dann entstehen **Strahlenabschnitte** und **Parallelenabschnitte**.
gleichliegende Parallelenabschnitte und zugehörige Strahlenabschnitte auf einem *gemeinsamen* Strahl	$\frac{\overline{CA}}{\overline{CA'}} = \frac{\overline{AB}}{\overline{A'B'}}$	
Parallelenabschnitte auf einer Parallelen und **zugehörige Parallelenabschnitte** auf einer *anderen* Parallelen	$\frac{\overline{AB}}{\overline{BD}} = \frac{\overline{A'B'}}{\overline{B'D'}}$	

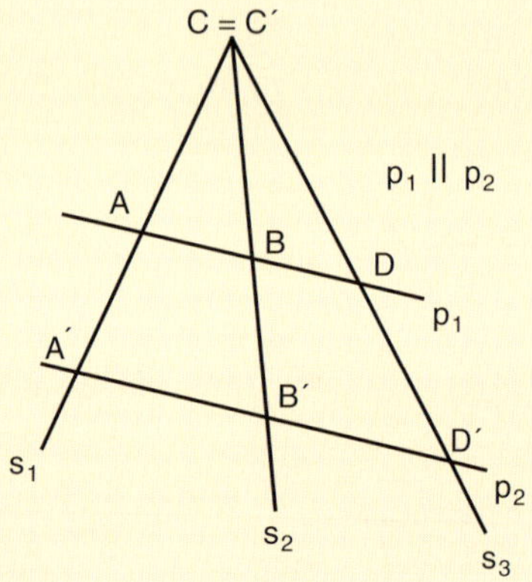

Kongruenzsätze und Ähnlichkeitssätze für Dreiecke

	Dreiecke sind zueinander kongruent bei:	**Dreiecke sind zueinander ähnlich bei:**
sss	Übereinstimmung in den drei Seiten ($a' : a = 1$; $b' : b = 1$; $c' : c = 1$)	Übereinstimmung der Längenverhältnisse aller einander entsprechenden Seiten ($a' : a = k$; $b' : b = k$; $c' : c = k$) k: Ähnlichkeitsfaktor
sws	Übereinstimmung in zwei Seiten und dem eingeschlossenen Winkel ($a' : a = 1$; $b' : b = 1$; $\gamma' = \gamma$)	Übereinstimmung der Längenverhältnisse zweier Seiten und des eingeschlossenen Winkels ($a' : a = k$; $b' : b = k$; $\gamma' = \gamma$)
wsw	Übereinstimmung in einer Seite und den anliegenden Winkeln ($a' : a = 1$; $\beta' = \beta$; $\gamma' = \gamma$)	Übereinstimmung in zwei Winkeln ($\beta' = \beta$; $\gamma' = \gamma$) (**Hauptähnlichkeitssatz**)
SsW	Übereinstimmung in zwei Seiten und dem der größeren Seite gegenüberliegenden Winkel ($a' : a = 1$; $b' : b = 1$; $\beta' = \beta$; $b > a$)	Übereinstimmung der Verhältnisse zweier Seiten und des der größeren Seite gegenüberliegenden Winkels ($a' : a = k$; $b' : b = k$; $\beta' = \beta$; $b > a$)

Die Kongruenz ist ein Spezialfall der Ähnlichkeit.

Flächeninhalte kongruenter Dreiecke sind gleich.	Flächeninhalte ähnlicher Dreiecke verhalten sich zueinander wie die Quadrate einander entsprechender Seiten. $\frac{A'}{A} = \frac{a'^2}{a^2} = \frac{b'^2}{b^2} = \frac{c'^2}{c^2} = k^2$

Winkel

Begriff	Veranschaulichung	Zusammenhänge
Nebenwinkel (α, α')	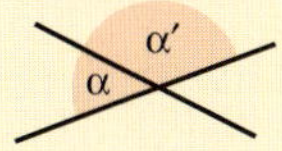	$\alpha + \alpha' = 180°$
Scheitelwinkel (β, β')		$\beta = \beta'$
Stufenwinkel (α, β)	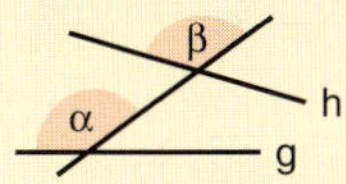	$\alpha = \beta \;\Leftrightarrow\; g \parallel h$
Wechselwinkel (γ, δ)	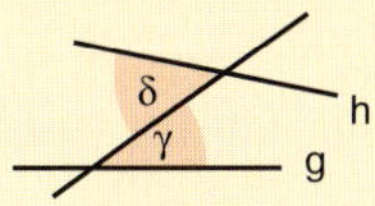	$\gamma = \delta \;\Leftrightarrow\; g \parallel h$
Innenwinkel im Dreieck (α, β, γ)	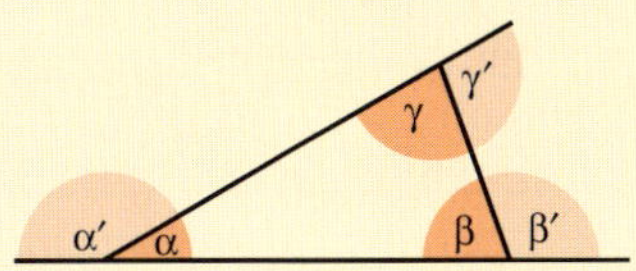	$\alpha + \beta + \gamma = 180°$
Außenwinkel am Dreieck (α', β', γ')		$\alpha + \gamma = \beta'$ $\alpha + \beta = \gamma'$ $\beta + \gamma = \alpha'$ $\alpha' + \beta' + \gamma' = 360°$

Begriff	Zusammenhänge	Beispiel
Innenwinkel im Viereck (α, β, γ, δ)	$\alpha + \beta + \gamma + \delta = 360°$	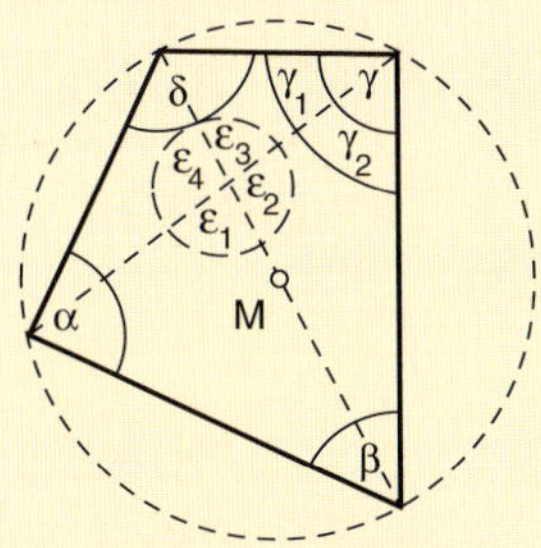

Begriff	Erklärung	Beispiele aus obiger Skizze
spitzer Winkel α	$0° < \alpha < 90°$	β
rechter Winkel α	$\alpha = 90°$	α, γ (nach THALES, S. 32)
stumpfer Winkel α	$90° < \alpha < 180°$	δ
gestreckter Winkel α	$\alpha = 180°$	$\varepsilon_1 + \varepsilon_2$
Vollwinkel α	$\alpha = 360°$	$\varepsilon_1 + \varepsilon_2 + \varepsilon_3 + \varepsilon_4$
Komplementwinkel α **und** β	$\alpha + \beta = 90°$	γ_1 und γ_2
Supplementwinkel α **und** β	$\alpha + \beta = 180°$	ε_3 und ε_4, ε_1 und ε_4

Dreiecke

Begriff	Veranschaulichung	Zusammenhänge
Höhen **(h_a, h_b, h_c)** **Seitenhalbierende** **(s_a, s_b, s_c)**	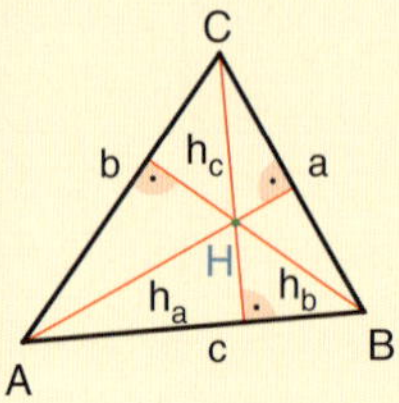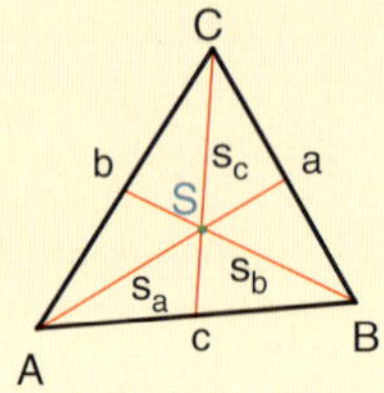	Die Höhen schneiden einander im **Höhenschnittpunkt H.** $\frac{h_a}{h_b} = \frac{b}{a}$ Der **Schwerpunkt S** teilt jede Seitenhalbierende im Verhältnis 2 : 1. $s_a = \frac{1}{2}\sqrt{2(b^2 + c^2) - a^2}$
Mittelsenkrechte **(m_a, m_b, m_c)** **Winkelhalbierende** **(w_α, w_β, w_γ)**	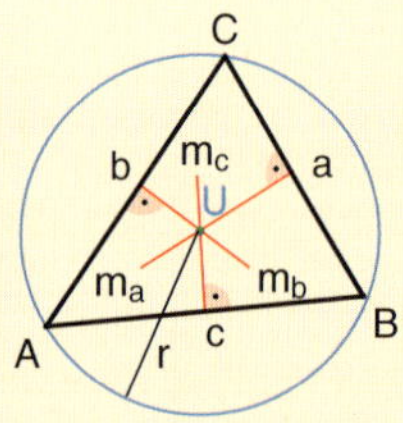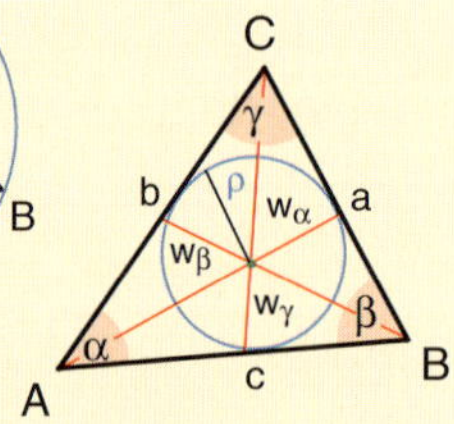	Die Mittelsenkrechten schneiden einander im **Umkreismittelpunkt U.** Die Winkelhalbierenden schneiden einander im **Inkreismittelpunkt.** $w_\alpha = \frac{2}{b + c}\sqrt{bcs(s - a)}$ mit $s = \frac{a + b + c}{2} = \frac{u}{2}$
allgemeines Dreieck (S. 36)	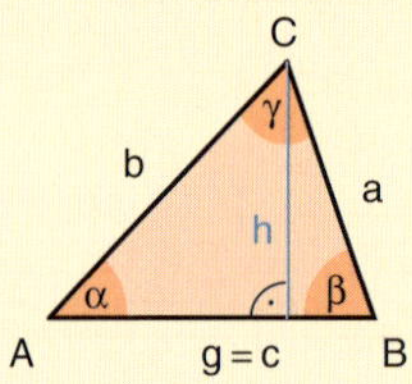Der kleinsten Seite liegt der kleinste Winkel gegenüber.	$a + b > c,\ b + c > a,\ a + c > b$ (**Dreiecksungleichungen**) $\|a - b\| < c,\ \|b - c\| < a,\ \|a - c\| < b$ $u = a + b + c$ $A = \frac{1}{2}gh = \frac{abc}{4r}$ r Umkreisradius $A = \sqrt{s(s - a)(s - b)(s - c)}$ $s = \frac{u}{2}$ (**heronische Formel**)
rechtwinkliges Dreieck (S. 35)	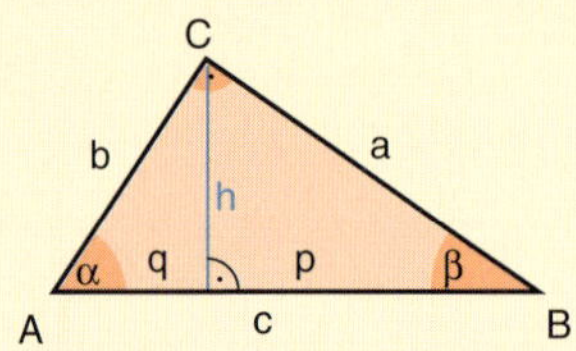Katheten a, b Hypotenuse c Hypotenusenabschnitte p, q	**Satz des PYTHAGORAS:** $c^2 = a^2 + b^2$ **Höhensatz:** $h^2 = pq$ **Kathetensatz:** $a^2 = cp$ $b^2 = cq$ $u = a + b + c$ $A = \frac{1}{2}ab = \frac{1}{2}ch$
gleichseitiges Dreieck	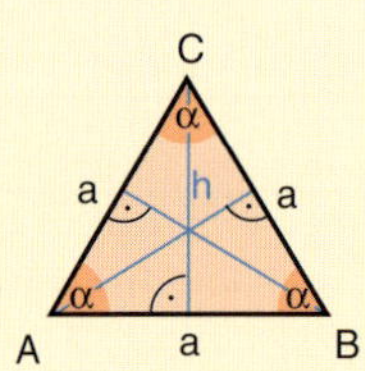	$\alpha = 60°$ $h = \frac{a}{2}\sqrt{3}$ $u = 3a$ $A = \frac{a^2}{4}\sqrt{3}$ Alle Höhen, Seitenhalbierenden und Winkelhalbierenden sind gleich lang. Inkreis und Umkreis haben einen gemeinsamen Mittelpunkt.

Ma 2
Ma

Vierecke

Begriff	Veranschaulichung	Zusammenhänge
Rechteck Diagonalen e, f	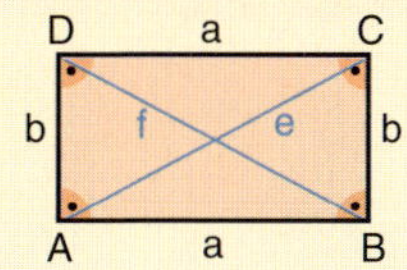	$e = f = \sqrt{a^2 + b^2}$ $u = 2(a + b)$ $A = ab$
Die Diagonalen sind gleich lang und halbieren einander.		Alle Innenwinkel sind gleich groß (90°). Gegenüberliegende Seiten sind parallel und gleich lang.
Quadrat	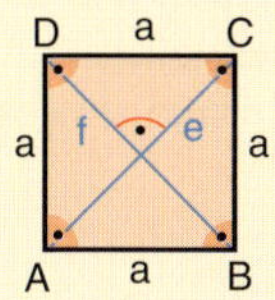	$e = f = a\sqrt{2}$ $u = 4a$ $A = a^2 = \frac{1}{2}e^2$
Die Diagonalen stehen senkrecht aufeinander, sind gleich lang und halbieren einander.		Alle Innenwinkel sind gleich groß (90°). Alle Seiten sind gleich lang.
Rhombus (Raute)	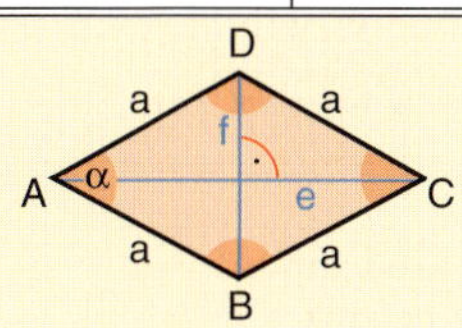	$e^2 = 4a^2 - f^2$ $u = 4a$ $A = \frac{1}{2}ef = a^2 \sin\alpha$
Die Diagonalen stehen senkrecht aufeinander und halbieren einander.		Alle Seiten sind gleich lang. Gegenüberliegende Seiten sind parallel.
Trapez Mittelparallele m	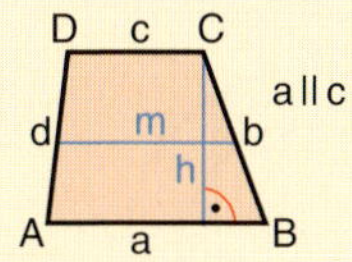	$m = \frac{1}{2}(a + c)$ $u = a + b + c + d$ $A = \frac{1}{2}(a + c)h \qquad A = mh$
	Mindestens zwei Seiten sind parallel.	
Parallelogramm (Rhomboid)	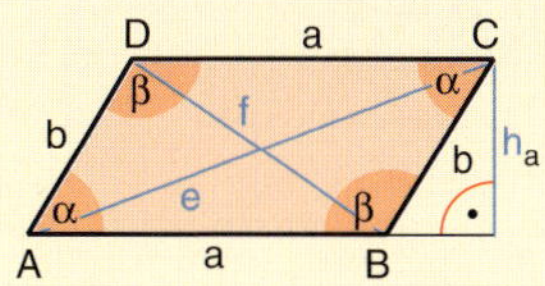	$2(a^2 + b^2) = e^2 + f^2 \qquad \alpha + \beta = 180°$ $u = 2(a + b)$ $A = ah_a = ab\sin\alpha$
Die Diagonalen halbieren einander.		Gegenüberliegende Winkel sind gleich groß. Gegenüberliegende Seiten sind parallel und gleich lang.
Drachenviereck	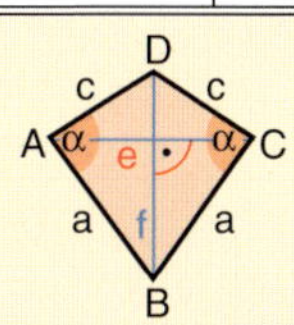	$u = 2(a + c)$ $A = \frac{1}{2}ef$
Die Diagonalen stehen senkrecht aufeinander.		Mindestens zwei gegenüberliegende Winkel sind gleich groß.
Sehnenviereck	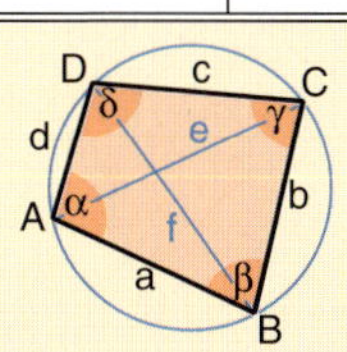	$\alpha + \gamma = \beta + \delta = 180°$ $u = a + b + c + d \qquad s = \frac{u}{2}$ $ac + bd = ef$ (**Satz des Ptolemäus**) $A = \sqrt{(s-a)(s-b)(s-c)(s-d)}$
Alle Eckpunkte liegen auf einem Kreis.		Die Summe gegenüberliegender Winkel ist 180°.

Ma2

Kreis

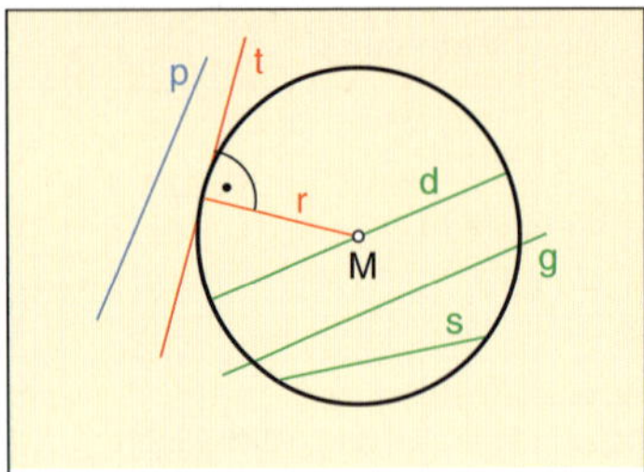

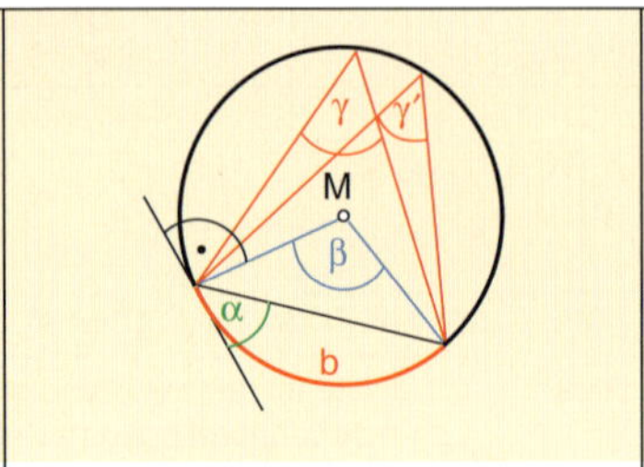

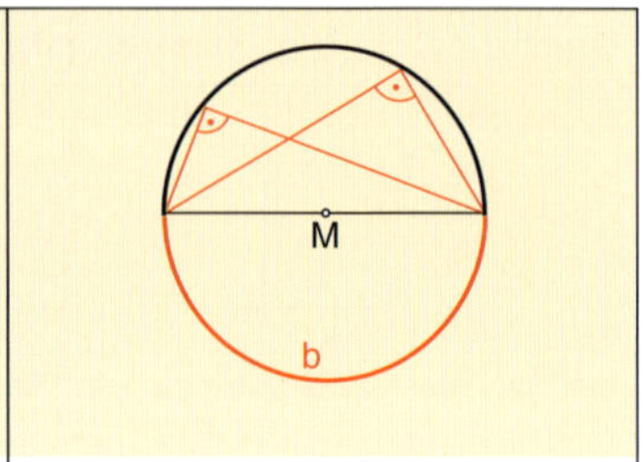

p Passante t Tangente r Radius d Durchmesser g Sekante s Sehne	b Kreisbogen α Sehnentangentenwinkel β Zentriwinkel (Mittelpunktswinkel) γ, γ' Peripheriewinkel über dem Bogen b	b Halbkreis
Tangente und Berührungsradius stehen senkrecht aufeinander.	$\beta = 2\alpha$ $\beta = 2\gamma$ $\gamma = \gamma'$ $\alpha = \gamma$	Peripheriewinkel über einem Halbkreis sind rechte Winkel. (Satz des THALES)
$u = 2\pi r = \pi d$	$\pi \approx 3{,}14159 \ldots \approx 3{,}14$ (ludolfsche Zahl) (S. 11)	$A = \pi r^2 = \frac{1}{4}\pi d^2$

Kreisbogen b **Kreisausschnitt (Kreissektor)** A_α	**Kreisring** Ringbreite a innerer Radius r_1 äußerer Radius r_2	**Kreisabschnitt (Kreissegment)** Abschnittshöhe h Sehne s
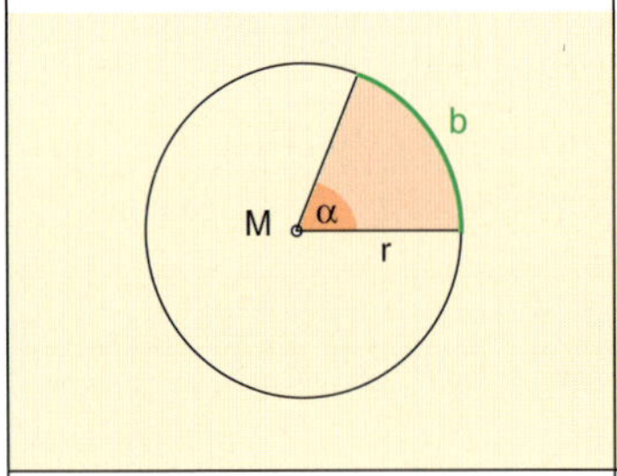	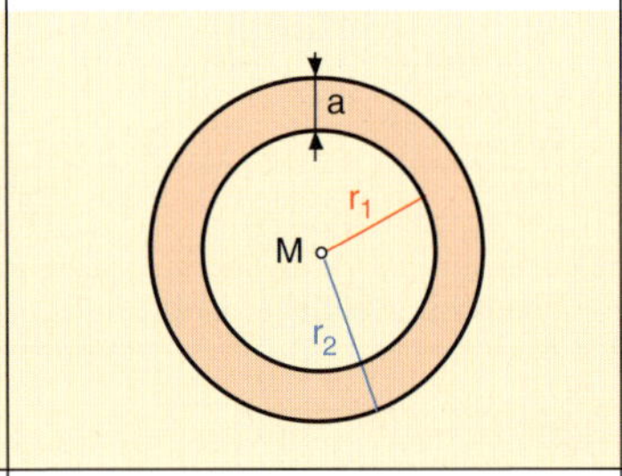	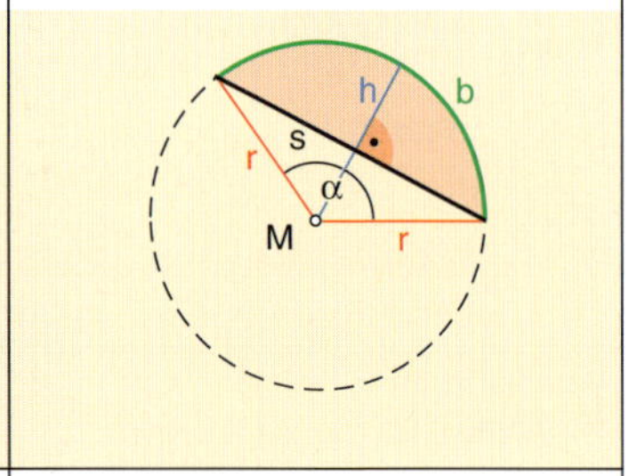
$\frac{b}{u} = \frac{\alpha}{360°}$ $b = r \operatorname{arc}\alpha$ $\frac{A_\alpha}{A} = \frac{\alpha}{360°}$ $A_\alpha = \frac{1}{2} br$ $A_\alpha = \frac{\pi\alpha}{360°} r^2$	$a = r_2 - r_1$ $u = 2\pi(r_1 + r_2)$ $A = \pi(r_2^2 - r_1^2)$	$s = 2r\sin\frac{\alpha}{2}$ $h = 2r\sin^2\frac{\alpha}{4}$ (für $h < r$) $A = \frac{1}{2}[r(b - s) + sh]$ $A = \frac{r^2}{2}\left(\frac{\pi\alpha}{180°} - \sin\alpha\right)$

Regelmäßige Vielecke (n-Ecke)

Jedes n-Eck, dessen Seiten gleich lang und dessen Innenwinkel gleich groß sind, heißt regelmäßig.

Anzahl der Ecken	n
Umkreisradius	r_2
Inkreisradius	r_1

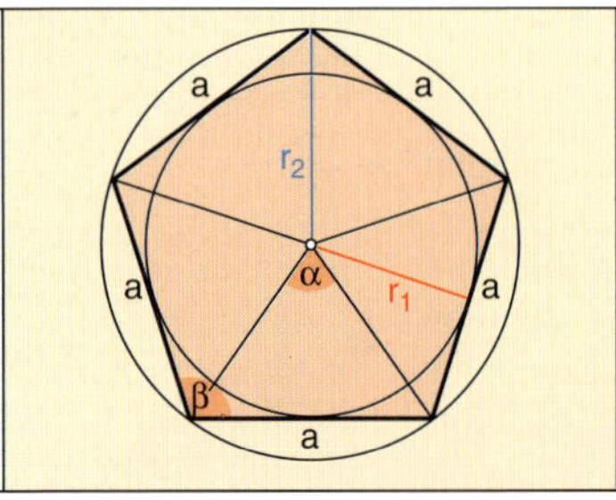

$\alpha = \frac{360°}{n}$

$u = na$

$A = \frac{n}{2} a r_1$

$A = \frac{n}{2} r_2^2 \sin\alpha$

Ma

Stereometrie

Körper mit ebenen Begrenzungsflächen

Grundfläche A_G	Deckfläche A_D	Mantelfläche A_M	Oberfläche A_O
Kantenlängen a, b, c	Körperhöhe h	Körperdiagonale e	Seitenflächenhöhe h_s
Seitenkante s	Volumen V		

Prismen

$V = A_G h$ **$A_O = 2A_G + A_M$** **$A_G = A_D$**

Würfel

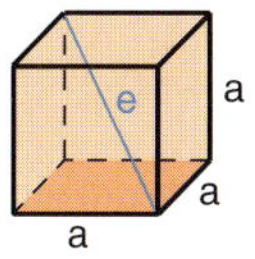

$e = a\sqrt{3}$

$A_M = 4a^2$

$A_O = 6a^2$

$V = a^3$

Quader

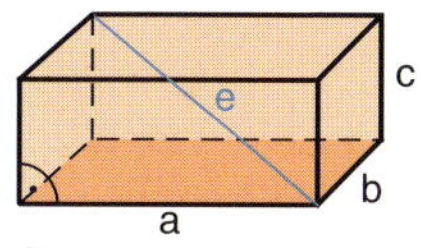

$e = \sqrt{a^2 + b^2 + c^2}$

$A_M = 2(ac + bc)$

$A_O = 2(ab + ac + bc)$

$V = abc$

regelmäßiges dreiseitiges Prisma

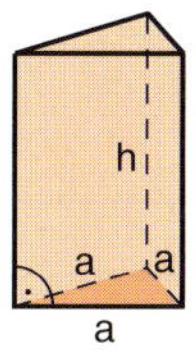

$A_M = 3ah$

$A_O = \frac{a}{2}(a\sqrt{3} + 6h)$

$V = \frac{a^2}{4} h\sqrt{3}$

regelmäßiges sechsseitiges Prisma

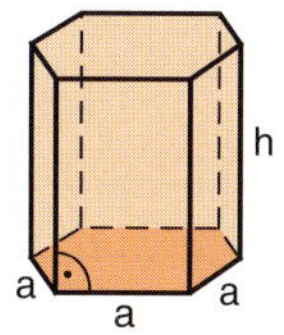

$A_M = 6ah$

$A_O = 3a(a\sqrt{3} + 2h)$

$V = \frac{3a^2}{2} h\sqrt{3}$

Pyramiden

$V = \frac{1}{3} A_G h$ **$A_O = A_G + A_M$**

gerade quadratische Pyramide

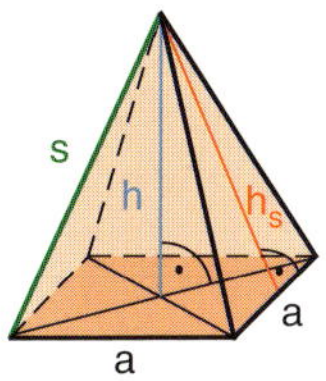

$A_M = 2ah_s$

$A_O = a(a + 2h_s)$

$V = \frac{1}{3} a^2 h$

Tetraeder

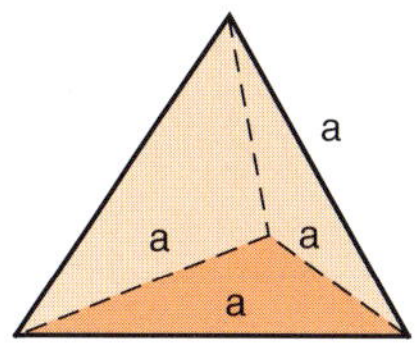

$A_M = \frac{3a^2}{4}\sqrt{3}$

$A_O = a^2\sqrt{3}$

$V = \frac{a^3}{12}\sqrt{2}$

regelmäßige sechsseitige Pyramide

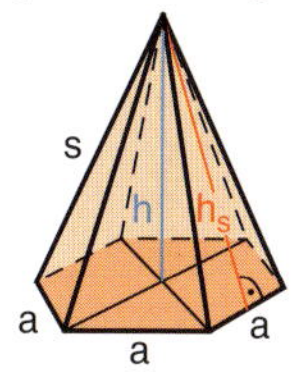

$A_M = 3ah_s$

$A_O = \frac{3}{2}a(a\sqrt{3} + 2h_s)$

$V = \frac{a^2}{2} h\sqrt{3}$

Pyramidenstümpfe

$V = \frac{h}{3}(A_G + \sqrt{A_G A_D} + A_D)$ **$A_O = A_G + A_D + A_M$**

quadratischer Pyramidenstumpf

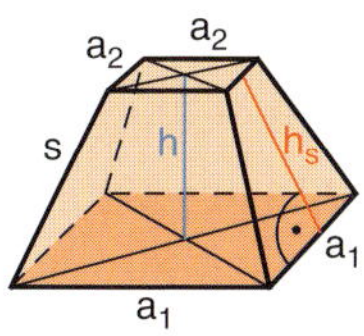

$A_M = 2(a_1 + a_2)h_s$

$A_O = a_1^2 + 2(a_1 + a_2)h_s + a_2^2$

$V = \frac{1}{3} h(a_1^2 + a_1 a_2 + a_2^2)$

regelmäßiger dreiseitiger Pyramidenstumpf

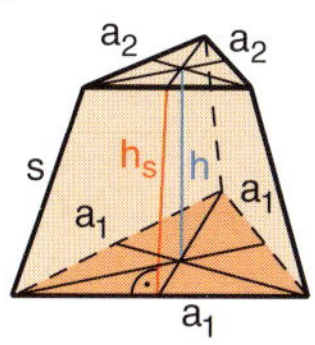

$A_M = \frac{3}{2}(a_1 + a_2)h_s$

$A_O = \frac{\sqrt{3}}{4}(a_1^2 + a_2^2) + \frac{3}{2}(a_1 + a_2)h_s$

$V = \frac{\sqrt{3}}{12} h(a_1^2 + a_1 a_2 + a_2^2)$

regelmäßiger sechsseitiger Pyramidenstumpf

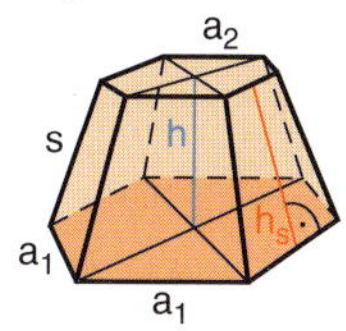

$A_M = 3(a_1 + a_2)h_s$

$A_O = \frac{3\sqrt{3}}{2}(a_1^2 + a_2^2) + 3(a_1 + a_2)h_s$

$V = \frac{\sqrt{3}}{2} h(a_1^2 + a_1 a_2 + a_2^2)$

Körper mit gekrümmten Begrenzungsflächen

Grundfläche A_G Mantellinie s Volumen V	Deckfläche A_D Kreisradien r, r_1, r_2, R, R_1, R_2	Mantelfläche A_M Wanddicke a	Oberfläche A_O Höhe h
Kreiszylinder	$V = A_G h$	$A_O = 2A_G + A_M$	$A_G = A_D$

gerader Kreiszylinder

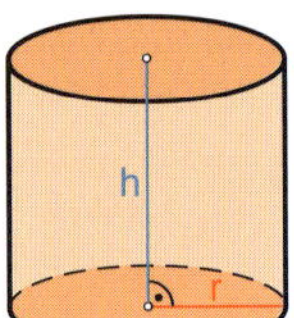

$d = 2r$

$A_M = 2\pi r h = \pi d h$

$A_O = 2\pi r(r + h) = \pi d(\frac{d}{2} + h)$

$V = \pi r^2 h = \frac{\pi}{4} d^2 h$

gerader Hohlzylinder

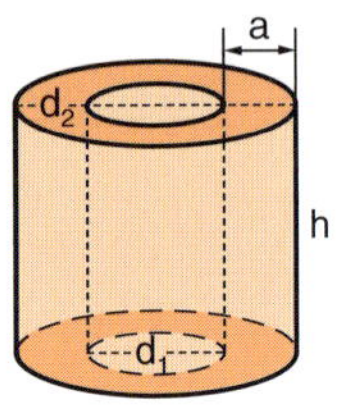

$d_2 > d_1$

$a = \frac{d_2 - d_1}{2} = r_2 - r_1$

$A_M = \pi h(d_2 + d_1) = 2\pi h(r_2 + r_1)$

$A_O = \frac{\pi}{2}(d_2 + d_1)(2h + d_2 - d_1)$

$= 2\pi(r_2 + r_1)(h + r_2 - r_1)$

$V = \frac{\pi}{4} h(d_2^2 - d_1^2) = \pi h(r_2^2 - r_1^2)$

Kreiskegel

gerader Kreiskegel

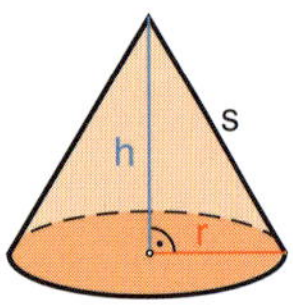

$d = 2r$

$s^2 = r^2 + h^2$

$A_M = \pi r s = \frac{\pi}{2} d s$

$A_O = \pi r(r + s) = \frac{\pi}{4} d(d + 2s)$

$V = \frac{\pi}{3} r^2 h = \frac{\pi}{12} d^2 h$

gerader Kegelstumpf

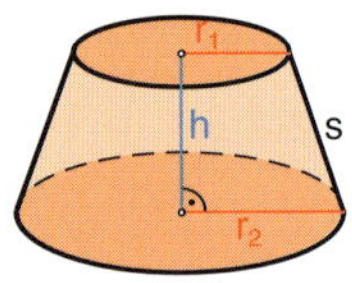

$s^2 = (r_2 - r_1)^2 + h^2$

$A_M = \pi s(r_2 + r_1) = \frac{\pi}{2} s(d_2 + d_1)$

$A_O = \pi[r_2^2 + r_1^2 + s(r_2 + r_1)]$

$= \frac{\pi}{4}[d_2^2 + d_1^2 + 2s(d_2 + d_1)]$

$V = \frac{\pi}{3} h(r_2^2 + r_2 r_1 + r_1^2)$

$= \frac{\pi}{12} h(d_2^2 + d_2 d_1 + d_1^2)$

Kugel

Kugel

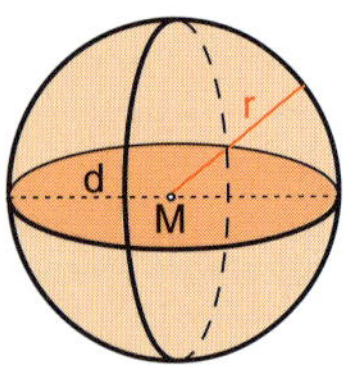

$d = 2r$

$A_O = 4\pi r^2 = \pi d^2$

$V = \frac{4}{3}\pi r^3 = \frac{1}{6}\pi d^3$

Kugelschicht (Kugelzone)

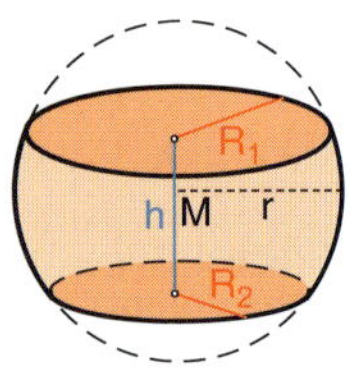

$A_M = 2\pi r h$

$A_O = \pi(R_1^2 + R_2^2 + 2rh)$

$V = \frac{\pi}{6} h(3R_1^2 + 3R_2^2 + h^2)$

Kugelausschnitt (Kugelsektor)

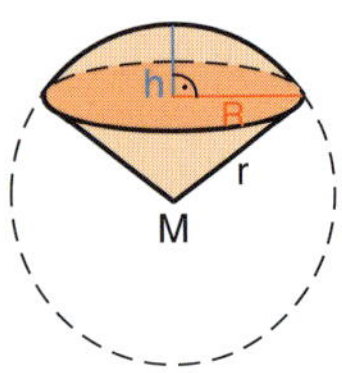

$R = \sqrt{h(2r - h)}$

$A_M = \pi R r$ (Kegelmantel)

$A_O = \pi r(2h + \sqrt{h(2r - h)})$

$V = \frac{2}{3}\pi r^2 h$

Kugelabschnitt (Kugelsegment)

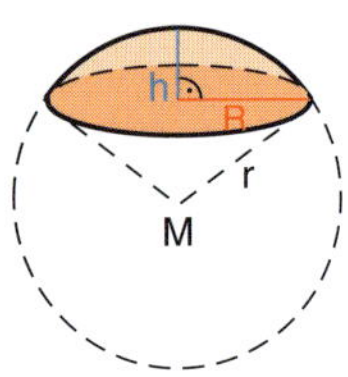

$R = \sqrt{h(2r - h)}$

$A_M = 2\pi r h = \pi(R^2 + h^2)$

(Kugelkappe)

$A_O = \pi R^2 + 2\pi r h = \pi h(4r - h)$

$= \pi(2R^2 + h^2)$

$V = \frac{\pi}{3} h^2(3r - h) = \frac{\pi}{6} h(3R^2 + h^2)$

Ebene Trigonometrie

Winkelmaße

Gradmaß	Größe des Winkels α (β, γ, ...) im Verhältnis zum Vollwinkel **Einheit:** 1° (ein Grad); Vollwinkel 360°; rechter Winkel 90° **Unterteilung:** Dezimal oder Minute (1° = 60′) und Sekunde (1′ = 60″)
Bogenmaß	Größe des (Zentri-)Winkels x (y, z, ...) als Verhältnis von Bogenlänge b zu Radius r; $x = \text{arc}\,\alpha$ **Einheit:** 1 rad (ein Radiant); x hat die Größe 1 rad, wenn b = r
Umrechnungen Grad-/Bogenmaß (S. 9)	1° = 0,01745 rad; 1 rad = 57,296° $\frac{\alpha}{\text{arc}\,\alpha} = \frac{180°}{\pi}$ $\alpha = \frac{180° \cdot \text{arc}\,\alpha}{\pi}$ $\text{arc}\,\alpha = \frac{\alpha \cdot \pi}{180°}$
Neugrad	Größe des Winkels α (β, γ, ...) im Verhältnis zum Vollwinkel **Einheit:** 1^g (ein Gon); Vollwinkel 400^g; rechter Winkel 100^g

Winkelfunktionen (trigonometrische Funktionen)

Definition am rechtwinkligen Dreieck

$0° < \alpha < 90°$

$\sin\alpha = \frac{a}{c} = \frac{\text{Gegenkathete}}{\text{Hypotenuse}}$

$\cos\alpha = \frac{b}{c} = \frac{\text{Ankathete}}{\text{Hypotenuse}}$

$\tan\alpha = \frac{a}{b} = \frac{\text{Gegenkathete}}{\text{Ankathete}}$

$\cot\alpha = \frac{b}{a} = \frac{\text{Ankathete}}{\text{Gegenkathete}}$

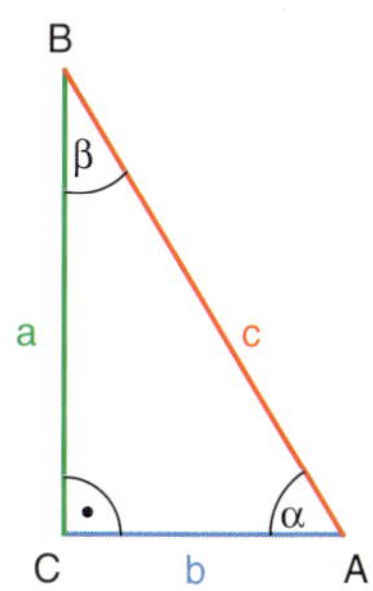

allgemeine Definition am Kreis mit dem Radius r

Der freie Schenkel des Winkels der Größe x schneidet den Kreis im Punkt P(u; v)

(S. 39)

$\sin x = \frac{v}{r}$

$\cos x = \frac{u}{r}$

$\tan x = \frac{v}{u}$ (für alle $x \neq \frac{\pi}{2} + z\pi \wedge z \in \mathbb{Z}$)

$\cot x = \frac{u}{v}$ (für alle $x \neq z\pi \wedge z \in \mathbb{Z}$)

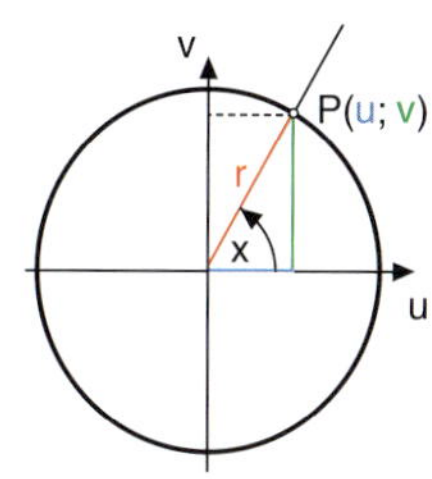

Grundbeziehungen zwischen Winkelfunktionen

Nenner ≠ 0

Für jeden Winkel α gilt:

$\sin^2\alpha + \cos^2\alpha = 1$ $\tan\alpha \cdot \cot\alpha = 1$

$\tan\alpha = \frac{\sin\alpha}{\cos\alpha}$ $\cot\alpha = \frac{\cos\alpha}{\sin\alpha}$

$1 + \tan^2\alpha = \frac{1}{\cos^2\alpha}$ $1 + \cot^2\alpha = \frac{1}{\sin^2\alpha}$

Reduktionsformeln für beliebige Winkel α

	$90° \pm \alpha$	$180° \pm \alpha$	$270° \pm \alpha$	$360° \pm \alpha$	$-\alpha$
sin	$+\cos\alpha$	$\mp\sin\alpha$	$-\cos\alpha$	$\pm\sin\alpha$	$-\sin\alpha$
cos	$\mp\sin\alpha$	$-\cos\alpha$	$\pm\sin\alpha$	$+\cos\alpha$	$+\cos\alpha$
tan	$\mp\cot\alpha$	$\pm\tan\alpha$	$\mp\cot\alpha$	$\pm\tan\alpha$	$-\tan\alpha$
cot	$\mp\tan\alpha$	$\pm\cot\alpha$	$\mp\tan\alpha$	$\pm\cot\alpha$	$-\cot\alpha$

Additionstheoreme

$\sin(\alpha \pm \beta) = \sin\alpha\cos\beta \pm \cos\alpha\sin\beta$ $\cos(\alpha \pm \beta) = \cos\alpha\cos\beta \mp \sin\alpha\sin\beta$ $\tan(\alpha \pm \beta) = \frac{\tan\alpha \pm \tan\beta}{1 \mp \tan\alpha \cdot \tan\beta}$

Weitere Beziehungen zwischen den Winkelfunktionen

Nenner ≠ 0

Summen und Differenzen	$\sin\alpha + \sin\beta = 2\sin\frac{\alpha+\beta}{2}\cos\frac{\alpha-\beta}{2}$	$\sin\alpha - \sin\beta = 2\cos\frac{\alpha+\beta}{2}\sin\frac{\alpha-\beta}{2}$
	$\cos\alpha + \cos\beta = 2\cos\frac{\alpha+\beta}{2}\cos\frac{\alpha-\beta}{2}$	$\cos\alpha - \cos\beta = -2\sin\frac{\alpha+\beta}{2}\sin\frac{\alpha-\beta}{2}$
	$\tan\alpha \pm \tan\beta = \frac{\sin(\alpha\pm\beta)}{\cos\alpha\cdot\cos\beta}$	
Vielfache und Teile	$\sin 2\alpha = 2\sin\alpha\,\cos\alpha$	$\cos 2\alpha = \cos^2\alpha - \sin^2\alpha = 2\cos^2\alpha - 1 = 1 - 2\sin^2\alpha$
	$\sin 3\alpha = 3\sin\alpha - 4\sin^3\alpha$	$\cos 3\alpha = 4\cos^3\alpha - 3\cos\alpha$
	$\sin\frac{\alpha}{2} = \sqrt{\frac{1-\cos\alpha}{2}}$	$\cos\frac{\alpha}{2} = \sqrt{\frac{1+\cos\alpha}{2}}$
	$\tan 2\alpha = \frac{2\tan\alpha}{1-\tan^2\alpha} = \frac{2}{\cot\alpha - \tan\alpha}$	$\cot 2\alpha = \frac{\cot^2\alpha - 1}{2\cot\alpha} = \frac{\cot\alpha - \tan\alpha}{2}$
	$\tan\frac{\alpha}{2} = \frac{\sin\alpha}{1+\cos\alpha} = \frac{1-\cos\alpha}{\sin\alpha} = \sqrt{\frac{1-\cos\alpha}{1+\cos\alpha}}$	
Produkte	$\sin\alpha\sin\beta = \frac{1}{2}[\cos(\alpha-\beta) - \cos(\alpha+\beta)]$	$\cos\alpha\cos\beta = \frac{1}{2}[\cos(\alpha-\beta) + \cos(\alpha+\beta)]$
	$\tan\alpha\tan\beta = \frac{\tan\alpha + \tan\beta}{\cot\alpha + \cot\beta}$	$\cot\alpha\cot\beta = \frac{\cot\alpha + \cot\beta}{\tan\alpha + \tan\beta}$

Berechnungen mit Winkelfunktionen am allgemeinen Dreieck

Berechnungen ohne Winkelfunktionen am allgemeinen Dreieck vgl. S. 30

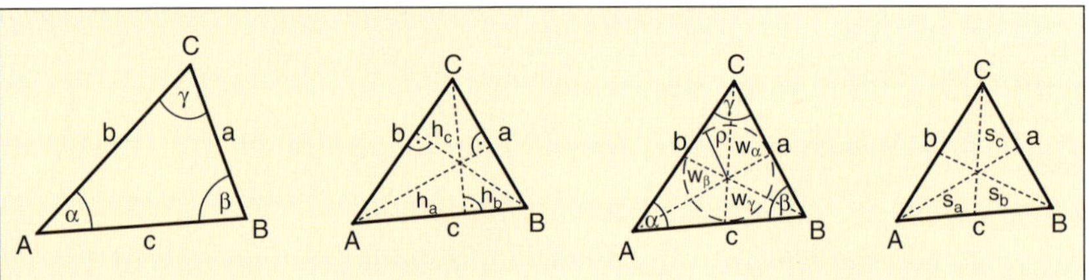

Sinussatz	$\frac{a}{b} = \frac{\sin\alpha}{\sin\beta}$	$\frac{b}{c} = \frac{\sin\beta}{\sin\gamma}$	$\frac{a}{c} = \frac{\sin\alpha}{\sin\gamma}$
Kosinussatz	$a^2 = b^2 + c^2 - 2bc\,\cos\alpha$	$b^2 = a^2 + c^2 - 2ac\cos\beta$	$c^2 = a^2 + b^2 - 2ab\,\cos\gamma$
Flächeninhalt	$A = \frac{1}{2}ab\sin\gamma = \frac{1}{2}bc\sin\alpha = \frac{1}{2}ac\sin\beta = 2r^2\sin\alpha\sin\beta\sin\gamma$		r Umkreisradius
	$A = \frac{a^2}{2}\cdot\frac{\sin\beta\sin\gamma}{\sin\alpha} = \frac{b^2}{2}\cdot\frac{\sin\alpha\sin\gamma}{\sin\beta} = \frac{c^2}{2}\cdot\frac{\sin\alpha\sin\beta}{\sin\gamma}$		
Höhen	$h_a = b\sin\gamma = c\sin\beta$	$h_b = a\sin\gamma = c\sin\alpha$	$h_c = b\sin\alpha = a\sin\beta$
Seitenhalbierende	$s_a = \frac{1}{2}\sqrt{b^2 + c^2 + 2bc\cos\alpha}$	$s_b = \frac{1}{2}\sqrt{a^2 + c^2 + 2ac\cos\beta}$	$s_c = \frac{1}{2}\sqrt{a^2 + b^2 + 2ab\cos\gamma}$
Winkelhalbierende	$w_\alpha = \frac{2bc\cos\frac{\alpha}{2}}{b+c}$	$w_\beta = \frac{2ac\cos\frac{\beta}{2}}{a+c}$	$w_\gamma = \frac{2ab\cos\frac{\gamma}{2}}{a+b}$
Inkreisradius	$\rho = (s-a)\tan\frac{\alpha}{2} = (s-b)\tan\frac{\beta}{2} = (s-c)\tan\frac{\gamma}{2}$		mit $s = \frac{u}{2} = \frac{a+b+c}{2}$
Umkreisradius	$r = \frac{a}{2\sin\alpha} = \frac{b}{2\sin\beta} = \frac{c}{2\sin\gamma}$		
Projektionssatz	$a = b\cos\gamma + c\cos\beta$	$b = a\cos\gamma + c\cos\alpha$	$c = a\cos\beta + b\cos\alpha$

Funktionen

Funktionsbegriff; Funktionseigenschaften

Funktion **D** **W** **$y = f(x)$, $y = g(x)$, ...** **$x \to f(x)$**	Abbildung f, die jedem Element x aus einer Menge D eindeutig ein Element y aus einer Menge W zuordnet **Definitionsbereich** **Wertebereich** Sprechweisen: „Funktion f mit der Gleichung $y = f(x)$“, in Kurzform „Funktion $y = f(x)$“
Umkehrfunktion g von f	Abbildung g, die bei umkehrbar eindeutiger Zuordnung jedem Element $f(x) \in W$ wiederum eindeutig das Ausgangselement $x \in D$ zuordnet Man erhält die Funktionsgleichung von g, indem man $y = f(x)$ nach x auflöst. $y = f(x)$ und $x = g(y)$ haben denselben Graphen. Da es üblich ist, die Elemente aus D mit x und die aus W mit y zu bezeichnen, vertauscht man meist nach dem Auflösen von $f(x)$ nach x noch x mit y und erhält somit $y = g(x)$. Die Graphen von $f(x)$ und $g(x)$ liegen spiegelbildlich zur Geraden $y = x$.
Nullstelle von f	$x_i \in D$ mit $f(x_i) = 0$
Bild/Graph von f	Menge aller Punkte $P(x; f(x))$ mit $x \in D$
$y = g(x) = -f(x)$ **$y = h(x) = f(-x)$** **$y = k(x) = f(x) + b$** **$y = m(x) = a\,f(x)$**	Bild von g ist das an der x-Achse gespiegelte Bild von f. Bild von h ist das an der y-Achse gespiegelte Bild von f. Bild von k ist das um b in y-Richtung verschobene Bild von f. Bild von m ist das auf das a-fache in y-Richtung gestreckte ($a > 1$) bzw. gestauchte ($0 < a < 1$) Bild von f.
gerade Funktion	$f(x) = f(-x)$ für jedes $x \in D$ Die Graphen liegen symmetrisch zur y-Achse.
ungerade Funktion	$f(-x) = -f(x)$ für jedes $x \in D$ Die Graphen liegen zentralsymmetrisch zum Koordinatenursprung.
periodische Funktion	Es gibt eine Zahl $h > 0$, so dass $f(x) = f(x + h)$ für jedes x gilt. Die kleinste Zahl $h > 0$, für die $f(x) = f(x + h)$ zutrifft, heißt **Periode** von f.
in]a; b[monoton wachs./fall. Funktion	Für $x_1, x_2 \in\ ]a, b[$ und $x_1 < x_2$ gilt stets $f(x_1) < f(x_2)$ bzw. $f(x_1) > f(x_2)$.

Rationale Funktionen

$a_i, b_k \in \mathbb{R};\ a_n, b_m \neq 0;\ m, n \in \mathbb{N};\ m \neq 0$

ganzrationale Funktion vom Grade n	$y = f(x) = a_n x^n + a_{n-1} x^{n-1} + \ldots + a_1 x + a_0 = \sum_{i=0}^{n} a_i x^i$
HORNER-Schema zur Berechnung von Werten ganzrationaler Funktionen	Berechnung von $f(x_1)$:

a_n	a_{n-1}	a_{n-2}	…	a_1	a_0
	+	+		+	+
$\cdot x_1$ ↗	$a_n \cdot x_1$	$b_{n-1} \cdot x_1$	…	$b_2 \cdot x_1$	$b_1 \cdot x_1$
	↓	↓		↓	↓
a_n	b_{n-1}	b_{n-2}	…	b_1	$b_0 = f(x_1)$

gebrochenrationale Funktion	$y = f(x) = \dfrac{u(x)}{v(x)} = \dfrac{a_n x^n + a_{n-1} x^{n-1} + \ldots + a_1 x + a_0}{b_m x^m + b_{m-1} x^{m-1} + \ldots + b_1 x + b_0} = \dfrac{\sum_{i=0}^{n} a_i x^i}{\sum_{k=0}^{m} b_k x^k}$
Nullstelle x_0 und Polstelle x_p von $y = f(x) = \frac{u(x)}{v(x)}$	$u(x_0) = 0$ und $v(x_0) \neq 0 \Rightarrow x_0$ ist Nullstelle von f $u(x_p) \neq 0$ und $v(x_p) = 0 \Rightarrow x_p$ ist Polstelle von f

Lineare Funktionen

$m, n \in \mathbb{R}; m \neq 0$

$y = f(x) = mx + n$ $\qquad D = \mathbb{R} \qquad W = \mathbb{R}$

Anstieg: $m = \tan\alpha = \dfrac{f(x_2) - f(x_1)}{x_2 - x_1} = \dfrac{y_2 - y_1}{x_2 - x_1}$

α: Schnittwinkel des Graphen von f mit der x-Achse

wachsende (steigende) Gerade: $m > 0$

fallende Gerade: $m < 0$

Nullstelle: $x_0 = -\dfrac{n}{m}$

Schnittpunkt des Graphen von f mit der y-Achse: S(0; n)

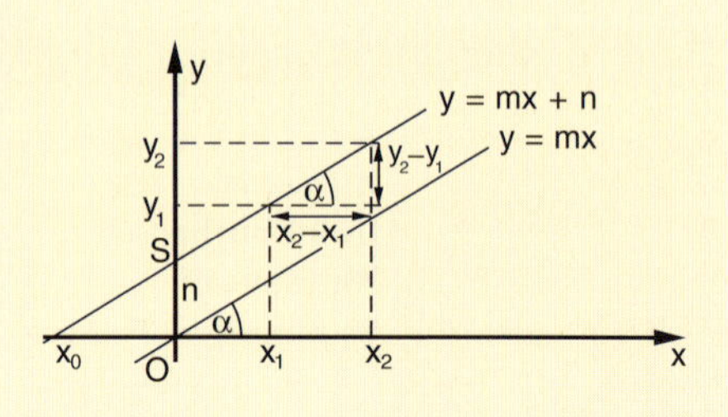

Quadratische Funktionen

$a, b, c, p, q \in \mathbb{R}; a \neq 0$

allgemeine Form: $y = f(x) = ax^2 + bx + c$ $\qquad D = \mathbb{R}$

$W = [\dfrac{4ac - b^2}{4a}, +\infty[$ für $a > 0$, $\quad W =]-\infty, \dfrac{4ac - b^2}{4a}]$ für $a < 0$

Scheitelpunkt des Graphen von f: $S\left(-\dfrac{b}{2a}; \dfrac{4ac - b^2}{4a}\right)$

Normalform: $y = f(x) = x^2 + px + q \qquad D = \mathbb{R} \qquad W = [q - \dfrac{p^2}{4}; +\infty[$

Nullstellen: $x_{1/2} = -\dfrac{p}{2} \pm \sqrt{\dfrac{p^2}{4} - q}$;

Scheitelpunkt des Graphen von f: $S\left(-\dfrac{p}{2}; -\dfrac{p^2}{4} + q\right)$

Spezialfälle:

$y = x^2$	S(0; 0)
$y = (x + d)^2$	S(–d; 0)
$y = (x + d)^2 + e$	S(–d; e)

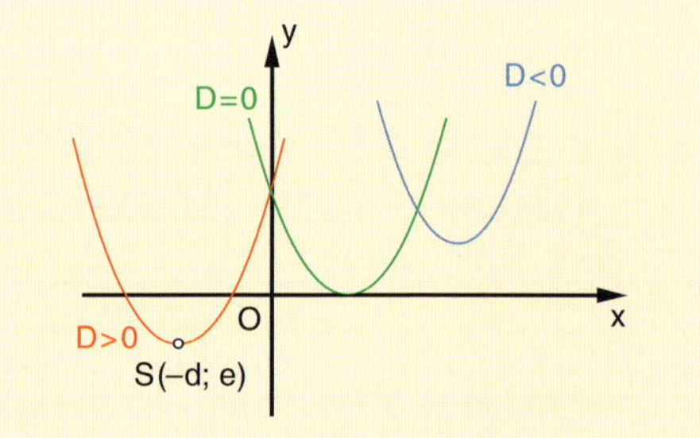

Die Funktion mit der Diskriminante $D = \dfrac{p^2}{4} - q$ besitzt

- zwei verschiedene Nullstellen, falls $D > 0$,
- genau eine (Doppel-)Nullstelle, falls $D = 0$,
- keine (reelle) Nullstelle, falls $D < 0$ (S. 27).

Potenzfunktionen

$y = f(x) = x^n$

a) $n = 2m$; $m \in \mathbb{N}^*$

$D = \mathbb{R}$, $W = [0, +\infty[$

Nullstelle: $x_0 = 0$

gemeinsame Punkte aller Funktionsgraphen: (–1; 1), (0; 0), (1; 1)

b) $n = 2m + 1$, $m \in \mathbb{N}^*$

$D = \mathbb{R}$, $W = \mathbb{R}$

Nullstelle: $x_0 = 0$

gemeinsame Punkte aller Funktionsgraphen: (–1; –1), (0; 0), (1; 1)

Die Graphen der Funktionen sind Parabeln n-ten Grades.

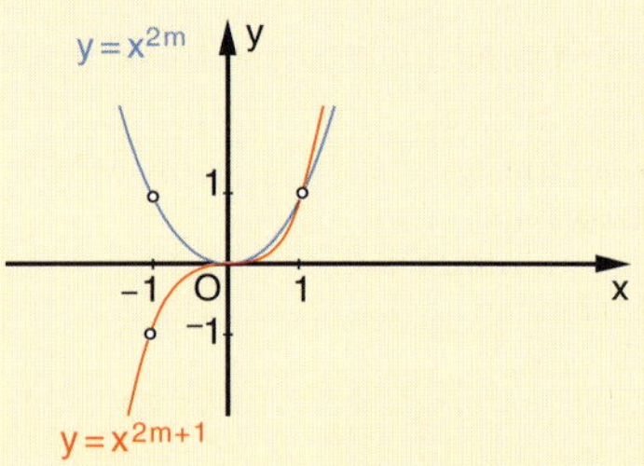

c) $n = -2m$, $m \in \mathbb{N}^*$

$D = \mathbb{R} \setminus \{0\}$, $W =]0, +\infty[$

Nullstelle: keine

gemeinsame Punkte aller Funktionsgraphen: (–1; 1), (1; 1)

d) $n = -(2m - 1)$, $m \in \mathbb{N}^*$

$D = \mathbb{R} \setminus \{0\}$, $W = \mathbb{R} \setminus \{0\}$

Nullstelle: keine

gemeinsame Punkte aller Funktionsgraphen: (–1; –1), (1; 1)

Die Graphen der Funktionen sind Hyperbeln.

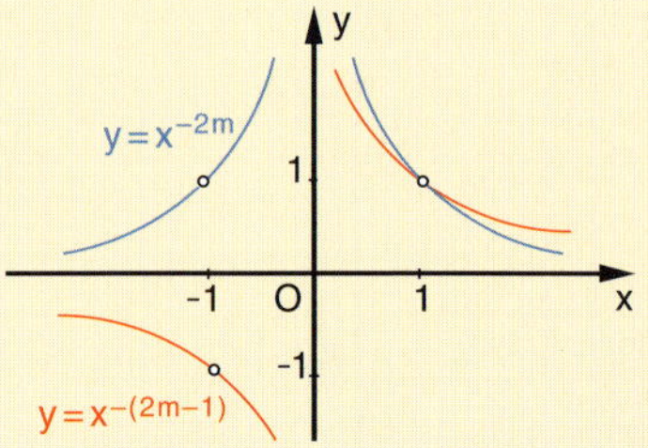

Ma3
Ma

Wurzelfunktionen

Die Funktionen $y = x^n$ mit $n = \frac{p}{q}$ (p, q ∈ N*, q ∤ p) sind nichtrationale Funktionen (Wurzelfunktionen).
D = [0, + ∞[W = [0, + ∞[
Nullstelle: $x_0 = 0$
gemeinsame Punkte der Funktionsgraphen: (0; 0), (1; 1)

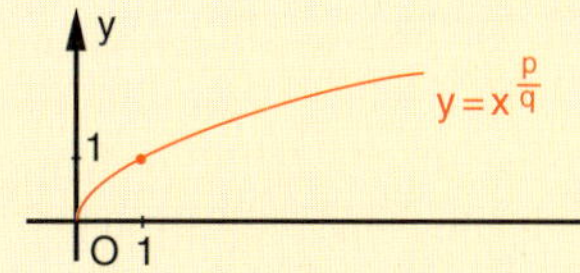

Trigonometrische Funktionen (Winkelfunktionen)

Sinusfunktion y = sin x (S. 35)
D = ℝ W = [–1, + 1]
Nullstellen: $x_k = k\pi$, $k \in \mathbb{Z}$
$\sin(x + 2k\pi) = \sin x$ *Periode:* 2π
Anmerkung: Für die Funktion $y = a \sin(bx + c)$ gilt:
D = ℝ W = [– a, + a]
Nullstellen: $x_k = \frac{k\pi - c}{b}$ *Periode:* $\frac{2\pi}{|b|}$
Der Graph von $y = a \sin(bx + c)$ ist gegenüber dem Graphen von $y = a \sin bx$ um $\frac{c}{b}$ ($\frac{c}{b} > 0$) in Richtung der negativen x-Achse verschoben.

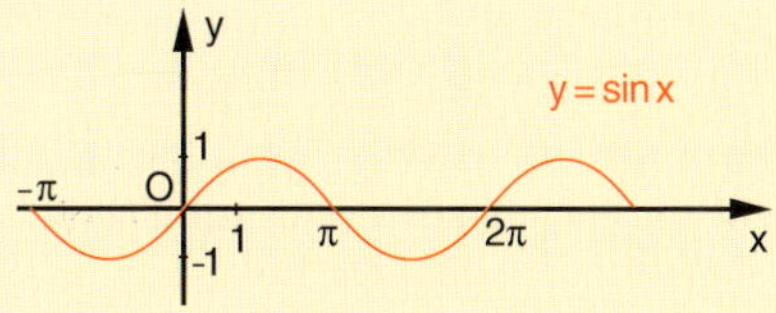

Kosinusfunktion y = cos x (S. 35)
D = ℝ W = [– 1, + 1]
Nullstellen: $x_k = (2k + 1)\frac{\pi}{2}$, $k \in \mathbb{Z}$
$\cos(x + 2k\pi) = \cos x$ *Periode:* 2π

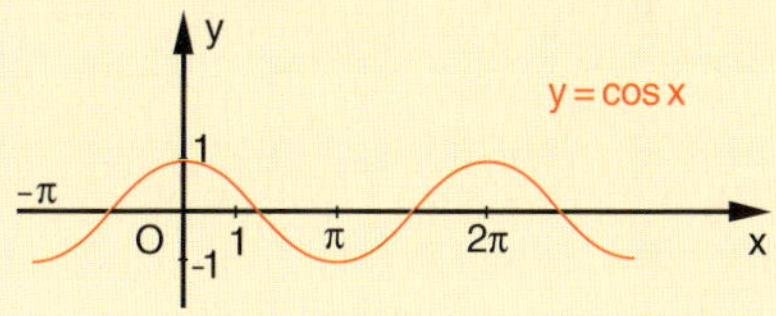

Tangensfunktion y = tan x (S. 35)
D = ℝ $x \neq (2k + 1)\frac{\pi}{2}$, $k \in \mathbb{Z}$ W = ℝ
Nullstellen: $x_k = k\pi$, $k \in \mathbb{Z}$
$\tan(x + k\pi) = \tan x$ *Periode:* π

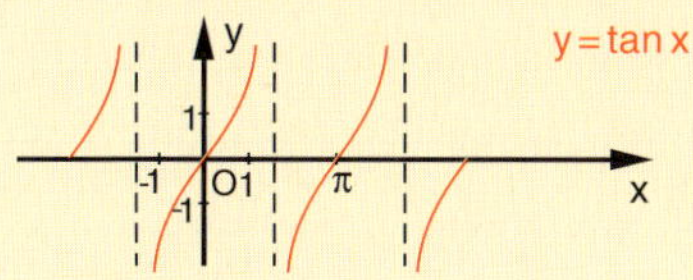

Umkehrfunktionen trigonometrischer Funktionen:

Arkussinusfunktion y = arcsin x
D = [– 1, 1] W = $[-\frac{\pi}{2}, \frac{\pi}{2}]$ *Nullstelle:* $x_0 = 0$

Arkuskosinusfunktion y = arccos x
D = [– 1, 1] W = [0, π] *Nullstelle:* $x_0 = 1$

Arkustangensfunktion y = arctan x
D = ℝ W = $]-\frac{\pi}{2}, \frac{\pi}{2}[$ *Nullstelle:* $x_0 = 0$

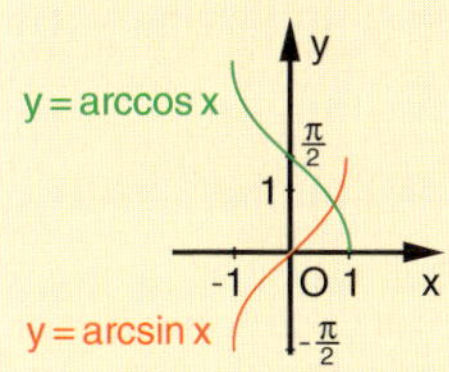

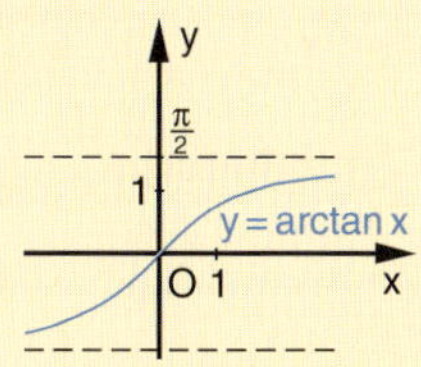

Werte trigonometrischer Funktionen für spezielle Argumente

	0°	30°	45°	60°	90°	120°	135°	150°	180°
	0	$\frac{\pi}{6}$	$\frac{\pi}{4}$	$\frac{\pi}{3}$	$\frac{\pi}{2}$	$\frac{2\pi}{3}$	$\frac{3\pi}{4}$	$\frac{5\pi}{6}$	π
y = sin x	0	$\frac{1}{2}$	$\frac{1}{2}\sqrt{2}$	$\frac{1}{2}\sqrt{3}$	1	$\frac{1}{2}\sqrt{3}$	$\frac{1}{2}\sqrt{2}$	$\frac{1}{2}$	0
y = cos x	1	$\frac{1}{2}\sqrt{3}$	$\frac{1}{2}\sqrt{2}$	$\frac{1}{2}$	0	$-\frac{1}{2}$	$-\frac{1}{2}\sqrt{2}$	$-\frac{1}{2}\sqrt{3}$	– 1
y = tan x	0	$\frac{1}{3}\sqrt{3}$	1	$\sqrt{3}$	–	$-\sqrt{3}$	– 1	$-\frac{1}{3}\sqrt{3}$	0

Vorzeichen der Werte trigonometrischer Funktionen für Argumente aus den vier Quadranten

Funktion \ Quadrant	I	II	III	IV
y = sin x	+	+	–	–
y = cos x	+	–	–	+
y = tan x	+	–	+	–

Exponential- und Logarithmusfunktionen

Exponentialfunktionen
$y = a^x$ ($a \in \mathbb{R}$, $a > 0$, $a \neq 1$)
$D = \mathbb{R}$ $W =]0, +\infty[$
Nullstellen: keine
gemeinsamer Punkt aller Funktionsgraphen: (0; 1)
Spezialfall: $y = e^x$

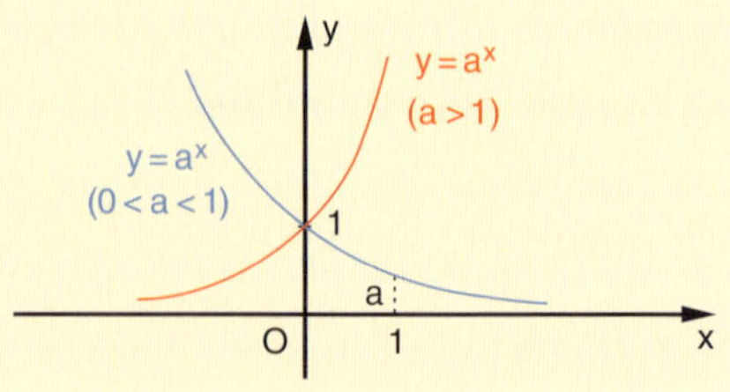

Logarithmusfunktionen
$y = \log_a x$ ($a \in \mathbb{R}$, $a > 0$, $a \neq 1$)
$D =]0, +\infty[$ $W = \mathbb{R}$
Nullstelle: $x_0 = 1$
gemeinsamer Punkt aller Funktionsgraphen: (1; 0)
Spezialfälle: $y = \log_{10} x = \lg x$
$y = \log_e x = \ln x$
$y = \log_2 x = \mathrm{lb}\, x$

(S. 23)

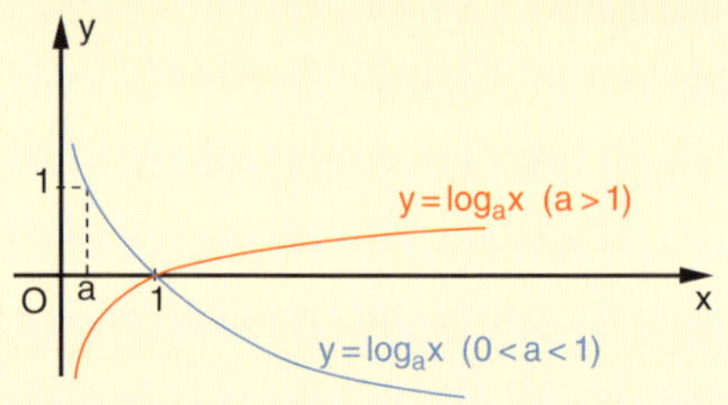

Beispiele für Werte von Logarithmusfunktionen

$\log_a x$ \ x	0,5	1	2	3	4	6	8	10	100
lg x	– 0,30	0	0,30	0,48	0,60	0,78	0,90	1	2
lb x	– 1	0	1	1,58	2	2,58	3	3,32	6,64
ln x	– 0,69	0	0,69	1,10	1,39	1,79	2,08	2,30	4,61
$\log_{0,5} x$	1	0	– 1	– 1,58	– 2	– 2,58	– 3	– 3,32	– 6,64

Folgen und Reihen; Grenzwerte

Grundbegriffe

Zahlenfolge (a_n) **a_n**	Funktion mit $D = \mathbb{N}^*$ und $W \subseteq \mathbb{R}$ n-tes (allgemeines) Glied der Zahlenfolge (a_n), gibt zugleich die **Bildungsvorschrift** an
konvergente Zahlenfolge/Grenzwert $\lim\limits_{n \to \infty} a_n = g$	Eine Zahlenfolge (a_n) **konvergiert** (ist konvergent) zum **Grenzwert** g, wenn es zu jeder vorgegebenen positiven Zahl ε ein $n_0 \in \mathbb{N}^*$ gibt, so dass für alle $n \geq n_0$ gilt: $\lvert g - a_n \rvert < \varepsilon$. (Das heißt: Von einem bestimmten Glied a_n der Folge an ist der Abstand aller Folgenglieder von g kleiner als ε.)
divergente Zahlenfolge	Jede nicht konvergente Zahlenfolge ist **divergent**.
n-te Partialsumme von (a_n)	$s_n = a_1 + a_2 + \ldots a_n = \sum\limits_{i=1}^{n} a_i$
(unendliche) Reihe	$a_1 + a_2 + \ldots + a_n + \ldots = \sum\limits_{i=1}^{\infty} a_i$ Eine Reihe $\sum\limits_{i=1}^{\infty} a_i$ ist **konvergent** (hat den Grenzwert s), wenn ihre Partialsummenfolge (s_n) gegen s konvergiert. s heißt dann die **Summe** der Reihe $\sum\limits_{i=1}^{\infty} a_i$.

Spezielle Folgen und ihre Partialsummen

$a, d, q \in \mathbb{R}; \quad i, n \in \mathbb{N}^*$

arithmetische Zahlenfolge	$a_1, a_1 + d, a_1 + 2d, ..., a_1 + (n-1)d, ...$ **rekursive Bildungsvorschrift:** $a_{n+1} = a_n + d$, Anfangsglied a_1 **explizite Bildungsvorschrift:** $a_n = a_1 + (n-1)d$ Für $d < 0$ **fallende Folge** $d = 0$ **konstante Folge** $d > 0$ **wachsende Folge** $s_n = \sum_{i=1}^{n} a_i = a_1 + a_2 + \ldots + a_n$ $= a_1 + (a_1 + d) + \ldots + [a_1 + (n-1)d] = \frac{n}{2}(a_1 + a_n) = na_1 + \frac{(n-1)n}{2} d$
geometrische Zahlenfolge	$a_1, a_1q, a_1q^2, ..., a_1q^{n-1}, ... (a_1 \neq 0, q \neq 0)$ **rekursive Bildungsvorschrift:** $a_{n+1} = a_n q$ Anfangsglied a_1 **explizite Bildungsvorschrift:** $a_n = a_1 \cdot q^{n-1}$ Für $a > 0$: $0 < q < 1$ **fallende Folge** $q = 1$ **konstante Folge** $q > 1$ **wachsende Folge** $q < 0$ **alternierende Folge** $s_n = \sum_{i=1}^{n} a_i = a_1 + a_2 + \ldots + a_n$ $= a_1 + a_1q + \ldots + a_1q^{n-1} = a_1 \frac{q^n - 1}{q - 1} = a_1 \frac{1 - q^n}{1 - q}$ (falls $q \neq 1$)
geometrische Reihe	$s = \sum_{n=1}^{\infty} a_1 q^{n-1} = \frac{a_1}{1-q}$ $(a_1 \neq 0, q \neq 0, \lvert q \rvert < 1)$

Spezielle Partialsummen

$i, n \in \mathbb{N}^*$

Summe der ersten n natürlichen Zahlen	$s_n = \sum_{i=1}^{n} i = 1 + 2 + 3 + \ldots + n = \frac{n(n+1)}{2}$
Summe der ersten n geraden Zahlen	$s_n = \sum_{i=1}^{n} 2i = 2 + 4 + 6 + \ldots + 2n = n(n+1)$
Summe der ersten n ungeraden Zahlen	$s_n = \sum_{i=1}^{n} (2i-1) = 1 + 3 + 5 + \ldots + (2n-1) = n^2$
Summe der Quadrate der ersten n natürlichen Zahlen	$s_n = \sum_{i=1}^{n} i^2 = 1 + 4 + 9 \ldots + n^2 = \frac{n(n+1)(2n+1)}{6}$
Summe der 3. Potenzen der ersten n natürlichen Zahlen	$s_n = \sum_{i=1}^{n} i^3 = 1 + 8 + 27 + \ldots + n^3 = \left[\frac{n(n+1)}{2}\right]^2$

Grenzwertsätze für konvergente Folgen; spezielle Grenzwerte

$a_i, b_i \in \mathbb{R}; \quad n \in \mathbb{N}^*$

Falls $\lim_{n \to \infty} a_n = a$ und $\lim_{n \to \infty} b_n = b$, so gilt

$\lim_{n \to \infty} (a_n \pm b_n) = a \pm b$ $\lim_{n \to \infty} (a_n b_n) = ab$ $\lim_{n \to \infty} \frac{a_n}{b_n} = \frac{a}{b}$ $(b_n \neq 0; b \neq 0)$

spezielle Grenzwerte

$\lim_{n \to \infty} \frac{1}{n} = 0$ $\lim_{n \to \infty} \sqrt[n]{n} = 1$ $\lim_{n \to \infty} \frac{a^n}{n!} = 0$ $\lim_{n \to \infty} k^n \begin{cases} = 0 & \text{für } \lvert k \rvert < 1 \\ = 1 & \text{für } k = 1 \end{cases}$ $\lim_{n \to \infty} \left(1 + \frac{1}{n}\right)^n = e$

Für $\lvert k \rvert > 1$ divergiert die Folge (k_n).

e – eulersche Zahl; Basis der natürlichen Logarithmen (S. 11)

Grenzwerte von Funktionen

Grundbegriffe

Grenzwert für $x \to a$ $\lim\limits_{x \to a} f(x) = g$	Eine Zahl g heißt Grenzwert der Funktion f für x gegen a, wenn es zu jeder vorgegebenen positiven Zahl ε eine Zahl $\delta > 0$ gibt, so dass $\lvert f(x) - g \rvert < \varepsilon$ für alle x mit $\lvert x - a \rvert < \delta$ und $x \neq a$. Das heißt: Die Funktionswerte aller x, deren Abstand von a kleiner als δ ist, unterscheiden sich von g um weniger als ε.
Grenzwert für $x \to \infty$ $\lim\limits_{x \to \infty} f(x) = g$	Eine Zahl g heißt Grenzwert von f für $x \to +\infty$ (oder $-\infty$), wenn es zu jedem vorgegebenen positiven ε eine Stelle x_1 gibt, so dass $\lvert f(x) - g \rvert < \varepsilon$ für alle $x > x_1$ ($x < x_1$). Das heißt: Die Werte f(x) der Funktion f unterscheiden sich von g für alle x, die größer (kleiner) als ein bestimmtes x_1 sind, um weniger als ε.

Grenzwertsätze für Funktionen

$\lim\limits_{x \to a} f(x) = u \quad , \quad \lim\limits_{x \to a} g(x) = v$

allgemeine Grenzwertsätze	$\lim\limits_{x \to a} [f(x) \pm g(x)] = u \pm v$ $\quad \lim\limits_{x \to a} [f(x) \cdot g(x)] = u \cdot v$ $\quad \lim\limits_{x \to a} \frac{f(x)}{g(x)} = \frac{u}{v}$ (falls $v \neq 0$)
Regel von l'HOSPITAL	Ist $u = v = 0$ und existieren in einer Umgebung von a sowohl die Ableitungen von f(x) und g(x) als auch $\lim\limits_{x \to a} \frac{f'(x)}{g'(x)}$, so gilt $\lim\limits_{x \to a} \frac{f(x)}{g(x)} = \lim\limits_{x \to a} \frac{f'(x)}{g'(x)}$. *Anmerkung:* Die Regel ist ebenfalls anwendbar, wenn für $x \to a$ sowohl $f(x) \to \infty$ als auch $g(x) \to \infty$, sofern die oben angegebenen weiteren Bedingungen erfüllt sind. Auch andere unbestimmte Ausdrücke (wie „$0 \cdot \infty$“, „$\infty - \infty$“) lassen sich mit der Regel von l'HOSPITAL behandeln, indem man die darin enthaltenen Funktionen vorher so umformt, dass sie an der zu untersuchenden Stelle auf die Ausdrücke „0/0“ oder „∞/∞“ führen.
spezielle Grenzwerte	$\lim\limits_{x \to 0} \frac{\sin x}{x} = 1$ $\quad \lim\limits_{x \to 1} \frac{\ln x}{x-1} = 1$ $\quad \lim\limits_{x \to \infty} \frac{x^n}{e^x} = 0$

Differenzialrechnung

Grundbegriffe

Differenzenquotient	$\frac{f(x_0 + h) - f(x_0)}{h}$ (auch $\frac{\Delta y}{\Delta x} = \frac{f(x_0 + \Delta x) - f(x_0)}{\Delta x}$) Der Differenzenquotient gibt den Anstieg der Sekante durch die Punkte $P_0(x_0; f(x_0))$ und $P(x_0 + h; f(x_0 + h))$ des Graphen von f an.	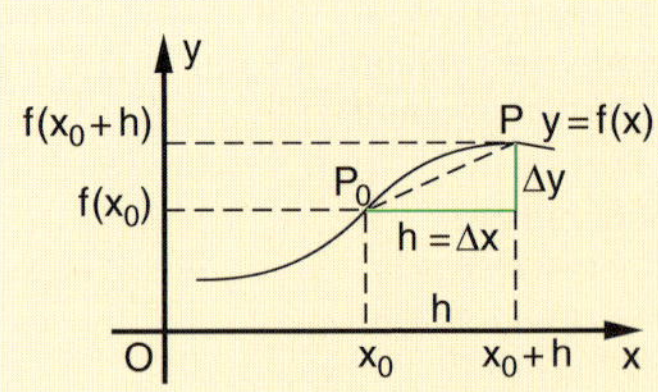
1. Ableitung/ Differenzialquotient/ differenzierbar an der Stelle x_0	Es existiert $\lim\limits_{h \to 0} \frac{f(x_0 + h) - f(x_0)}{h} = f'(x_0)$; $f'(x_0)$ gibt den Anstieg der Tangente an den Graphen der Funktion f im Punkt $P_0(x_0; f(x_0))$ an: $f'(x_0) = \tan \alpha$.	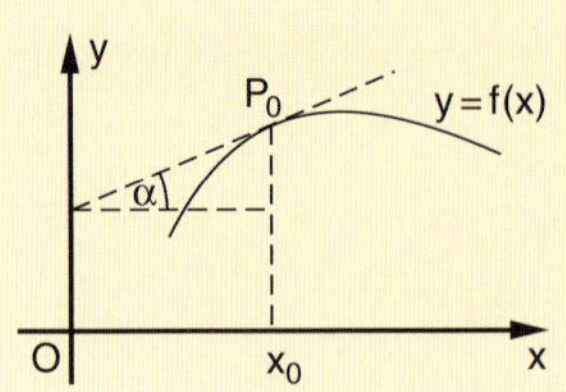
1. Ableitung/ 1. Ableitungsfunktion	$y' = f'(x) = \lim\limits_{h \to 0} \frac{f(x+h) - f(x)}{h}$ (auch $\frac{dy}{dx}$)	
höhere Ableitungen	$y'' = [f'(x)]' = f''(x) = \frac{d^2y}{dx^2}$; … $\quad y^{(n)} = [f^{(n-1)}(x)]' = f^{(n)}(x) = \frac{d^ny}{dx^n}$	

Ma4

Ableitungen (Ableitungsfunktionen) spezieller Funktionen

Nenner $\neq 0$

f(x)	f′(x)	f″(x)	f(x)	f′(x)	f″(x)
a (Konstante)	0	0	arccos x	$-\frac{1}{\sqrt{1-x^2}}$	$\frac{-x}{(1-x^2)\sqrt{1-x^2}}$
x^n	nx^{n-1}	$n(n-1)x^{n-2}$	arctan x	$\frac{1}{1+x^2}$	$\frac{-2x}{(1+x^2)^2}$
sin x	cos x	– sin x	$a^x \quad (a > 0)$	$a^x \ln a$	$a^x(\ln a)^2$
cos x	– sin x	– cos x	e^x	e^x	e^x
tan x $(x \neq (2n+1)\frac{\pi}{2}, n \in \mathbb{Z})$	$\frac{1}{\cos^2 x} = 1 + \tan^2 x$	$2 \tan x\,(1 + \tan^2 x)$	$\log_a x$ $(a > 0, a \neq 1, x>0)$	$\frac{1}{x \cdot \ln a}$	$\frac{-1}{x^2 \cdot \ln a}$
arcsin x	$\frac{1}{\sqrt{1-x^2}}$	$\frac{x}{(1-x^2)\sqrt{1-x^2}}$	ln x	$\frac{1}{x}$	$-\frac{1}{x^2}$

Differenziationsregeln

u(x), v(x) differenzierbar; $c \in \mathbb{R}$

Faktorregel	$y = c \cdot u \quad \Rightarrow \quad y' = c \cdot u'$
Summenregel	$y = u \pm v \quad \Rightarrow \quad y' = u' \pm v'$
Produktregel	$y = u \cdot v \quad \Rightarrow \quad y' = u' \cdot v + u \cdot v'$
Quotientenregel	$y = \frac{u}{v}$ (mit $v \neq 0$) $\quad \Rightarrow \quad y' = \frac{u'v - uv'}{v^2}$
Kettenregel	$y=f[g(x)]$ bzw. $y = f(u)$ mit $u = g(x) \quad \Rightarrow \quad y' = f'(u) \cdot g'(x)$ bzw. $y' = \frac{dy}{dx} = \frac{dy}{du} \cdot \frac{du}{dx}$
Differenziation der Umkehrfunktion	$x = g(y)$ Umkehrfunktion von $y = f(x) \quad \Rightarrow \quad f'(x) \cdot g'(y) = 1$

Anwendungen der Differenzialrechnung

Kurvenuntersuchungen

f mindestens zweimal differenzierbar

Monotonieverhalten	$f'(x) > 0$ für alle $x \in [a, b] \quad \Rightarrow$ f ist in [a, b] streng monoton wachsend; $f'(x) < 0$ für alle $x \in [a, b] \quad \Rightarrow$ f ist in [a, b] streng monoton fallend.	
Krümmungsverhalten	$f'(x)$ monoton wachsend, also $f''(x) > 0 \quad \Rightarrow$ Graph von f ist linksgekrümmt bzw. er besitzt einen Konvexbogen (1) $f'(x)$ monoton fallend, also $f''(x) < 0 \quad \Rightarrow$ Graph von f ist rechtsgekrümmt bzw. er besitzt einen Konkavbogen (2)	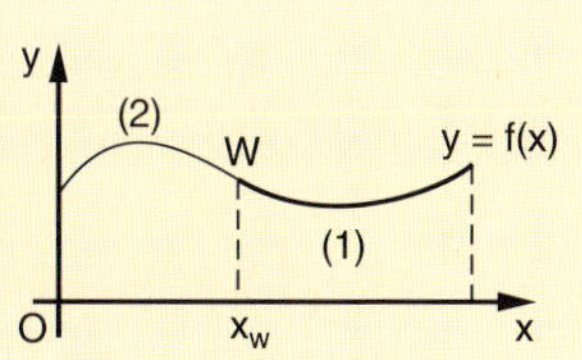

Verhalten der Funktion an speziellen Stellen bzw. des Funktionsgraphen in speziellen Punkten			
	notwendige Bedingung	**hinreichende Bedingung**	
$f(x_h)$ ist ein Maximum **x_h ist eine Maximumstelle von f** **$[x_h; f(x_h)]$ ist ein Maximumpunkt/ Hochpunkt des Graphen von f**	$f'(x_h) = 0$	$f'(x_h) = 0$ und $f''(x_h) < 0$ bzw. $f'(x_h) = 0$ und $f'(x)$ wechselt beim Durchgang durch x_h mit wachsendem x das Vorzeichen von + zu –.	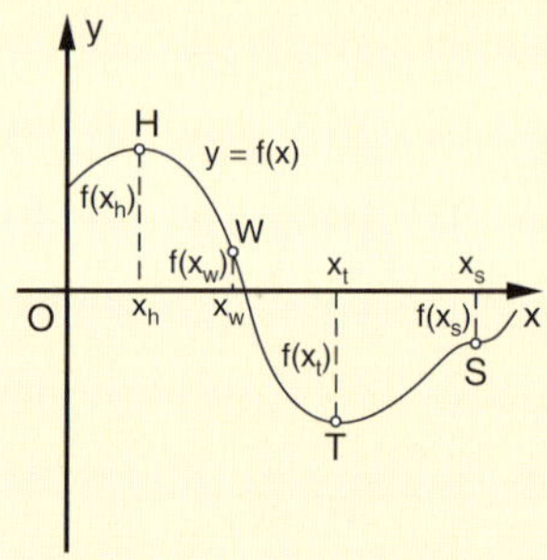
$f(x_t)$ ist ein Minimum/ x_t eine Minimumstelle von f **$[x_t; f(x_t)]$ ist ein Minimumpunkt/ Tiefpunkt des Graphen von f**	$f'(x_t) = 0$	$f'(x_t) = 0$ und $f''(x_t) > 0$ bzw. $f'(x_t) = 0$ und $f'(x)$ wechselt beim Durchgang durch x_t mit wachsendem x das Vorzeichen von – zu +.	
x_w ist eine Wendestelle von f **$[x_w; f(x_w)]$ ist ein Wendepunkt des Graphen von f**	$f''(x_w) = 0$	$f''(x_w) = 0$ und $f'''(x_w) \neq 0$	
$[x_s; f(x_s)]$ ist ein Sattelpunkt des Graphen von f	$f'(x_s) = 0$ $f''(x_s) = 0$	$f'(x_s) = 0$ und $f''(x_s) = 0$ $f'''(x_s) \neq 0$	

Näherungsweise Bestimmung von Nullstellen stetiger Funktionen

Sekantennäherungsverfahren (Regula falsi)	Aus zwei Näherungswerten x_1 und x_2 für die gesuchte Nullstelle x_0 von f mit $f(x_1) < 0$ und $f(x_2) > 0$ (oder umgekehrt) bestimmt man einen besseren Näherungswert $x_3 = x_1 - \frac{x_2 - x_1}{f(x_2) - f(x_1)} \cdot f(x_1)$. Das Verfahren wird mit x_1 und x_3 (bzw. x_2 und x_3) fortgesetzt.	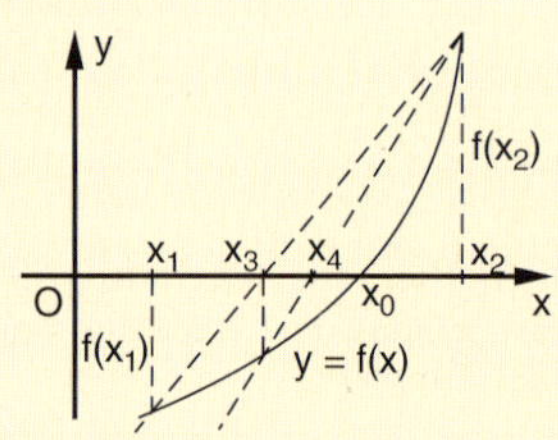
Tangentennäherungsverfahren (newtonsches Näherungsverfahren)	Aus einem (hinreichend guten) Näherungswert x_1 für die gesuchte Nullstelle x_0 bestimmt man einen neuen Näherungswert $x_2 = x_1 - \frac{f(x_1)}{f'(x_1)}$. Das Verfahren wird unter Verwendung von x_2 fortgesetzt. Für $f'(x_i) \neq 0$ und $f'(x_0) \neq 0$ liefert das Verfahren einen jeweils besseren Näherungswert, wenn für alle x des x_0 enthaltenden Intervalls gilt: $\frac{f(x) \cdot f''(x)}{[f'(x)]^2} < 1$.	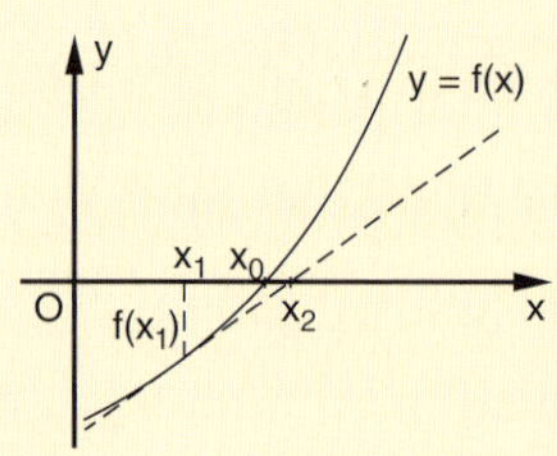

Bogenlänge

Für $a \leq x \leq b$ hat der entsprechende Abschnitt des Graphen von $y = f(x)$ die Bogenlänge $s = \int_a^b \sqrt{1 + [f'(x)]^2}\, dx$.

Integralrechnung

Grundbegriffe

Stammfunktion	F(x) ist eine **Stammfunktion** der Funktion $y = f(x) \Leftrightarrow F'(x) = f(x)$ für alle $x \in D$. Mit F(x) ist auch jede Funktion F(x) + C eine Stammfunktion von f.
unbestimmtes Integral	$\int f(x)\,dx = F(x) + C$ (Menge aller Stammfunktionen von f) C heißt **Integrationskonstante**.
bestimmtes Integral	$\int_a^b f(x)\,dx = F(b) - F(a)$, wenn F(x) eine Stammfunktion der im Intervall [a, b] stetigen Funktion f(x) ist.
Eigenschaften des bestimmten Integrals	$\int_a^a f(x)\,dx = 0$ $\int_b^a f(x)dx = -\int_a^b f(x)dx$ $\int_a^b f(x)dx = \int_a^c f(x)dx + \int_c^b f(x)dx$ (für $c \in [a, b]$)

Grundintegrale und weitere spezielle unbestimmte Integrale

$\int 0\,dx = C$	$\int a\,dx = ax + C \quad (a \neq 0)$	$\int x^n\,dx = \frac{1}{n+1}x^{n+1} + C \quad (n \in \mathbb{R}, n \neq -1)$
$\int \frac{1}{x}\,dx = \ln\lvert x\rvert + C \quad (x \neq 0)$	$\int \sin x\,dx = -\cos x + C$	$\int \cos x\,dx = \sin x + C$
$\int a^x\,dx = \frac{a^x}{\ln a} + C \quad (a \neq 1)$	$\int e^x\,dx = e^x + C$	$\int \frac{1}{\cos^2 x}\,dx = \tan x + C$ $(x \neq (2k+1)\frac{\pi}{2}, k \in \mathbb{Z})$
$\int \sqrt{x}\,dx = \frac{2}{3}\sqrt{x^3} + C$	$\int \frac{1}{x \cdot \ln a}dx = \log_a x + C$	$\int \sin^2 x\,dx = \frac{1}{2}(x - \sin x \cos x) + C$
$\int \cos^2 x\,dx = \frac{1}{2}(x + \sin x \cos x) + C$	$\int \frac{dx}{\sqrt{x^2 \pm a^2}} = \ln\left\lvert x + \sqrt{x^2 \pm a^2}\right\rvert + C$	$\int \tan x\,dx = -\ln\lvert\cos x\rvert + C$ $(x \neq (2k+1)\frac{\pi}{2}, k \in \mathbb{Z})$

Integrationsregeln

Faktorregel	$\int a\,u(x)\,dx = a\int u(x)\,dx$
Summenregel (Linearität)	$\int [u(x) \pm v(x)]\,dx = \int u(x)\,dx \pm \int v(x)\,dx$
Substitutionsregel	$\int f[g(x)]\,g'(x)\,dx = \int f(u)\,du$ (mit $u = g(x)$ und $du = g'(x)dx$) *Spezialfall:* $\int \frac{f'(x)}{f(x)}\,dx = \ln\lvert f(x)\rvert + C$ (für $f(x) \neq 0$ für alle x)
Regel für partielle Integration	$\int u'(x)\,v(x)\,dx = u(x)\,v(x) - \int u(x)\,v'(x)\,dx$ kurz: $\int u'v\,dx = uv - \int uv'dx$

Anwendungen der Integralrechnung

Flächenberechnungen

f in [a, b] stetig

$f(x) \geq 0$ für alle $x \in [a, b]$

Es gilt: $A = \int_a^b f(x)\,dx$

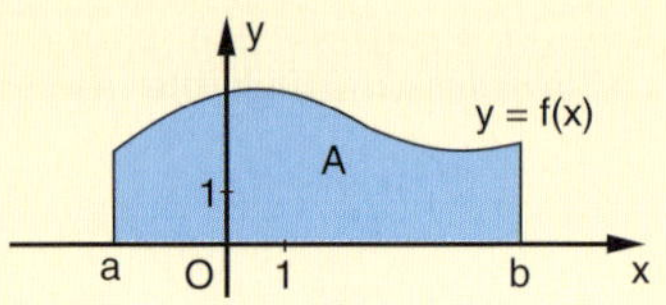

$f(x) \leq 0$ für alle $x \in [a, b]$

Es gilt: $A = \left| \int_a^b f(x)\,dx \right|$

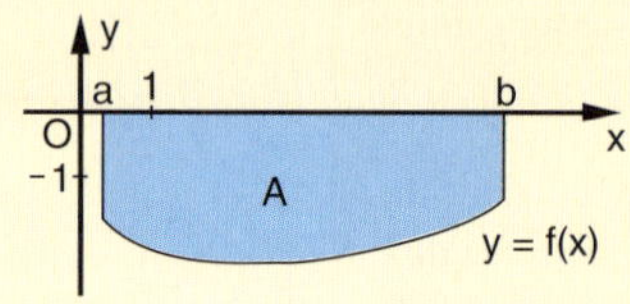

f besitzt im Intervall [a, b] Nullstellen.

Es gilt:

$$A = \left| \int_a^{x_1} f(x)\,dx \right| + \left| \int_{x_1}^{x_2} f(x)\,dx \right| + \ldots + \left| \int_{x_{n-2}}^{x_{n-1}} f(x)\,dx \right| + \left| \int_{x_{n-1}}^{b} f(x)\,dx \right|$$

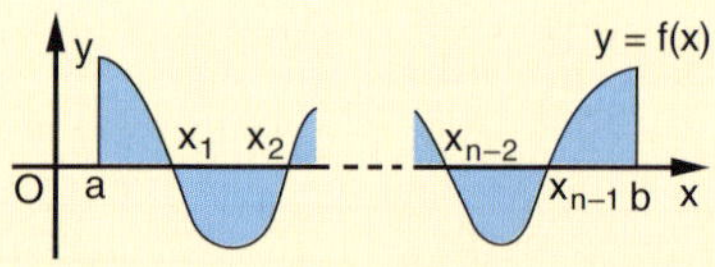

Flächenstück begrenzt von den Graphen der Funktionen f und g;
$f(x) \geq g(x)$ für alle $x \in [a, b]$

Es gilt: $A = \int_a^b [f(x) - g(x)]\,dx$ (unabhängig davon, ob f oder g in [a, b] eine Nullstelle besitzt oder nicht).

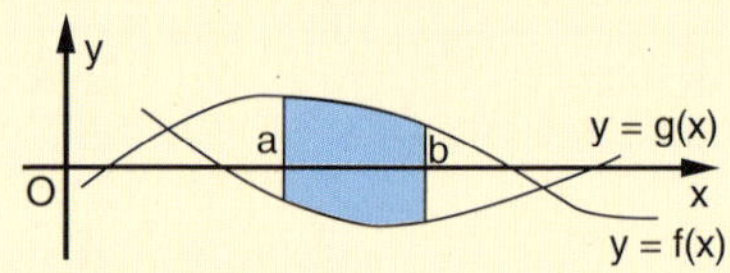

Graphen von f und g schneiden einander im Intervall [a, b].

Es gilt: $A = \int_a^{x_1} [f(x) - g(x)]\,dx + \int_{x_1}^{b} [g(x) - f(x)]\,dx.$

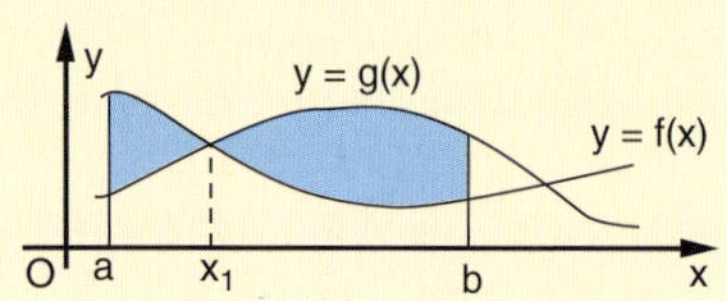

Näherungsweise Berechnung bestimmter Integrale

Für die näherungsweise Berechnung von $\int_a^b f(x)\,dx$ wird das Intervall [a, b] in n Teile der Länge $d = \frac{b-a}{n}$ zerlegt.

Die Teilpunkte sind dann $x_0 = a$, $x_1 = a + d$, $x_2 = a + 2d$, ..., $x_{n-1} = a + (n-1)d$, $x_n = a + nd = b$.

Rechteckformel: Die Fläche A wird durch Rechtecke mit der Fläche $A_i = d \cdot f(x_i) = d \cdot y_i$ $(i = 0, 1, \ldots, (n-1))$ angenähert.

$$A = \int_a^b f(x)\,dx \approx d \cdot (y_0 + y_1 + \ldots + y_{n-1})$$

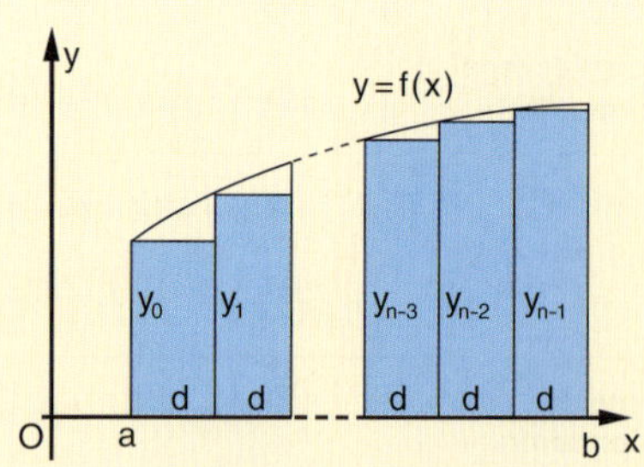

Trapezformel (Sekantenformel): Die Fläche A wird durch Trapeze mit der Fläche $A_i = \frac{y_i + y_{i+1}}{2} d \quad (i = 0,1, ..., (n-1))$ angenähert.

$$A = \int_a^b f(x)dx \approx \frac{d}{2}(y_0 + 2y_1 + 2y_2 + ... + 2y_{n-1} + y_n)$$

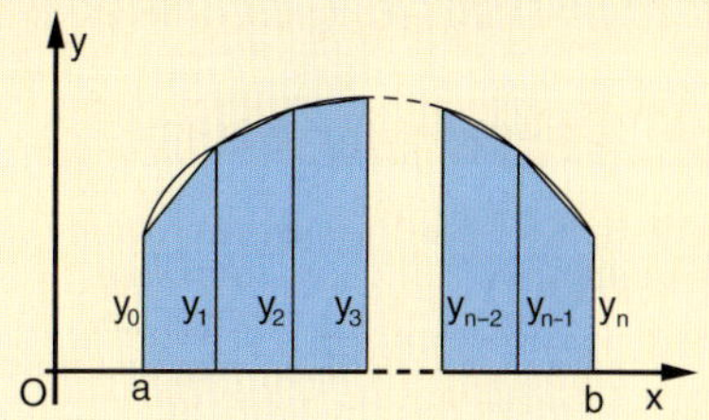

Parabelformel (simpsonsche Regel): Die zu berechnende Fläche wird durch Teilflächen unter Parabelbögen angenähert. Man teilt [a, b] in n Intervalle und legt durch jeweils drei aufeinander folgende Punkte $(x_{i-1}; y_{i-1})$, $(x_i; y_i)$ und $(x_{i+1}; y_{i+1})$ (mit i = 1, ..., (n – 1)) einen Parabelbogen.

$$A = \int_a^b f(x)\,dx \approx \frac{d}{3}[(y_0 + 4y_1 + y_2) + (y_2 + 4y_3 + y_4) + ... + (y_{n-2} + 4y_{n-1} + y_n)]$$

bzw.

$$A = \int_a^b f(x)\,dx \approx \frac{d}{3}(y_0 + 4y_1 + 2y_2 + 4y_3 + 2y_4 + ... + 2y_{n-2} + 4y_{n-1} + y_n) \quad \text{(n gerade)}$$

Keplersche Fassregel: Man verwendet für die Bestimmung der Näherungsparabel nur die Punkte [a; f(a)], $(x_m; f(x_m))$ und [b; f(b)] mit $x_m = \frac{1}{2}(a + b)$.

$$A = \int_a^b f(x)\,dx \approx \frac{b-a}{6}(f(a) + 4f(x_m) + f(b))$$

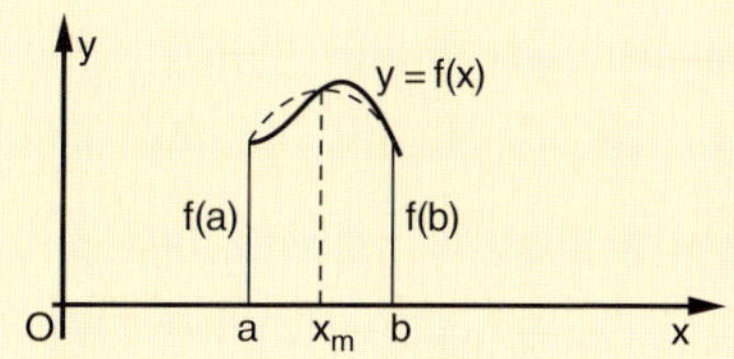

Ma5

Berechnung von Rotationskörpern

y = f(x) in [a, b] stetige und streng monoton wachsende (oder fallende) Funktion; x = g(y) Umkehrfunktion von y = f(x)

Rotiert das Flächenstück, das zwischen dem Graphen der Funktion

y = f(x) für $a \le x \le b$, den Parallelen zur y-Achse durch $x_1 = a$ und $x_2 = b$ und der x-Achse liegt, um die x-Achse, so gilt für den entstehenden Rotationskörper:

$$V_x = \pi\int_a^b y^2 dx = \pi\int_a^b [f(x)]^2 dx$$

$$M_x = 2\pi\int_a^b y\sqrt{1 + y'^2}dx = 2\pi\int_a^b f(x)\sqrt{1 + [f'(x)]^2}dx$$

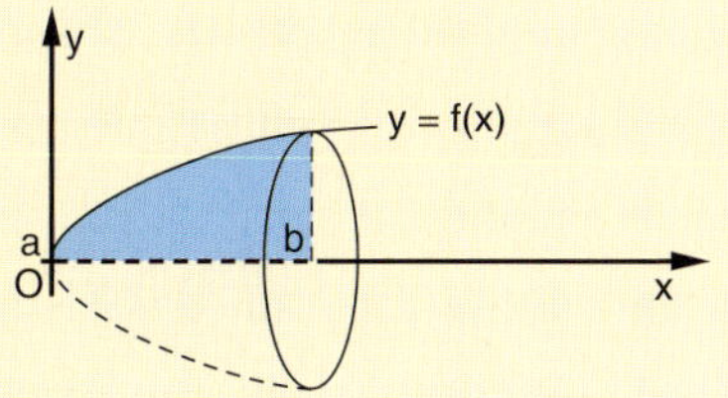

x = g(y) für $c \le y \le d$ (mit c = f(a) und d = f(b)), den Parallelen zur x-Achse durch $y_1 = c$ und $y_2 = d$ und der y-Achse liegt, um die y-Achse, so gilt für den entstehenden Rotationskörper:

$$V_y = \pi\int_c^d x^2 dy = \pi\int_c^d [g(y)]^2 dy = \left|\pi\int_a^b x^2 f'(x)dx\right|$$

$$M_y = 2\pi\int_c^d x\sqrt{1 + x'^2}dy = 2\pi\int_c^d g(y)\sqrt{1 + [g'(y)]^2}dy$$

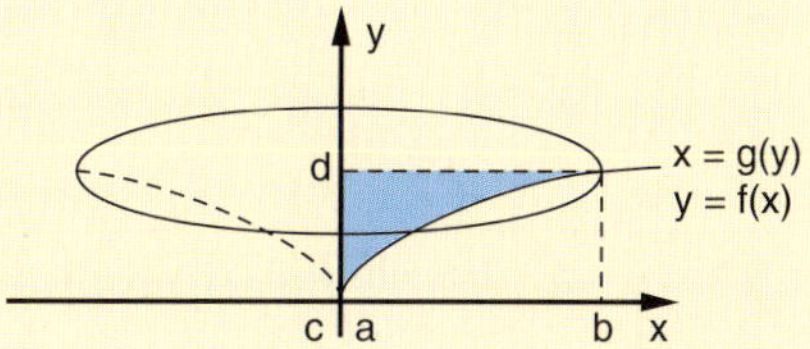

Ma

Ma 6

Analytische Geometrie der Ebene

Ebene Koordinatensysteme

kartesisches Koordinatensystem	x_1, y_1 Koordinaten von P_1 x_1 Abszisse y_1 Ordinate O Koordinatenursprung	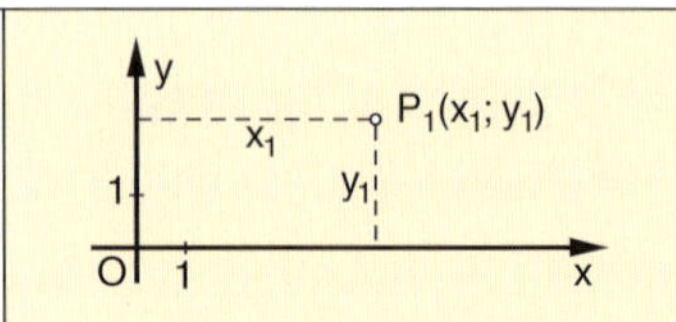
Polarkoordinatensystem	r_1, φ_1 Polarkoordinaten von P_1 r_1 Radius φ_1 Polarwinkel (Phase, Anomalie)	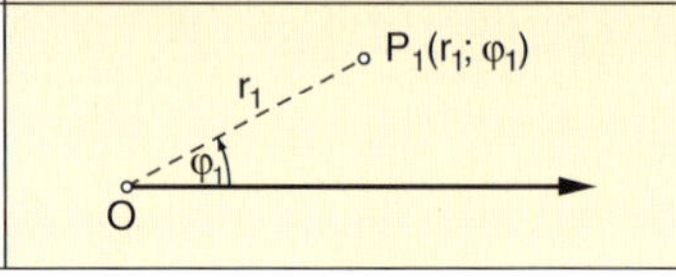

Koordinatentransformationen

Transformation von kartesischen Koordinaten in Polarkoordinaten (und umgekehrt)	$x = r \cdot \cos\varphi$ $\quad r = \sqrt{x^2 + y^2}$ $y = r \cdot \sin\varphi$ $\quad \cos\varphi = \frac{x}{\sqrt{x^2+y^2}}$ $\sin\varphi = \frac{y}{\sqrt{x^2+y^2}}$	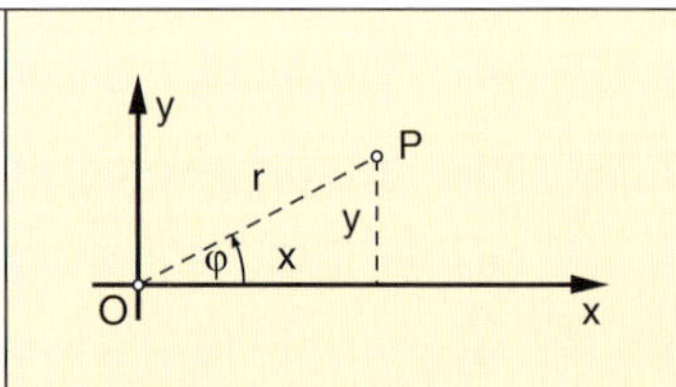
Parallelverschiebung (Translation) eines kartesischen Koordinatensystems	x, y Koordinaten von P im ursprünglichen System x′, y′ Koordinaten von P im neuen System $x = x' + c$ $\quad x' = x - c$ $y = y' + d$ $\quad y' = y - d$	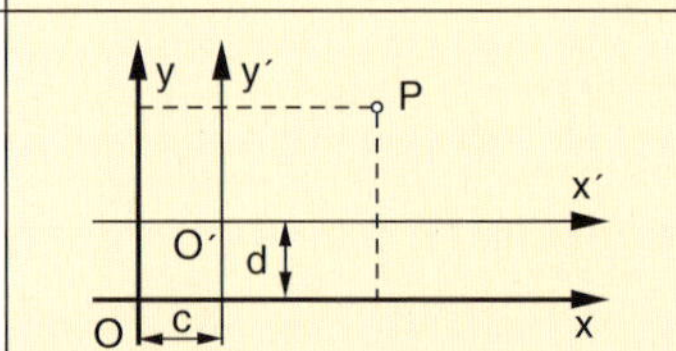
Drehung (Rotation) eines kartesischen Koordinatensystems um den Winkel φ	x, y Koordinaten von P im ursprünglichen System x′, y′ Koordinaten von P im neuen System $O = O'$ $x = x' \cdot \cos\varphi - y' \cdot \sin\varphi$ $\quad x' = x \cdot \cos\varphi + y \cdot \sin\varphi$ $y = x' \cdot \sin\varphi + y' \cdot \cos\varphi$ $\quad y' = -x \cdot \sin\varphi + y \cdot \cos\varphi$	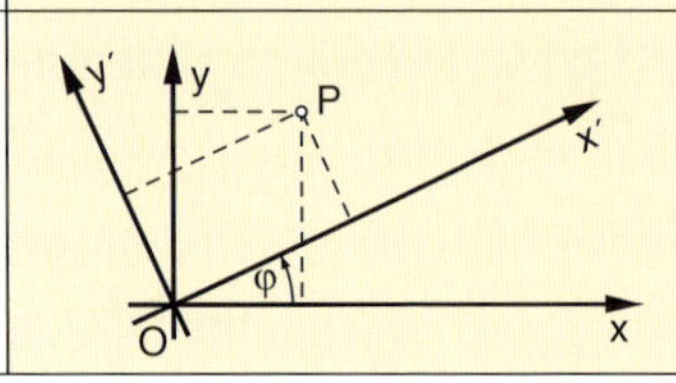

Strecke und Teilverhältnis, Dreiecksflächeninhalt

$\lambda \in \mathbb{R}$

Länge einer Strecke (Abstand zweier Punkte) **Anstieg einer Strecke**	$s = \overline{P_1P_2} = \sqrt{(x_2 - x_1)^2 + (y_2 - y_1)^2}$ $m = \tan\alpha = \frac{y_2 - y_1}{x_2 - x_1}$	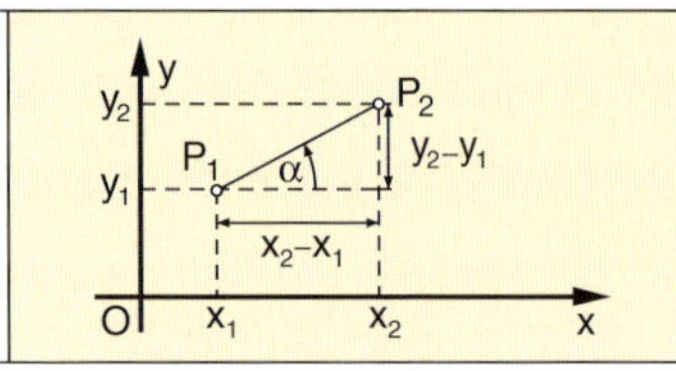
Teilung einer Strecke $\overline{P_1P_2}$ im Verhältnis λ Teilpunkt $T(x_T; y_T)$ **Mittelpunkt $M(x_M; y_M)$**	$x_T = \frac{x_1 + \lambda x_2}{1 + \lambda}$ $\quad y_T = \frac{y_1 + \lambda y_2}{1 + \lambda}$ $\quad (\lambda \neq -1)$ $x_M = \frac{x_1 + x_2}{2}$ $\quad y_M = \frac{y_1 + y_2}{2}$	$\lambda > 0$ innerer Teilpunkt $\lambda < 0$ äußerer Teilpunkt
Flächeninhalt A eines Dreiecks $P_1P_2P_3$	Eckpunkte: $P_1(x_1; y_1)$, $P_2(x_2; y_2)$, $P_3(x_3; y_3)$ $A = \frac{1}{2}\left\| x_1(y_2 - y_3) + x_2(y_3 - y_1) + x_3(y_1 - y_2)\right\|$	

Ma

Geraden

$m, n \in \mathbb{R}; \quad A, B, C \in \mathbb{R}$

kartesische Normalform (der Geradengleichung)	$y = mx + n \qquad m = \tan\alpha \qquad (\alpha \neq 90°)$ Gerade mit dem Anstieg m, die die y-Achse in $S_y(0; n)$ schneidet	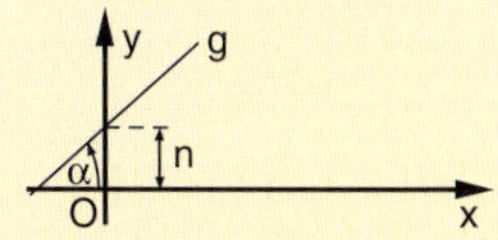
Punktrichtungsgleichung	$y - y_0 = m(x - x_0) \qquad m = \tan\alpha \qquad (\alpha \neq 90°)$ Gerade durch $P_0(x_0; y_0)$ mit dem Anstieg m	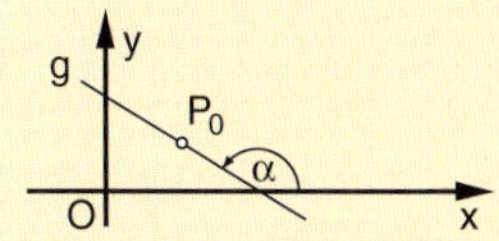
Zweipunktegleichung	$y - y_1 = \frac{y_2 - y_1}{x_2 - x_1}(x - x_1)$ Gerade durch $P_1(x_1; y_1)$ und $P_2(x_2; y_2)$ $m = \tan\alpha = \frac{y_2 - y_1}{x_2 - x_1} \qquad (x_2 \neq x_1)$	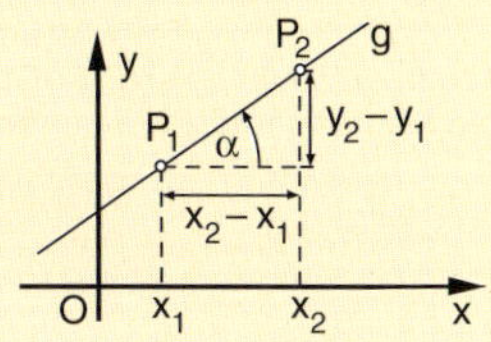
Achsenabschnittsgleichung	$\frac{x}{a} + \frac{y}{b} = 1$ Gerade, die die Achsen in $S_x(a; 0)$ bzw. $S_y(0; b)$ schneidet	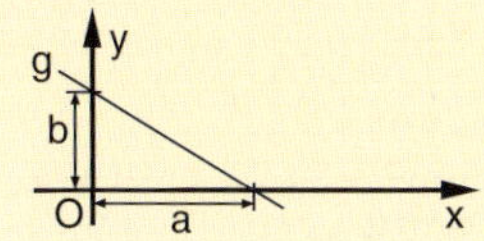
allgemeine Form	$Ax + By + C = 0 \qquad (A^2 + B^2 > 0)$	$A = 0 \Rightarrow$ g parallel zur x-Achse $B = 0 \Rightarrow$ g parallel zur y-Achse
hessesche Normalform (der Geradengleichung)	$x \cdot \cos\varphi + y \cdot \sin\varphi - p = 0$ p Abstand der Geraden vom Ursprung 0 φ Winkel zwischen positiver x-Achse und Lot p $\cos\varphi = \frac{A}{\sqrt{A^2 + B^2}}; \ \sin\varphi = \frac{B}{\sqrt{A^2 + B^2}}; \ p = \frac{\lvert C \rvert}{\sqrt{A^2 + B^2}}$	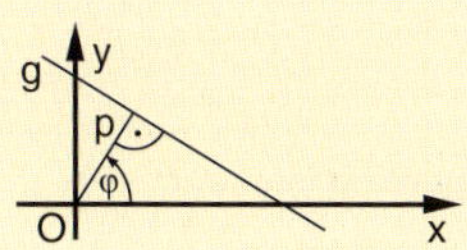
Abstand des Punktes $P_1(x_1; y_1)$ von der Geraden g	$d = \lvert x_1 \cdot \cos\varphi + y_1 \cdot \sin\varphi - p \rvert = \frac{\lvert Ax_1 + By_1 + C \rvert}{\sqrt{A^2 + B^2}}$	
zwei Geraden (Lagebeziehung)	$g_1: \ y = m_1x + n_1 \qquad g_2: \ y = m_2x + n_2$ Schnittwinkel ψ: $\tan\psi = \frac{m_2 - m_1}{1 + m_1 \cdot m_2} \qquad (\psi \neq 90°)$ $m_1 = m_2 \quad \Rightarrow \quad g_1 \parallel g_2$ $m_1 = -\frac{1}{m_2} \quad \Rightarrow \quad g_1 \perp g_2 \qquad (m_2 \neq 0)$	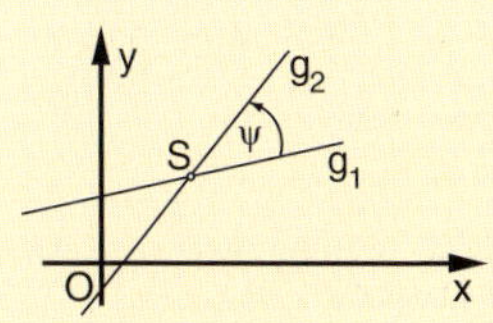

Kreis

$r > 0; \quad c, d, r \in \mathbb{R}$

Mittelpunktsgleichung	$x^2 + y^2 = r^2$ Kreis mit dem Mittelpunkt M(0; 0) und dem Radius r	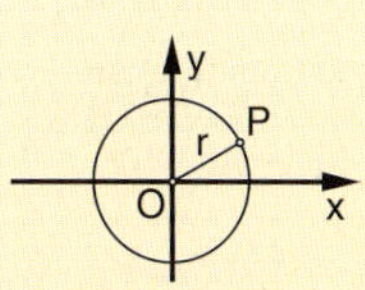
allgemeine Kreisgleichung	$(x - c)^2 + (y - d)^2 = r^2$ Kreis mit dem Mittelpunkt M(c; d) und dem Radius r	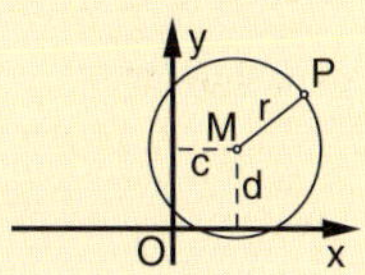

Tangente und Normale im Punkt $P_1(x_1; y_1)$	Tangente t in P_1: $(x - c)(x_1 - c) + (y - d)(y_1 - d) = r^2$ M(c; d) $xx_1 + yy_1 = r^2$ M(0; 0) Normale n durch P_1: $y - y_1 = \frac{y_1 - d}{x_1 - c} \cdot (x - x_1)$ M(c; d) $y - y_1 = \frac{y_1}{x_1} \cdot (x - x_1)$ M(0; 0)	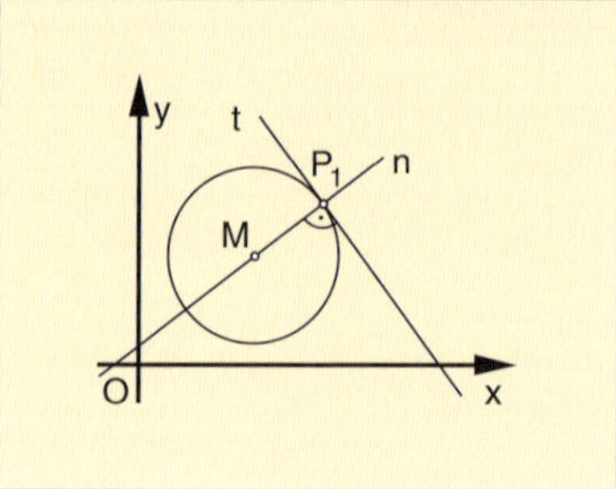

Kegelschnitte

Bringt man einen Doppelkegel mit einer Ebene zum Schnitt, so werden die Schnittflächen von Kurven berandet, die man als **Kegelschnitte** bezeichnet.

Kegelschnitt	Schnittwinkel α
Ellipse (E)	$\varphi < \alpha \leq 90°$
Kreis	$\alpha = 90°$
Parabel (P)	$\alpha = \varphi$
Hyperbel (H)	$0° \leq \alpha < \varphi$
entartete Kegelschnitte: Punkt, Geradenpaar (bei Schnitt durch S)	

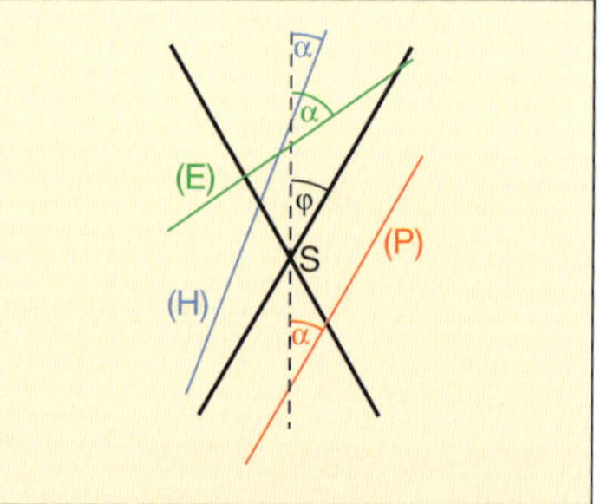

Begriff	Ellipse (a große Halbachse, b kleine Halbachse)	Hyperbel (a große Halbachse, b kleine Halbachse)	Parabel (p Parameter)
Mittelpunktsgleichung M(0; 0)	$\frac{x^2}{a^2} + \frac{y^2}{b^2} = 1$	$\frac{x^2}{a^2} - \frac{y^2}{b^2} = 1$	Scheitelgleichung S(0; 0) $y^2 = 2px$
Exzentrizität **lineare: e** **numerische: $\varepsilon = \frac{e}{a}$**	$e = \sqrt{a^2 - b^2}$ $\varepsilon < 1$	$e = \sqrt{a^2 + b^2}$ $\varepsilon > 1$	$\varepsilon = 1$
Brennpunkte	$F_{1/2}\,(\pm e; 0)$	$F_{1/2}\,(\pm e; 0)$	$F(\frac{p}{2}; 0)$ Leitlinie $x = -\frac{p}{2}$
Tangente in $P_1(x_1; y_1)$ M(0; 0) bzw. S(0; 0)	$\frac{xx_1}{a^2} + \frac{yy_1}{b^2} = 1$	$\frac{xx_1}{a^2} - \frac{yy_1}{b^2} = 1$	$yy_1 = p(x + x_1)$
Normale durch $P_1(x_1; y_1)$ M(0; 0) bzw. S(0; 0)	$y - y_1 = \frac{a^2 y_1}{b^2 x_1}\,(x - x_1)$	$y - y_1 = -\frac{a^2 y_1}{b^2 x_1}\,(x - x_1)$	$y - y_1 = -\frac{y_1}{p}\,(x - x_1)$
allgemeine Lage (achsenparallel zum Koordinatensystem) M(c; d)	$\frac{(x-c)^2}{a^2} + \frac{(y-d)^2}{b^2} = 1$	$\frac{(x-c)^2}{a^2} - \frac{(y-d)^2}{b^2} = 1$	S(c; d) $(y - d)^2 = 2p(x - c)$
Asymptoten der Hyperbel M(0; 0)	–	$\frac{x}{a} \pm \frac{y}{b} = 0$	–
allgemeine Kegelschnittgleichung	$Ax^2 + 2Bxy + Cy^2 + 2Dx + 2Ey + F = 0$ Bedingungen für Kreis: $A \neq 0$, $D^2 + E^2 \geq 4\,AF$ Ellipse: $AC - B^2 > 0$ (auch Punkt) Hyperbel: $AC - B^2 < 0$ (auch Geradenpaar) Parabel: $AC - B^2 = 0$ (auch Parallelenpaar)		

Vektorrechnung

Begriff des Vektors

Eine Menge V heißt **Vektorraum,** wenn für ihre Elemente (**Vektoren**) eine Addition sowie eine Multiplikation mit reellen Zahlen so definiert ist, dass diese Operationen in V stets ausführbar und eindeutig sind sowie für beliebige $\vec{a}, \vec{b}, \vec{x} \in V$ und $r, s \in \mathbb{R}$ die folgenden Gesetze gelten:

(1)	$\vec{a} + \vec{b} = \vec{b} + \vec{a}$	(Kommutativgesetz)
(2)	$(\vec{a} + \vec{b}) + \vec{c} = \vec{a} + (\vec{b} + \vec{c})$	(Assoziativgesetz der Addition)
(3)	Zu je zwei Elementen $\vec{a}, \vec{b} \in V$ gibt es stets genau ein $\vec{x} \in V$ mit $\vec{a} + \vec{x} = \vec{b}$.	
(4)	$1\vec{a} = \vec{a}$	
(5)	$(r + s)\vec{a} = r\vec{a} + s\vec{a}$	(1. Distributivgesetz)
(6)	$r(\vec{a} + \vec{b}) = r\vec{a} + r\vec{b}$	(2. Distributivgesetz)
(7)	$r(s\vec{a}) = (rs)\vec{a}$	(Assoziativgesetz der Multiplikation)

Die Menge der **Verschiebungen** einer Ebene bzw. des Raumes bildet einen Vektorraum.
Die zu einer Verschiebung gehörende Menge (Äquivalenzklasse) parallelgleicher (paralleler, gleichgerichteter und gleichlanger) Pfeile wird als **Schubvektor** bzw. **geometrischer Vektor** bezeichnet. Jeder Pfeil der Menge ist ein Repräsentant des Vektors.
Ein (Schub-)Vektor ist eine durch Betrag (Länge), Richtung und Orientierung (Durchlaufsinn) gekennzeichnete Größe (vereinfachter Vektorbegriff).

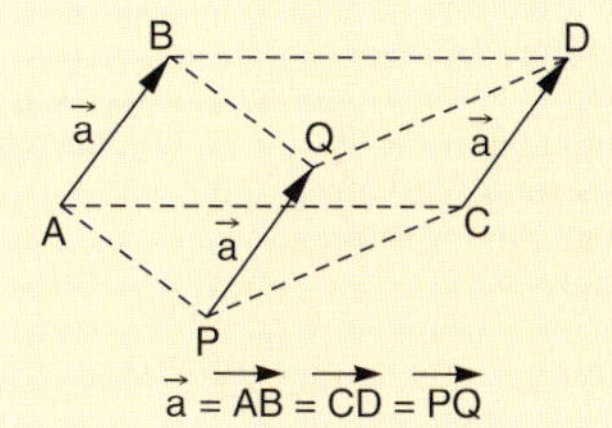

Nullvektor $\vec{o}$	Vektor mit dem Betrag 0 und unbestimmter Richtung
Einheitsvektor	Vektor mit dem Betrag 1
entgegengesetzter Vektor von $\vec{a}$	Vektor mit gleichem Betrag, gleicher Richtung wie $\vec{a}$, aber mit entgegengesetzter Orientierung von $\vec{a}$

Räumliches Koordinatensystem; Komponentendarstellung eines Vektors

Der Punkt O und die Einheitsvektoren $\vec{i}$, $\vec{j}$, $\vec{k}$ bilden ein kartesisches (orthonormiertes) Koordinatensystem.

$|\vec{i}| = |\vec{j}| = |\vec{k}| = 1$

$\sphericalangle(\vec{i}, \vec{j}) = \sphericalangle(\vec{j}, \vec{k}) = \sphericalangle(\vec{k}, \vec{i}) = 90°$

$\vec{i}, \vec{j}, \vec{k}$ bilden in dieser Reihenfolge ein Rechtssystem.

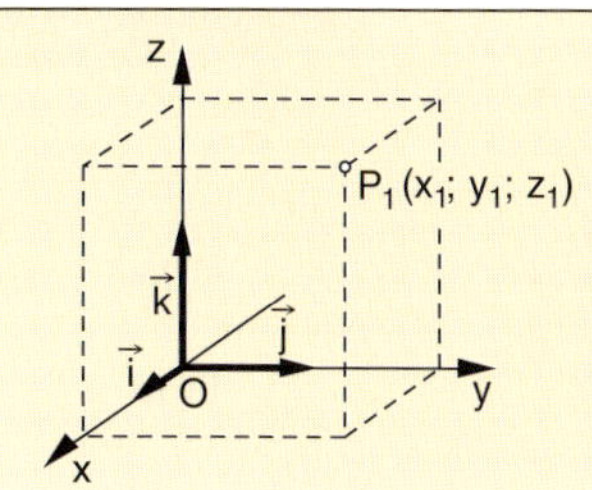

Ortsvektor des Punktes $P_1(x_1; y_1; z_1)$	$\vec{x}_1 = \overrightarrow{OP_1} = x_1\vec{i} + y_1\vec{j} + z_1\vec{k}$
Komponentendarstellung eines Vektors	$\vec{a} = a_x\vec{i} + a_y\vec{j} + a_z\vec{k} = \begin{pmatrix} a_x \\ a_y \\ a_z \end{pmatrix} = (a_x; a_y; a_z)$ $a_x\vec{i}, a_y\vec{j}, a_z\vec{k}$ Komponenten von $\vec{a}$; a_x, a_y, a_z Koordinaten von $\vec{a}$
Vektor durch zwei Punkte P_1, P_2	$\overrightarrow{P_1P_2} = \overrightarrow{OP_2} - \overrightarrow{OP_1} = (x_2 - x_1)\vec{i} + (y_2 - y_1)\vec{j} + (z_2 - z_1)\vec{k} = \begin{pmatrix} x_2 - x_1 \\ y_2 - y_1 \\ z_2 - z_1 \end{pmatrix}$
Betrag eines Vektors (Länge einer Strecke)	$\lvert\vec{a}\rvert = a = \sqrt{a_x^2 + a_y^2 + a_z^2}$ $\lvert\overrightarrow{P_1P_2}\rvert = \sqrt{(x_2 - x_1)^2 + (y_2 - y_1)^2 + (z_2 - z_1)^2}$

Addition und Subtraktion von Vektoren

$a_i, b_k \in \mathbb{R}$

Addition	$\vec{a}+\vec{b}=(a_x+b_x)\,\vec{i}+(a_y+b_y)\,\vec{j}+(a_z+b_z)\,\vec{k}=\begin{pmatrix}a_x+b_x\\a_y+b_y\\a_z+b_z\end{pmatrix}$	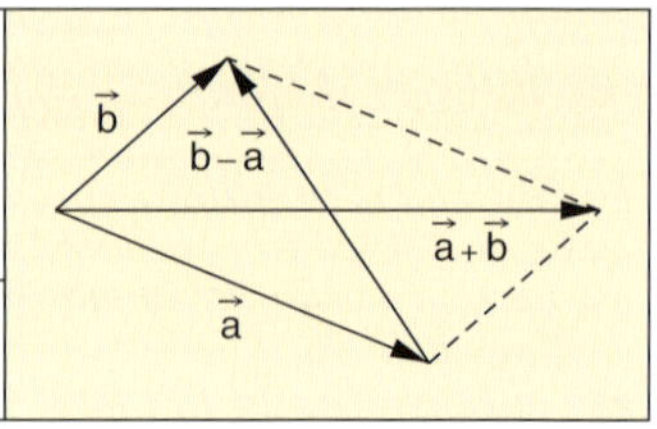
Subtraktion	$\vec{a}-\vec{b}=\vec{a}+(-\vec{b})$ $\vec{b}-\vec{a}=\vec{b}+(-\vec{a})$	

Multiplikation von Vektoren

$a_i, b_k, r \in \mathbb{R}$

Vielfachbildung (Multiplikation mit einem Skalar)	$r\vec{a}=ra_x\,\vec{i}+ra_y\,\vec{j}+ra_z\,\vec{k}=\begin{pmatrix}ra_x\\ra_y\\ra_z\end{pmatrix}=r\begin{pmatrix}a_x\\a_y\\a_z\end{pmatrix}$
Skalarprodukt (S-Produkt; inneres Produkt; Punktprodukt)	Unter dem **Skalarprodukt** zweier Vektoren $\vec{a}$ und $\vec{b}$ versteht man eine reelle Zahl $c=\vec{a}\cdot\vec{b}$ mit $\vec{a}\cdot\vec{b}=\lvert\vec{a}\rvert\cdot\lvert\vec{b}\rvert\cdot\cos\sphericalangle(\vec{a},\vec{b})$ $c=a\cdot b\cdot\cos\gamma$ mit $\gamma=\sphericalangle(\vec{a},\vec{b})$ Es ist $\vec{i}\cdot\vec{i}=\vec{j}\cdot\vec{j}=\vec{k}\cdot\vec{k}=1$ und $\vec{i}\cdot\vec{j}=\vec{i}\cdot\vec{k}=\vec{j}\cdot\vec{k}=0$ Weiter gilt: $\vec{a}\cdot\vec{b}=\vec{b}\cdot\vec{a}$ $\qquad$ $\vec{a}\perp\vec{b}\ \Rightarrow\ \vec{a}\cdot\vec{b}=0$ $\vec{c}\cdot(\vec{a}+\vec{b})=\vec{c}\cdot\vec{a}+\vec{c}\cdot\vec{b}$
Koordinatendarstellung	$\vec{a}\cdot\vec{b}=a_xb_x+a_yb_y+a_zb_z$
Vektorprodukt (V-Produkt; äußeres Produkt; Kreuzprodukt)	Unter dem **Vektorprodukt** zweier Vektoren $\vec{a}$ und $\vec{b}$ versteht man einen Vektor $\vec{c}=\vec{a}\times\vec{b}$ mit folgenden Eigenschaften: 1. $\lvert\vec{c}\rvert=\lvert\vec{a}\times\vec{b}\rvert=\lvert\vec{a}\rvert\cdot\lvert\vec{b}\rvert\cdot\sin\sphericalangle(\vec{a},\vec{b})$ $c=a\cdot b\cdot\sin\gamma$ mit $\gamma=\sphericalangle(\vec{a},\vec{b})$ 2. $\vec{c}\perp\vec{a}$ und $\vec{c}\perp\vec{b}$ 3. $\vec{a},\vec{b},\vec{c}$ bilden in dieser Reihenfolge ein Rechtssystem. 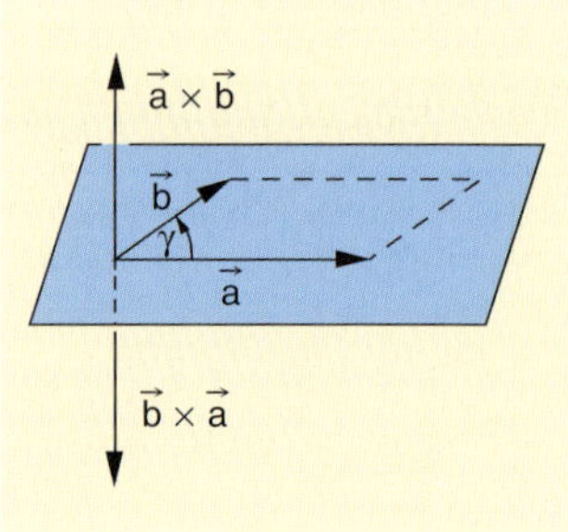 Das Vektorprodukt ist dem Betrage nach gleich dem Flächeninhalt des von $\vec{a}$ und $\vec{b}$ aufgespannten Parallelogramms. Es ist $\vec{i}\times\vec{i}=\vec{j}\times\vec{j}=\vec{k}\times\vec{k}=\vec{o}$ $\vec{i}\times\vec{j}=\vec{k}$; $\quad\vec{i}\times\vec{k}=-\vec{j}$; $\quad\vec{j}\times\vec{k}=\vec{i}$ Weiter gilt $\vec{a}\times\vec{b}=-\vec{b}\times\vec{a}$ $\vec{a}\times(\vec{b}+\vec{c})=\vec{a}\times\vec{b}+\vec{a}\times\vec{c}$ $\qquad$ $\vec{a},\vec{b}$ kollinear $\Rightarrow\ \vec{a}\times\vec{b}=\vec{o}$ $r(\vec{a}\times\vec{b})=r\vec{a}\times\vec{b}=\vec{a}\times r\vec{b}$
Komponentendarstellung	$\vec{a}\times\vec{b}=\begin{vmatrix}\vec{i}&\vec{j}&\vec{k}\\a_x&a_y&a_z\\b_x&b_y&b_z\end{vmatrix}=(a_yb_z-a_zb_y)\,\vec{i}+(a_zb_x-a_xb_z)\,\vec{j}+(a_xb_y-a_yb_x)\,\vec{k}=\begin{pmatrix}a_yb_z-a_zb_y\\a_zb_x-a_xb_z\\a_xb_y-a_yb_x\end{pmatrix}$
Spatprodukt	$(\vec{a}\times\vec{b})\cdot\vec{c}=\vec{a}\cdot(\vec{b}\times\vec{c})=\begin{vmatrix}a_x&a_y&a_z\\b_x&b_y&b_z\\c_x&c_y&c_z\end{vmatrix}=(a_yb_z-a_zb_y)c_x+(a_zb_x-a_xb_z)c_y+(a_xb_y-a_yb_x)c_z$ Das Spatprodukt ist dem Betrage nach gleich dem Volumen des von $\vec{a}$, $\vec{b}$ und $\vec{c}$ aufgespannten Parallelepipeds (Spates).
doppeltes Vektorprodukt	$\vec{a}\times(\vec{b}\times\vec{c})=(\vec{a}\cdot\vec{c})\,\vec{b}-(\vec{a}\cdot\vec{b})\,\vec{c}$

Analytische Geometrie des Raumes

Geradengleichungen

$a_i, b_k, r, s, t \in \mathbb{R}$

Punktrichtungs-gleichung	$\vec{x} = \overrightarrow{OP_0} + t\vec{a} = \vec{x}_0 + t\vec{a}$ $\begin{pmatrix} x \\ y \\ z \end{pmatrix} = \begin{pmatrix} x_0 \\ y_0 \\ z_0 \end{pmatrix} + t \begin{pmatrix} a_x \\ a_y \\ a_z \end{pmatrix}$ t Parameter g: Gerade durch P_0 mit dem Richtungsvektor $\vec{a}$	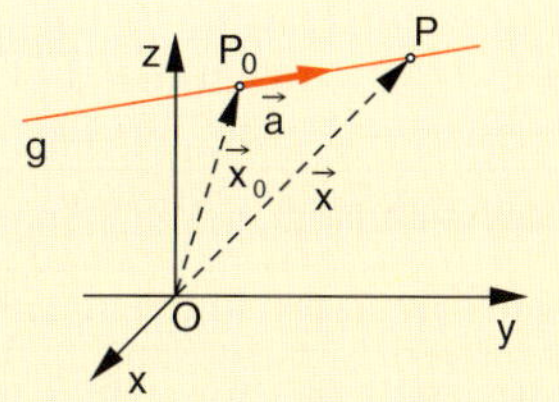
Zweipunkte-gleichung	$\vec{x} = \overrightarrow{OP_1} + t\,\overrightarrow{P_1P_2} = \vec{x}_1 + t(\vec{x}_2 - \vec{x}_1)$ $\begin{pmatrix} x \\ y \\ z \end{pmatrix} = \begin{pmatrix} x_1 \\ y_1 \\ z_1 \end{pmatrix} + t \begin{pmatrix} x_2 - x_1 \\ y_2 - y_1 \\ z_2 - z_1 \end{pmatrix}$ t Parameter g: Gerade durch P_1 und P_2	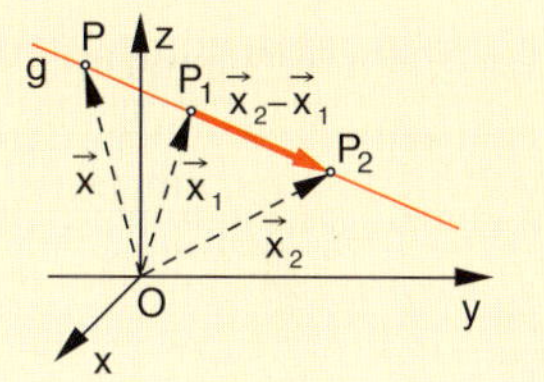
zwei Geraden (Lagebeziehungen)	g: $\vec{x} = \vec{x}_0 + t\vec{a}$ h: $\vec{x} = \vec{x}_1 + r\vec{b}$ 1. g, h liegen in einer Ebene ($\vec{a}$, $\vec{b}$ und $\vec{x}_1 - \vec{x}_0$ **komplanar**) a) g ∥ h ($\vec{a}$ ist Vielfaches von $\vec{b}$, also $\vec{a} = s \cdot \vec{b}$) b) g, h schneiden einander in genau einem Punkt S 2. g, h windschief ($\vec{a}$, $\vec{b}$ und $\vec{x}_1 - \vec{x}_0$ nicht komplanar, linear unabhängig)	
Berechnung des Schnittpunktes S von g und h	$\begin{pmatrix} x_s \\ y_s \\ z_s \end{pmatrix} = \begin{pmatrix} x_0 \\ y_0 \\ z_0 \end{pmatrix} + t_s \begin{pmatrix} a_x \\ a_y \\ a_z \end{pmatrix} = \begin{pmatrix} x_1 \\ y_1 \\ z_1 \end{pmatrix} + r_s \begin{pmatrix} b_x \\ b_y \\ b_z \end{pmatrix}$	

Ebenengleichungen; Kugelgleichung

$a_i, b_k, r, s \in \mathbb{R}$

Punktrichtungs-gleichung	$\vec{x} = \vec{x}_0 + r\vec{a} + s\vec{b}$ r, s Parameter $\begin{pmatrix} x \\ y \\ z \end{pmatrix} = \begin{pmatrix} x_0 \\ y_0 \\ z_0 \end{pmatrix} + r \begin{pmatrix} a_x \\ a_y \\ a_z \end{pmatrix} + s \begin{pmatrix} b_x \\ b_y \\ b_z \end{pmatrix}$ ε: Ebene durch P_0 mit den Richtungsvektoren $\vec{a}$ und $\vec{b}$	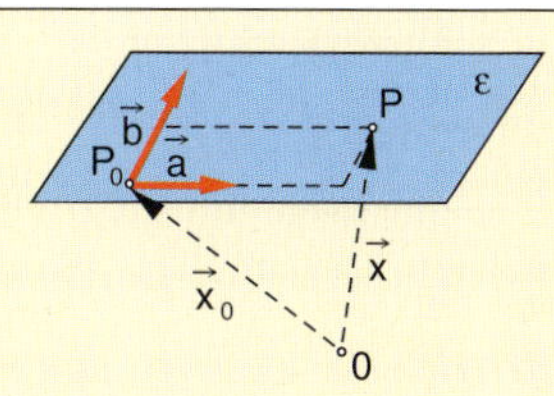
Dreipunkte-gleichung	$\vec{x} = \vec{x}_1 + r(\vec{x}_2 - \vec{x}_1) + s(\vec{x}_3 - \vec{x}_1)$ r, s Parameter Ebene durch drei nicht kollineare Punkte P_1, P_2, P_3	
allgemeine Form	$Ax + By + Cz + D = 0$ $(A^2 + B^2 + C^2 > 0)$	
hessesche Normalform	$\vec{n} \cdot \vec{x} = -p$ p Länge des vom Ursprung auf die Ebene ε gefällten Lotes $\vec{n}$ Normalenvektor mit $\vec{n} \perp \varepsilon$ und $\lvert\vec{n}\rvert = 1$ $n_1x + n_2y + n_3z + p = 0$ (Koordinatenform) $n_1 = \frac{A}{\sqrt{A^2 + B^2 + C^2}}$; $n_2 = \frac{B}{\sqrt{A^2 + B^2 + C^2}}$; $n_3 = \frac{C}{\sqrt{A^2 + B^2 + C^2}}$; $p = \frac{D}{\sqrt{A^2 + B^2 + C^2}}$	
allgemeine Kugelgleichung	$\lvert\vec{x} - \vec{x}_M\rvert = r$ bzw. $(\vec{x} - \vec{x}_M)^2 = r^2$ $(x - c)^2 + (y - d)^2 + (z - e)^2 = r^2$ Kugel mit dem Mittelpunkt M(c; d; e) und dem Radius r	
Tangentialebene an eine Kugel im Berührungspunkt P_1	$(\vec{x} - \vec{x}_M) \cdot (\vec{x}_1 - \vec{x}_M) = r^2$ bzw. $(\vec{x} - \vec{x}_1) \cdot (\vec{x}_1 - \vec{x}_M) = 0$ $(x_1 - c)(x - c) + (y_1 - d)(y - d) + (z_1 - e)(z - e) = r^2$	

Kombinatorik

Fakultät

$n \in \mathbb{N}$

$n! = 1 \cdot 2 \cdot 3 \cdot \ldots \cdot (n-1) \cdot n = \prod_{k=1}^{n} k$ $\quad 0! = 1 \quad 1! = 1 \quad (n+1)! = n!\,(n+1)$

Zahlenwerte für n!

n	2	3	4	5	6	7	8	9	10
n!	2	6	24	120	720	5040	40320	362880	3628800

Binomialkoeffizienten

$n, k \in \mathbb{N};\ k \leq n$

Definition

$$\binom{n}{k} = \frac{n(n-1)(n-2)\ldots[n-(k-1)]}{1 \cdot 2 \cdot 3 \cdot \ldots \cdot k} = \frac{n!}{k!(n-k)!} \qquad \binom{n}{0} = 1$$

Rechenregeln

$$\binom{n}{k} = \binom{n}{n-k} \qquad \binom{n}{k} + \binom{n}{k+1} = \binom{n+1}{k+1}$$

Zahlenwerte für $\binom{n}{k}$

k \ n	4	5	6	7	8	9	10	11	12	13	14	15
2	6	10	15	21	28	36	45	55	66	78	91	105
3			20	35	56	84	120	165	220	286	364	455
4					70	126	210	330	495	715	1001	1365
5							252	462	792	1287	2002	3003
6									924	1716	3003	5005
7											3432	6435

Binomischer Satz

$a, b \in \mathbb{R};\ n, k \in \mathbb{N}$

$$(a+b)^n = \binom{n}{0} a^n + \binom{n}{1} a^{n-1} b + \binom{n}{2} a^{n-2} b^2 + \ldots + \binom{n}{n-1} a\, b^{n-1} + \binom{n}{n} b^n = \sum_{k=0}^{n} \binom{n}{k} a^{n-k} b^k$$

$(a+b)^0 = 1$

$(a+b)^1 = a + b$

$(a+b)^2 = a^2 + 2ab + b^2$

$(a+b)^3 = a^3 + 3a^2b + 3\,ab^2 + b^3$

$(a+b)^4 = a^4 + 4a^3b + 6a^2b^2 + 4ab^3 + b^4$

Binomialkoeffizienten

1

1 1

1 2 1

1 3 3 1

1 4 6 4 1

pascalsches Zahlendreieck

Permutationen; Variationen; Kombinationen

$n, k \in \mathbb{N}^*;\ \alpha_i \in \mathbb{N}^*\ (i = 1, 2, \ldots)$

Jede mögliche Anordnung von n Elementen, in der alle Elemente verwendet werden, heißt **Permutation** dieser Elemente.

Anzahl der Permutationen

von n verschiedenen Elementen	von n Elementen mit Wiederholung (n Elemente, von denen je $\alpha_1, \alpha_2, \ldots, \alpha_r$ untereinander gleich sind)
$P_n = n!$	$\overline{P}_n = \frac{n!}{\alpha_1! \cdot \alpha_2! \cdot \ldots \cdot \alpha_r!}$ mit $\alpha_1 + \alpha_2 + \ldots + \alpha_r = n$

Jede mögliche Anordnung (**mit** Berücksichtigung der Reihenfolge) aus je k von n Elementen heißt **Variation** dieser Elemente (Variation von n Elementen zur k-ten Klasse).

Anzahl der Variationen k-ter Klasse

von n verschiedenen Elementen *ohne* Wiederholung	von n verschiedenen Elementen *mit* Wiederholung
$V_n^k = \frac{n!}{(n-k)!} = \binom{n}{k} k!$	$\overline{V}_n^k = n^k$

Jede mögliche Anordnung (**ohne** Berücksichtigung der Reihenfolge) aus je k von n Elementen heißt **Kombination** dieser Elemente (Kombination von n Elementen zur k-ten Klasse).

Anzahl der Kombinationen k-ter Klasse

von n verschiedenen Elementen *ohne* Wiederholung	von n verschiedenen Elementen *mit* Wiederholung
$C_n^k = \binom{n}{k}$	$\overline{C}_n^k = \binom{n+k-1}{k}$

Statistik

Lage- und Streumaße statistischer Untersuchungen

Modalwert (Modus)	häufigster Wert unter den Ergebnissen einer Stichprobe
Mittelwert (arithmetisches Mittel) $\overline{x}$	Für eine Stichprobe vom Umfang n aus einer Grundgesamtheit gilt: $\overline{x} = \frac{x_1 + x_2 + \ldots + x_n}{n} = \frac{1}{n}\sum_{i=1}^{n} x_i$ (S. 23)
Zentralwert (Median) z	In der Mitte stehender Wert der nach der Größe geordneten Ergebnisse einer Stichprobe (gegebenenfalls Mittelwert der zwei in der Mitte stehenden Ergebnisse).
Spannweite (Streu- oder Variationsbreite) R	Differenz zwischen größtem und kleinstem Ergebnis einer Stichprobe $R = x_{Max} - x_{Min}$
mittlere Abweichung vom Zentralwert z bei einer Stichprobe vom Umfang n	$\frac{1}{n}(\lvert x_1 - z\rvert + \lvert x_2 - z\rvert + \ldots + \lvert x_n - z\rvert) = \frac{1}{n}\sum_{i=1}^{n}(\lvert x_i - z\rvert)$
Varianz s^2, Standardabweichung s	$s^2 = \frac{1}{n-1}\sum_{i=1}^{n}(x_i - \overline{x})^2 \quad (s \geq 0)$
Erwartungswert μ und Varianz σ^2 bei Grundgesamtheiten vom Umfang N mit den Einzelwerten $x_1, x_2, \ldots, x_N$	$\mu = \frac{1}{N}\sum_{i=1}^{N} x_i$ $\quad \sigma^2 = \frac{1}{N}\sum_{i=1}^{N}(x_i - \mu)^2 \quad (\sigma \geq 0)$

Korrelationskoeffizient und Regressionsgerade

Nenner $\neq 0$

Der Grad des Zusammenhangs der Zufallsgrößen X und Y, für die n Paare von Einzelwerten x_i, y_i vorliegen, wird durch den **Korrelationskoeffizienten** r_{xy} beschrieben.

$$r_{xy} = \frac{\sum_{i=1}^{n}(x_i - \overline{x})(y_i - \overline{y})}{\sqrt{\sum_{i=1}^{n}(x_i - \overline{x})^2 \cdot \sum_{i=1}^{n}(y_i - \overline{y})^2}} = \frac{\sum_{i=1}^{n} x_i y_i - \frac{1}{n}\sum_{i=1}^{n} x_i \sum_{i=1}^{n} y_i}{\sqrt{\sum_{i=1}^{n} x_i^2 - \frac{1}{n}\left(\sum_{i=1}^{n} x_i\right)^2} \cdot \sqrt{\sum_{i=1}^{n} y_i^2 - \frac{1}{n}\left(\sum_{i=1}^{n} y_i\right)^2}}$$

Gleichung der zur Vorhersage von y-Werten dienenden **Regressionsgeraden**

$$y - \overline{y} = \frac{r_{xy} s_y}{s_x}(x - \overline{x})$$

$\overline{x}, \overline{y}$ Mittelwerte von x_i bzw. y_i

s_x, s_y Standardabweichungen von x_i bzw. y

Wahrscheinlichkeitsrechnung

Grundlegende Begriffe

Zufallsversuch	Versuch mit mehreren möglichen Ergebnissen $\omega_1, \omega_2, ..., \omega_n$
Ergebnismenge (Stichprobenraum) Ω	Menge aller möglichen Ergebnisse $\Omega = \{\omega_1, \omega_2, ..., \omega_n\}$
Ereignis E **sicheres Ereignis** **unmögliches Ereignis** **Elementarereignis {a}** **Gegenereignis** $\bar{E}$	Teilmenge der Ergebnismenge Ω $E \subseteq \Omega$ Ereignis, das bei **jeder** Versuchsdurchführung eintritt Ereignis, das bei **keiner** Versuchsdurchführung eintritt Ereignis mit nur einem Element Komplementärmenge von E (S. 20)
absolute Häufigkeit $H_n(E)$ **des Eintretens von E**	Anzahl des Eintretens von E bei n Versuchsdurchführungen
relative Häufigkeit $h_n(E)$ **des Eintretens von E**	$h_n(E) = \frac{H_n(E)}{n}$

Wahrscheinlichkeit und ihre grundlegenden Eigenschaften

$E, E_1, E_2 \subseteq \Omega$

Bei einer hinreichend großen Anzahl von Versuchen kann die relative Häufigkeit als Zahlenwert für die **Wahrscheinlichkeit** gewählt werden. Der Zahlenwert für die Wahrscheinlichkeit des Ereignisses E wird mit P(E) bezeichnet.

Gleichverteilung (klassische Wahrscheinlichkeit)

Ma 7

Ein Zufallsversuch heißt **LAPLACE-Experiment,** wenn alle Elementarereignisse die gleiche Wahrscheinlichkeit haben.

$$P(E) = \frac{\text{Anzahl der für E günstigen Ergebnisse}}{\text{Anzahl der möglichen Ergebnisse}}$$

Regeln und Sätze für das Rechnen mit Wahrscheinlichkeiten

(1)	$0 \leq P(E) \leq 1$	
(2)	$\{a_1, a_2, ..., a_k\} \subseteq \Omega \Rightarrow$ $P(\{a_1, a_2, ..., a_k\}) = P(\{a_1\}) + P(\{a_2\}) + ... + P(\{a_k\})$	Summenregel
(3)	$P(\Omega) = 1$	Wahrscheinlichkeit des sicheren Ereignisses
(4)	$P(\varnothing) = 0$	Wahrscheinlichkeit des unmöglichen Ereignisses
(5)	$P(\bar{E}) = 1 - P(E)$	Wahrscheinlichkeit des Gegenereignisses
(6)	$E_1 \subseteq E_2 \Rightarrow P(E_1) \leq P(E_2)$	
(7)	$P(E_1 \cup E_2) = P(E_1) + P(E_2) - P(E_1 \cap E_2)$	Additionssatz für zwei Ereignisse

Zusammengesetzte Versuche; bedingte Wahrscheinlichkeit

$A, B, E_i, F_i \subseteq \Omega$

n-stufiger Versuch	Zusammenfassung von n (Teil-)Versuchen zu einem Versuch
unabhängige Ereignisse	Das Eintreten des einen Ereignisses hat keinen Einfluss auf das Eintreten des anderen.
bedingte Wahrscheinlichkeit $P_B(A)$	Wahrscheinlichkeit des Ereignisses A unter der Voraussetzung, dass B mit einer bestimmten Wahrscheinlichkeit bereits eingetreten ist

Pfadregel

Die Wahrscheinlichkeit für ein Elementarereignis bei einem mehrstufigen Zufallsversuch ist gleich dem Produkt der Wahrscheinlichkeiten längs des zugehörigen Pfades im Baumdiagramm.

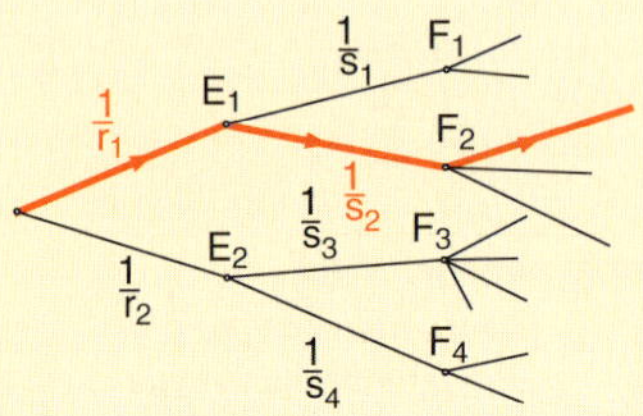

$$P(E_1F_2...) = \frac{1}{r_1} \cdot \frac{1}{s_2} \cdot ...$$

Bedingte Wahrscheinlichkeit	
Definition	$P_B(A) = \frac{P(A \cap B)}{P(B)}$, falls $P(B) > 0$
Multiplikationssatz	$P(A \cap B) = P(B) \cdot P_B(A) = P(A) \cdot P_A(B)$, falls $P(B)$ bzw. $P(A) > 0$ Für unabhängige Ereignisse A, B gilt: $P_B(A) = P(A)$ und $P_A(B) = P(B) \quad \Rightarrow \quad P(A \cap B) = P(A) \cdot P(B)$

Zufallsgrößen und ihre Verteilung

Zufallsgröße X	Größe, die bei verschiedenen, unter gleichen Bedingungen durchgeführten Versuchen verschiedene Werte $x_1, x_2, \ldots$ annehmen kann
diskrete Zufallsgröße	X kann in einem Intervall nur endlich viele Werte annehmen.
stetige Zufallsgröße	X kann in einem Intervall beliebig viele Werte annehmen.
Verteilung (Verteilungsgesetz) einer Zufallsgröße	Charakterisierung der Zufallsgröße durch die Werte, die sie annehmen kann, sowie deren Wahrscheinlichkeiten
zu erwartender Mittelwert (Erwartungswert) und Streuung	
Erwartungswert einer diskreten Zufallsgröße	$\mu = \sum_{i=1}^{n} x_i p_i$ x_i Werte der Zufallsgröße p_i Wahrscheinlichkeit von $X = x_i$
Erwartungswert einer stetigen Zufallsgröße	$\mu = \int_{-\infty}^{\infty} x \cdot f(x)\,dx$ f Dichtefunktion (Wahrscheinlichkeitsdichte)
Varianz einer diskreten Zufallsgröße	$V(X) = \sigma^2 = \sum_{i=1}^{n} (x_i - \mu)^2 p_i$
Standardabweichung	$\sigma = \sqrt{V(X)}$

Spezielle Verteilungen

diskrete Gleichverteilung der Zufallsgröße X	Es gibt n verschiedene Stellen $x_1, \ldots, x_n$ mit $P(X = x_i) = \frac{1}{n}$ $(i = 1, 2, \ldots, n)$ und $P(X = x) = 0$, falls $x \neq x_i$.
hypergeometrische Verteilung	$P(X = k) = \frac{\binom{M}{k} \cdot \binom{N-M}{n-k}}{\binom{N}{n}}$ (N, M, n Parameter) Interpretation: Ziehen aus einer Urne (mit weißen u. schwarzen Kugeln) ohne Zurücklegen N Anzahl der Kugeln in der Urne M Anzahl der weißen Kugeln in der Urne n Anzahl der gezogenen Kugeln k Anzahl der gezogenen weißen Kugeln
Binomialverteilung (bernoullische oder newtonsche Verteilung)	$b(n; p; k) = P(X = k) = \binom{n}{k} \cdot p^k (1-p)^{n-k}$ (n, p Parameter) Interpretation: Ziehen aus einer Urne (mit weißen u. schwarzen Kugeln) mit Zurücklegen n Anzahl der gezogenen Kugeln p Anteil der weißen Kugeln in der Urne k Anzahl der gezogenen weißen Kugeln Es gilt: $b(n; p; k) = b(n; 1-p; n-k)$
Erwartungswert; Varianz	$\mu = n \cdot p$ $\sigma^2 = n \cdot p(1-p)$

Binomiale Wahrscheinlichkeiten b(n;p;k)

n = 5

k \ p	0,01	0,02	0,05	0,10	0,15	0,20	0,25	0,30	0,35	0,40	0,45	0,50
0	0,951	904	774	590	444	328	237	168	116	078	050	031
1	0,048	092	204	328	392	410	396	360	312	259	206	156
2	0,001	004	021	073	138	205	264	309	336	346	337	313
3			001	008	024	051	088	132	181	230	276	313
4					002	006	015	028	049	077	113	156
5							001	002	005	010	018	031

n = 10

k \ p	0,01	0,02	0,05	0,10	0,15	0,20	0,25	0,30	0,35	0,40	0,45	0,50
0	0,904	817	599	349	197	107	056	028	013	006	003	001
1	0,091	167	315	387	347	268	188	121	072	040	021	010
2	0,004	015	075	194	276	302	282	233	176	121	076	044
3		001	010	057	130	201	250	267	252	215	166	117
4			001	011	040	088	146	200	238	251	238	205
5				001	008	026	058	103	154	201	234	246
6					001	006	016	037	069	111	160	205
7						001	003	009	021	042	075	117
8								001	004	011	023	044
9									001	002	004	010
10												001

n = 50

k \ p	0,01	0,02	0,05	0,10	0,15	0,20	0,25	0,30	0,35	0,40	0,45	0,50
0	0,605	364	077	005								
1	0,306	372	202	029	003							
2	0,076	186	261	078	011	001						
3	0,012	061	220	139	032	004						
4	0,001	015	136	181	066	013	002					
5		003	066	185	107	030	005	001				
6			026	154	142	055	012	002				
7			009	108	157	087	026	005	001			
8			002	064	149	117	046	011	002			
9			001	033	123	136	072	022	004	001		
10				015	089	140	099	039	009	001		
11				006	057	127	119	060	018	003		
12				002	033	103	129	084	032	008	001	
13				001	017	075	126	105	050	015	003	
14					008	050	111	119	071	026	006	001
15					003	030	089	122	092	042	012	002
16					001	016	065	115	109	061	021	004
17						008	043	098	117	081	034	009
18						004	026	077	116	099	051	016
19						002	015	056	105	111	070	027
20						001	008	037	088	115	089	042
21							004	023	067	109	104	060
22							002	013	048	096	112	079
23							001	007	031	078	112	096
24								003	019	058	103	108
25								001	011	040	087	112
26								001	006	026	069	108
27									003	015	050	096
28									001	008	034	079
29										004	021	060
30										002	012	042
31										001	006	027
32											003	016
33											001	009
34											001	004
35												002
36												001

b(50; 0,2; 6) = 0,055 b(50; 0,6; 32) = b(50; 0,4; 18) = 0,099

Ma7

Ma

Näherungsformeln für die Binomialverteilung

Wenn bei einer Binomialverteilung n sehr groß und p sehr klein ist, gilt die folgende Näherungsformel von **Poisson:**

$B_{n;\,p}(\{k\}) \approx \dfrac{\mu^k \cdot e^{-\mu}}{k!}$ mit $\mu = n \cdot p$

Bei diskreten Zufallsgrößen mit der Eigenschaft $P(X = k) = \dfrac{\mu^k \cdot e^{-\mu}}{k!}$ für $k \in \mathbb{N}$ und $\mu > 0$ spricht man von einer **Poisson-Verteilung.**

Für $\mu = n \cdot p$, $\sigma = \sqrt{n \cdot p \cdot (1-p)}$ und $n \cdot p \cdot (1-p) > 9$ (als Faustregel) gelten die folgenden **Näherungsformeln von Laplace:**

(1) lokale Näherung

$B_{n;\,p}(\{k\}) \approx \dfrac{1}{\sigma} \cdot \varphi\left(\dfrac{k-\mu}{\sigma}\right)$ mit $\varphi(z) = \dfrac{1}{\sqrt{2\pi}} \cdot e^{-\frac{1}{2}z^2}$

Stetige Zufallsgrößen mit der Funktion φ als Dichtefunktion heißen **standardnormalverteilt.**

(2) globale Näherung

$B_{n;\,p}(\{0;\, 1;\, \ldots;\, k\}) \approx \Phi\left(\dfrac{k+0{,}5-\mu}{\sigma}\right)$ mit $\Phi(x) = \int_{-\infty}^{x} \varphi(z)\,dz$

als Stammfunktion von φ

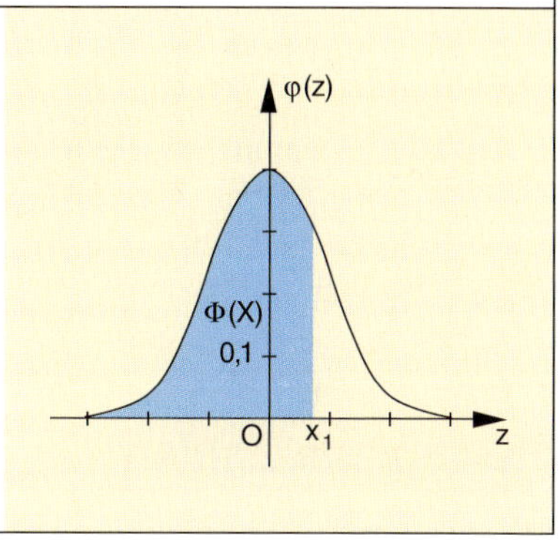

Dichtefunktionswerte φ(x) der Normalverteilung

x	0	1	2	3	4	5	6	7	8	9
0,0	0,399	399	399	399	399	398	398	398	398	397
0,1	0,397	397	396	396	395	394	394	393	393	392
0,2	0,391	390	389	389	388	387	386	385	384	383
0,3	0,381	380	379	378	377	375	374	373	371	370
0,4	0,368	367	365	364	362	361	359	357	356	354
0,5	0,352	350	349	347	345	343	341	339	337	335
0,6	0,333	331	329	327	325	323	321	319	317	314
0,7	0,312	310	308	306	303	301	299	297	294	292
0,8	0,290	287	285	283	280	278	276	273	271	268
0,9	0,266	264	261	259	256	254	252	249	247	244
1,0	0,242	240	237	235	232	230	228	225	223	220
1,1	0,218	215	213	211	208	206	204	201	199	197
1,2	0,194	192	190	187	185	183	180	178	176	174
1,3	0,171	169	167	165	163	160	158	156	154	152
1,4	0,150	148	146	144	141	139	137	135	133	131
1,5	0,130	128	126	124	122	120	118	116	115	113
1,6	0,111	109	107	106	104	102	101	099	097	096
1,7	0,094	092	091	089	088	086	085	083	082	080
1,8	0,079	078	076	075	073	072	071	069	068	067
1,9	0,066	064	063	062	061	060	058	057	056	055
2,0	0,054	053	052	051	050	049	048	047	046	045
2,1	0,044	043	042	041	040	040	039	038	037	036
2,2	0,036	034	034	033	033	032	031	030	030	029
2,3	0,029	027	027	026	026	025	025	024	024	023
2,4	0,022	021	021	021	020	020	019	019	018	018
2,5	0,018	017	017	016	016	016	015	015	014	014
3,0	0,004	004	004	004	004	004	004	004	004	003
3,5	0,001									

$\varphi(x) = \dfrac{1}{\sqrt{2\pi}} \cdot e^{-\frac{1}{2}x^2}$ $\varphi(1{,}24) = 0{,}185$ $\varphi(-x) = \varphi(x)$

Funktionswerte $\Phi(x)$

x	Φ (x)	x	Φ (x)	x	Φ (x)	x	Φ (x)
0,0	0,5000	1,0	0,8413	2,0	0,9772	3,0	0,9987
0,1	0,5398	1,1	0,8643	2,1	0,9821	3,1	0,9990
0,2	0,5793	1,2	0,8849	2,2	0,9861	3,2	0,9993
0,3	0,6179	1,3	0,9032	2,3	0,9893	3,3	0,9995
0,4	0,6555	1,4	0,9192	2,4	0,9918	3,4	0,9997
0,5	0,6915	1,5	0,9332	2,5	0,9938	3,5	0,9998
0,6	0,7258	1,6	0,9452	2,6	0,9953	3,6	0,9998
0,7	0,7580	1,7	0,9554	2,7	0,9965	3,7	0,9999
0,8	0,7881	1,8	0,9641	2,8	0,9974	3,8	0,9999
0,9	0,8159	1,9	0,9713	2,9	0,9981		

$\Phi(X) = \int_{-\infty}^{x} \varphi(z)\,dz$ $\Phi(1{,}2) = 0{,}8849$ $\Phi(-x) = 1 - \Phi(x)$

Komplexe Zahlen

Nenner $\neq 0$

Normalform

$\mathbb{C} = \{z | z = a + bi;\ a, b \in \mathbb{R} \wedge i^2 = -1\}$

i … imaginäre Einheit
a … Realteil von z
b … Imaginärteil von z

$z = a + bi$ und $\bar{z} = a - bi$
(zueinander) konjugiert komplexe Zahlen

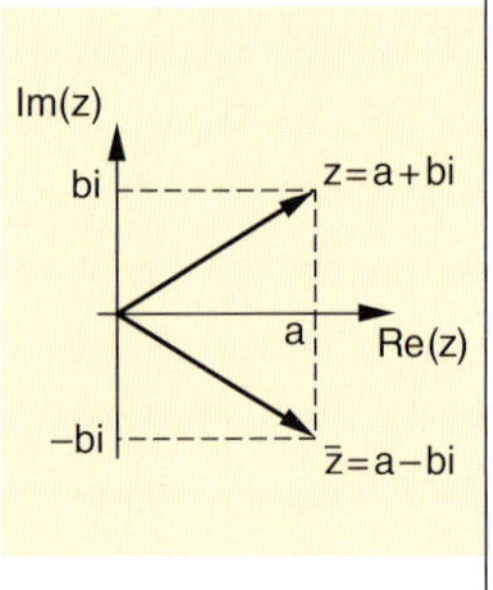

Rechenregeln

für $z_1 = a_1 + b_1 i$ und $z_2 = a_2 + b_2 i$

$z_1 \pm z_2 = (a_1 \pm a_2) + (b_1 \pm b_2)i$

$z_1 \cdot z_2 = (a_1 a_2 - b_1 b_2) + (a_1 b_2 + a_2 b_1)i$

$$\frac{z_1}{z_2} = \frac{z_1 \cdot \bar{z}_2}{z_2 \cdot \bar{z}_2} = \frac{a_1 a_2 + b_1 b_2 + (a_2 b_1 - a_1 b_2)i}{a_2^2 + b_2^2} \quad z_2 \neq 0 + 0 \cdot i$$

$z^2 = a^2 + 2abi - b^2$

$z^3 = a^3 + 3a^2bi - 3ab^2 - b^3i$

$z^4 = a^4 + 4a^3bi - 6a^2b^2 - 4ab^3i + b^4$ usw.

$(i^{4n} = 1,\ i^{4n+1} = i,\ i^{4n+2} = -1,\ i^{4n+3} = -i$ für $n \in \mathbb{Z})$

Polarform

$\mathbb{C} = \{z | z = r(\cos\varphi + i\sin\varphi);\ r \in \mathbb{R} \wedge r \geq 0 \wedge 0 \leq \varphi < 2\pi \wedge i^2 = -1\}$

i … imaginäre Einheit
r … Betrag von z (|z|)
φ … Argument von z

Zusammenhänge:

$r = \sqrt{a^2 + b^2}$ $\tan\varphi = \frac{b}{a}$

$\cos\varphi = \frac{a}{r}$ $\sin\varphi = \frac{b}{r}$

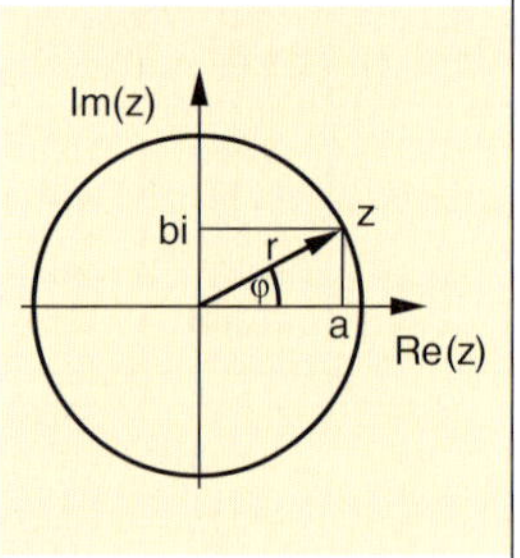

Rechenregeln

für $z_1 = r_1(\cos\varphi_1 + i\sin\varphi_1)$ und $z_2 = r_2(\cos\varphi_2 + i\sin\varphi_2)$

$z_1 \pm z_2 = (r_1\cos\varphi_1 \pm r_2\cos\varphi_2) + (r_1\sin\varphi_1 \pm r_2\sin\varphi_2)i$

$z_1 \cdot z_2 = r_1 \cdot r_2[\cos(\varphi_1 + \varphi_2) + i\sin(\varphi_1 + \varphi_2)]$

$$\frac{z_1}{z_2} = \frac{r_1}{r_2}[\cos(\varphi_1 - \varphi_2) + i\sin(\varphi_1 - \varphi_2)] \quad z_2 \neq 0 + 0 \cdot i$$

$z^n = r^n(\cos n\varphi + i\sin n\varphi)$ $n \in \mathbb{Z}$, Satz von Moivre

$$\sqrt[n]{z} = \sqrt[n]{r}\left(\cos\frac{\varphi + 2k\pi}{n} + i\sin\frac{\varphi + 2k\pi}{n}\right)$$

$n \in \mathbb{N}^*,\ k \in \{0; 1; 2; \dots; (n-1)\}$

$\overline{z + w} = \bar{z} + \bar{w}$ $\overline{z \cdot w} = \bar{z} \cdot \bar{w}$ $z + \bar{z} = 2a$ $z - \bar{z} = 2bi$ $z \cdot \bar{z} = a^2 + b^2 = |z|^2 = r^2$

Exponentialform

$\mathbb{C} = \{z | z = r \cdot e^{i\varphi};\ e^{i\varphi} = \cos\varphi + i\sin\varphi \wedge r \in \mathbb{R} \wedge r \geq 0 \wedge 0 \leq \varphi < 2\pi \wedge i^2 = -1\}$

Rechenregeln für $z_1 = r_1 \cdot e^{i\varphi_1}$ und $z_2 = r_2 \cdot e^{i\varphi_2}$

$z_1 \cdot z_2 = r_1 \cdot r_2 e^{i(\varphi_1 + \varphi_2)}$ $\frac{z_1}{z_2} = \frac{r_1}{r_2} e^{i(\varphi_1 - \varphi_2)}$ $z_2 \neq 0 + 0 \cdot i$

$z^n = r^n e^{in\varphi}$ $n \in \mathbb{Z}$ $e^{-i\varphi} = \cos\varphi - i\sin\varphi$

$e^z = e^{a+bi} = e^a \cdot e^{bi} = e^a(\cos b + i\sin b)$ $e^{iz} = \cos z + i\sin z$

Datendarstellung

Dualsystem (Zweiersystem, dyadisches System, binäres System)

Grundziffern: 0, I **Stellenwert:** Potenzen von 2 **Kennzeichnung:** b

Darstellungsform: $b_m b_{m-1} \ldots b_0, b_{-1}\, b_{-2} \ldots b_{-n} = \sum_{i=-n}^{m} b_i \cdot 2^i$ $m, n \in \mathbb{N}$ $b_i \in \{0; 1\}$

Anwendung: $I0I0I,IIb = 1 \cdot 2^4 + 0 \cdot 2^3 + 1 \cdot 2^2 + 0 \cdot 2^1 + 1 \cdot 2^0 + 1 \cdot 2^{-1} + 1 \cdot 2^{-2} = 16+0+4+0+1+0{,}5+0{,}25 = 21{,}75$

Addition	Grundaufgaben: 0 + 0 = 0 0 + I = I + 0 = I I + I = I 0	I I I I b + I 0 0 I I b = I 0 0 0 I 0 b 15 + 19 = 34
Komplementdarstellung (für negative ganze Zahlen)	$-Z = \neg Z + 1$ Z positive Dualzahl, $\neg$ bitweise Negation ($-Z$ wird als Differenz $2^n - Z$ dargestellt)	$Z = 55 = 00II0III\,b$ $n = 8$ $\neg Z = II00I000\,b$ $-Z = \neg Z + 1 = II00I00I\,b = 201 = 2^8 - 55$
Subtraktion	– entspricht der Addition des Komplements – der Übertrag der ersten Ziffer wird gestrichen	85 − 55 = 30 0I0I0I0I b − 00II0III b = 0I0I0I0I b + II00I00I b = 000IIII0 b
Multiplikation	Grundaufgaben: 0 · 0 = 0 0 · I = I · 0 = 0 I · I = I	I0II0 · II I0II0 I0II0 I0000I0 22 · 3 = 66

Einheiten der Datendarstellung

Bit	kleinste Einheit der Datendarstellung; kann zwei mögliche Werte annehmen (0/I, O/L, falsch/wahr, nein/ja, Schalter geöffnet/Schalter geschlossen, Strom fließt nicht/Strom fliesst; in der Technik auch L/H)
Byte	Zusammenfassung von 8 Bit zu einem Zeichen; dadurch können $2^8 = 256$ verschiedene Zeichen dargestellt werden. Jedes Byte kann in zwei Tetraden zerlegt werden, die jeweils durch eine Hexadezimalziffer codiert werden können. *Beispiel:* 26 = 000I | I0I0 b = 1A Auch Maßeinheit der Speicherkapazität: 1 KByte = 2^{10} Byte = 1024 Byte 1 MByte = 2^{20} Byte = 1048576 Byte
Word	Bitfolge der Länge 16; kann 16-stellige Dualzahlen codieren, nämlich die Zahlen von 0 = 0000000000000000b bis 65535 = IIIIIIIIIIIIIIIIb oder die Zahlen von -2^{15} bis $2^{15}-1$

Hexadezimalsystem

Grundziffern: 0, 1, 2, 3, 4, 5, 6, 7, 8, 9, A, B, C, D, E, F **Stellenwert:** Potenzen von 16 **Kennzeichnung:** h

Darstellungsform: $h_m h_{m-1} \ldots h_0, h_{-1}\, h_{-2} \ldots h_{-n} = \sum_{i=-n}^{m} h_i \cdot 16^i$ $m, n \in \mathbb{N}$ $h \in \{0; 1; \ldots; 9; A; B; \ldots; F\}$

Anwendung: $14E{,}2\,h = 1 \cdot 16^2 + 4 \cdot 16^1 + 14 \cdot 16^0 + 2 \cdot 16^{-1} = 256 + 64 + 14 + 0{,}125 = 334{,}125$

Vergleich: Dezimalzahlen (z), Dualzahlen (Bitmuster, b), Hexadezimalzahlen (h)

z	b	h	z	b	h	z	b	h	z	b	h
0	00000000	00	10	0000I0I0	0A	20	000I0I00	14	30	000IIII0	1E
1	0000000I	01	11	0000I0II	0B	21	000I0I0I	15	31	000IIIII	1F
2	000000I0	02	12	0000II00	0C	22	000I0II0	16	32	00I00000	20
3	000000II	03	13	0000II0I	0D	23	000I0III	17	55	00II0III	37
4	00000I00	04	14	0000III0	0E	24	000II000	18	85	0I0I0I0I	55
5	00000I0I	05	15	0000IIII	0F	25	000II00I	19	99	0II000II	63
6	00000II0	06	16	000I0000	10	26	000II0I0	1A	100	0II00I00	64
7	00000III	07	17	000I000I	11	27	000II0II	1B	127	0IIIIIII	7F
8	0000I000	08	18	000I00I0	12	28	000III00	1C	128	I0000000	80
9	0000I00I	09	19	000I00II	13	29	000III0I	1D	255	IIIIIIII	FF

ASCII-Zeichen (erweiterter Code)

ASCII (**A**merican **S**tandard **C**ode for **I**nformation **I**nterchange)

dez dezimaler Wert

DOS Die Zeichen erhält man unter DOS folgendermaßen: ALT-Taste gedrückt halten und auf dem Ziffernblock der Tastatur den Dezimalwert eingeben, der dem gewünschten Zeichen entspricht (Code-Tabelle 850).

Win Die Zeichen erhält man unter Windows folgendermaßen: ALT-Taste gedrückt halten und auf dem Ziffernblock der Tastatur 0 und den Dezimalwert eingeben, der dem gewünschten Zeichen entspricht.

dez	DOS	Win	dez	DOS	Win	dez	DOS	Win	dez	DOS	Win	dez	DOS	Win	dez	DOS	Win	dez	DOS	Win	dez	DOS	Win
			60	<	<	90	Z	Z	120	x	x	150	û	–	180	┤	´	210	Ê	Ò	240	-	ð
			61	=	=	91	[	[	121	y	y	151	ù	—	181	Á	µ	211	Ë	Ó	241	±	ñ
32			62	>	>	92	\	\	122	z	z	152	ÿ	˜	182	Â	¶	212	È	Ô	242	=	ò
33	!	!	63	?	?	93	]	]	123	{	{	153	Ö	™	183	À	·	213	ı	Õ	243	¾	ó
34	"	"	64	@	@	94	^	^	124	|	|	154	Ü	š	184	©	¸	214	Í	Ö	244	¶	ô
35	#	#	65	A	A	95	_	_	125	}	}	155	ø	›	185	╣	1	215	Î	×	245	§	õ
36	$	$	66	B	B	96	`	`	126	~	~	156	£	œ	186	║	°	216	Ï	Ø	246	÷	ö
37	%	%	67	C	C	97	a	a	127	⌂		157	Ø		187	╗	»	217	┘	Ù	247	¸	÷
38	&	&	68	D	D	98	b	b	128	Ç		158	×		188	╝	¼	218	┌	Ú	248	°	ø
39	'	'	69	E	E	99	c	c	129	ü		159	ƒ	Ÿ	189	¢	½	219	█	Û	249	¨	ù
40	(	(	70	F	F	100	d	d	130	é	‚	160	á		190	¥	¾	220	▄	Ü	250	·	ú
41	)	)	71	G	G	101	e	e	131	â	ƒ	161	í	¡	191	┐	¿	221	¦	Ý	251	1	û
42	*	*	72	H	H	102	f	f	132	ä	„	162	ó	¢	192	└	À	222	Ì	Þ	252	3	ü
43	+	+	73	I	I	103	g	g	133	à	…	163	ú	£	193	┴	Á	223	▀	ß	253	2	Ý
44	,	,	74	J	J	104	h	h	134	å	†	164	ñ		194	┬	Â	224	Ó	à	254	■	þ
45	–	–	75	K	K	105	i	i	135	ç	‡	165	Ñ	¥	195	├	Ã	225	β	á	255		ÿ
46	.	.	76	L	L	106	j	j	136	ê	^	166	ª	¦	196	─	Ä	226	Ô	â			
47	/	/	77	M	M	107	k	k	137	ë	‰	167	º	§	197	┼	Å	227	Ò	ã			
48	0	0	78	N	N	108	l	l	138	è	Š	168	¿	¨	198	ã	Æ	228	õ	ä			
49	1	1	79	O	O	109	m	m	139	ï	‹	169	®	©	199	Ã	Ç	229	Õ	å			
50	2	2	80	P	P	110	n	n	140	î	Œ	170	¬	ª	200	╚	È	230	µ	æ			
51	3	3	81	Q	Q	111	o	o	141	ì		171	½	«	201	╔	É	231	þ	ç			
52	4	4	82	R	R	112	p	p	142	Ä		172	¼	¬	202	╩	Ê	232	Þ	è			
53	5	5	83	S	S	113	q	q	143	Å		173	¡	-	203	╦	Ë	233	Ú	é			
54	6	6	84	T	T	114	r	r	144	É		174	«	®	204	╠	Ì	234	Û	ê			
55	7	7	85	U	U	115	s	s	145	æ	‘	175	»	¯	205	═	Í	235	Ù	ë			
56	8	8	86	V	V	116	t	t	146	Æ	’	176	░	°	206	╬	Î	236	ý	ì			
57	9	9	87	W	W	117	u	u	147	ô	“	177	▒	±	207		Ï	237	Ý	í			
58	:	:	88	X	X	118	v	v	148	ö	”	178	▓	2	208	ð	Đ	238	¯	î			
59	;	;	89	Y	Y	119	w	w	149	ò	•	179	│	3	209	Đ	Ñ	239	´	ï			

Die ersten 32 Zeichen (0 bis 31) sind im Allgemeinen für die Steuerung reserviert. Das Zeichen mit dem dezimalen Wert 32 ist das Leerzeichen.

Inf

Datentypen

Datentyp	Bedeutung	Beispiele für konkrete Werte	mögliche Operationen, Relationen und Funktionen
integer	ganze Zahlen (im Allgemeinen aus $[-2^{15}; 2^{15}-1]$)	–101 0 5 –66 3000	+, –, * (Mult.), div (ganzzahlige Division), mod (Rest bei div), abs (Absolutbetrag), Vergleichsrelationen
real	rationale Näherungswerte für reelle Zahlen Da der Computer nur endlich lange Zahlenwerte verarbeiten kann, sind die Zahlen ungleichmäßig verteilt.	–26,53 0,03 5 102,5 –666,6 99 22,5E20 ($22{,}5 \cdot 10^{20}$) Ein Computer rechne auf 6 Stellen genau . ⇒ In [0; 1[liegen 1 Mio Zahlen, in [999998; 999999[liegt nur eine Zahl, nämlich 999998.	+, –, *, / (Division), Vergleichsrelationen (<, >, ≤, ≥, =, ≠), verschiedene mathematische Funktionen wie sqrt (Quadratwurzel), sin, ln, ... Die üblichen Rechengesetze (Assoziativgesetz, Distributivgesetz) gelten in der Menge der Computerzahlen nicht, was in Einzelfällen zu großen Rechenungenauigkeiten führen kann.
boolean (logical)	logische Werte	wahr falsch (true) (false)	NOT (nicht, ¬), AND (und, ∧), OR (oder, ∨), IMPL (folgt, ⇒)
char (character)	Zeichen (Ziffern, Buchstaben, Sonderzeichen, Grafiksymbole)	9 0 S c Y [Ø " Æ	ord (ordnet dem Zeichenwert die entsprechende ASCII-Codezahl zu),chr (ordnet der Codezahl das entsprechende Zeichen zu)
string	Zeichenkette	Otto ee A1 1234+ 12623 Berlin	verschiedene Funktionen zur Aneinanderreihung, Wiederholung, Aussonderung, Suche und Längenbestimmung, Vergleichsrelationen

Datenstrukturen

Datenstruktur	Konstruktion und Bedeutung	Beispiele
Feld (array)	Zusammenfassung von Daten gleichen Typs (den Feldelementen) – in einer Reihe (eindimensionales Feld) – in Reihen und Spalten (z. B. zweidimensionales Feld) Jedes Feldelement ist durch Ordnungszahlen (*Indizes*) eindeutig festgelegt. Bei zweidimensionalen Feldern besitzt jedes Element zwei Indizes, bei dreidimensionalen Feldern drei usw.	– Namensliste – Parameter eines Gleichungssystems (als Matrix dargestellt) – Stichprobe
Verbund (record)	Zusammenfassung von Daten unterschiedlichen Typs Bei der Datenstruktur Verbund spricht man auch von einem **Datensatz** (z.B. Angaben zu einer Person), der aus einzelnen **Datenfeldern** (z.B. Name, PLZ, Wohnort, Straße, Telefon) besteht.	– Zusammenfassung von Warenbezeichnungen und Zahlen zu einer Preisliste – Personalien
File	sequentielle (aufeinander folgende) Zusammenfassung von Daten gleichen Typs Ein File kann ständig erweitert werden (dynamische Datenstruktur) und wird unter einem Namen auf Datenträgern abgespeichert.	– Namensliste – Zahlenfolge – Messreihe
Baum	Die betrachteten Daten stehen nicht auf gleichem Niveau, es gibt über- und untergeordnete Daten. Jedes Datum auf einem gegebenen Niveau ist genau einem Datum von unmittelbar höherem Niveau unterstellt. Jedes Datum kann auf mehrere Daten des nächstniedrigeren Niveaus Bezug nehmen. Es gibt genau ein Datum, das keinen Vorgänger hat. 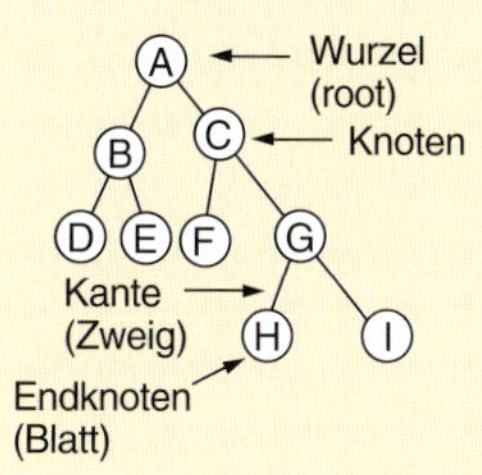	– Generationsfolge einer Familie – baumartige Einteilung der Tierwelt – Notation von aufeinander folgenden möglichen Antworten zum Lösen eines Problems, die nur „ja“ oder „nein“ lauten können („**binärer Baum**“)

Algorithmik

Algorithmenstrukturen

a, a_1, a_2, a_n Anweisungen; b Bedingung erfüllt

Name		Darstellungsform		
		verbal formalisiert	**grafisch (Struktogramm)**	**in einer Programmiersprache (PASCAL)**

Folge (Verbundanweisung)		Anweisung 1
		Anweisung 2
		...
		Anweisung n
			Anweisung 1
			Anweisung 2
			...
			Anweisung n
				BEGIN
				Anweisung 1;
				...
				END;

einseitige Auswahl		WENN Bedingung, DANN Anweisung	ja b nein a ./.	IF Bedingung THEN Anweisung;
zweiseitige Auswahl (Alternative)		WENN Bedingung, DANN Anweisung 1 SONST Anweisung 2	ja b nein a_1 a_2	IF Bedingung THEN Anweisung 1 ELSE Anweisung 2;
mehrseitige Auswahl (Fallunterscheidung)		FALLS Selektor= 1: Anweisung 1 ... n: Anweisung n ENDE	1 2 Falls s = n a_1 a_2 ... a_n	CASE Selektor OF 1: Anweisung 1; ... n: Anweisung n; END;
Wiederholung mit vorangestelltem Test (mit Eingangsbedingung)		SOLANGE b, FÜHRE Anweisungen AUS	Solange b tue a	WHILE Bedingung DO Anweisung oder Verbund;
Wiederholung mit nachgestelltem Test (mit Abbruchbedingung)		WIEDERHOLE Anweisungen BIS b	Wiederhole a bis b	REPEAT Anweisungen UNTIL b;
gezählte Wiederholung (Zählschleife)		FÜR i: = anfw BIS endw (mit SCHRITTWEITE s) FÜHRE Anweisungen AUS	Für i = anfw bis endw tue a	FOR i := anfw TO endw DO Anweisung oder Verbund; (für TO auch DOWNTO)

Unteralgorithmus (Prozedur)	**Vereinbarung**	(UNTERALG. Name)
		(Vereinbarungen zu Daten)
		BEGINN
		Anweisungen
		ENDE
			(UA-Name)
			(Vereinbarungen)
			Beginn
			Anweisungen
			Ende
				PROCEDURE Bezeichner;
				Deklarationsteil;
				BEGIN
				Anweisungen
				END;

	Aufruf	RUFE Unteralgorithmus-Name	Rufe UA-Name	Prozedurbezeichner

Effizienz von Sortieralgorithmen

n Anzahl der zu sortierenden Elemente, $n \in \mathbb{N}$;
A(n) Anzahl der Vergleiche, Aufwand

	Sortieren durch Auswahl (Minimumsort)	**Sortieren durch Austausch (Ripplesort, Bubblesort)**	**schnelles Sortieren (Quicksort)**
Kurzbeschreibung	Aus einer Liste wird das kleinste Element herausgesucht und an die erste Stelle einer neuen Liste gesetzt. Die Restliste wird wieder nach dem kleinsten Element durchsucht, welches an die zweite Stelle der neuen Liste gesetzt wird usw.	Es werden fortlaufend zwei benachbarte Elemente (oder alle nachfolgenden Elemente mit dem ersten, zweiten, ...) verglichen und gegebenenfalls vertauscht.	Irgendein Element wird als „Trennelement" T genommen und alle anderen Elemente werden davor (wenn sie kleiner oder gleich T sind) bzw. dahinter angeordnet. Mit den jeweils entstehenden Teilmengen wird ebenfalls so verfahren, bis alle Elemente an der richtigen Stelle stehen.
A(n)	$A(n) \sim n^2$	$A(n) \sim n^2$	$A(n) \sim n \cdot \lg n$

Inf

Elektrotechnik/Elektronik

Schaltzeichen

	galvanische Spannungsquelle (Batterie)		Stecker Buchse		Fotowiderstand
	Spannungsquelle		Schalter als Schließer Öffner		Kondensator
	Gleichspannung Wechselspannung		Taster als Schließer Öffner		Elektrolytkondensator
L_1 L_2 L_3 PEN	Drehstromnetz		Glühlampe		Drehkondensator
	Leitung		Glimmlampe		Diode
	Kreuzung von Leitungen ohne Verbindungen		Spule		LED
	Leitungsverzweigung: fest, lösbar		Spule mit Eisenkern		Fotoelement
	Verbindung mit Masse		Transformator		npn-Transistor
	Antenne		Dauermagnet		pnp-Transistor
	Verbindung mit Erde		Widerstand	V	Spannungsmessgerät
	Schutzerdung		stellbarer Widerstand	A	Stromstärkemessgerät
	Schutzisolierung	ϑ	NTC-Widerstand (Heißleiter)		Mikrofon
	Sicherung	ϑ	PTC-Widerstand (Kaltleiter)	M	Wechselstrommotor
	Hörer	G	Generator		Handantrieb
	Lautsprecher	G	Wechselstromgenerator		Nockenantrieb
	Klingel	M	Motor		Kraftantrieb

Logische Verknüpfungen

L low H high		UND (AND) x_1, x_2 – [&] – y	NAND x_1, x_2 – [&]o – y	ODER (OR) x_1, x_2 – [≥1] – y	NOR x_1, x_2 – [≥1]o – y	EXOR Entweder-Oder x_1, x_2 – [=1] – y	NICHT (NEGATOR) x – [1]o – y	
x_1	x_2	y	y	y	y	y	x	y
L	L	L	H	L	H	L	L	H
H	L	L	H	H	L	H		
L	H	L	H	H	L	H		
H	H	H	L	H	L	L	H	L

Internationaler Farbcode für Widerstände der Reihen E6, E12, E24

Farbe	1. Ziffer	2. Ziffer	Multiplikator	Toleranz
Schwarz	0	0	× 1 Ω	–
Braun	1	1	× 10 Ω	± 1 %
Rot	2	2	× 100 Ω	± 2 %
Orange	3	3	× 1000 Ω	–
Gelb	4	4	× 10000 Ω	–
Grün	5	5	× 100000 Ω	–
Blau	6	6	× 1000000 Ω	–
Violett	7	7	–	–
Grau	8	8	–	–
Weiß	9	9	–	–
Gold	–	–	× 0,1 Ω	± 5 %
Silber	–	–	× 0,01 Ω	± 10 %

Beispiel

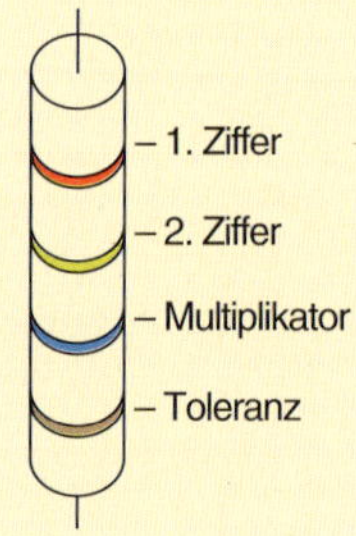

Schaltungen der Elektrotechnik

Ersatzschaltung für einen einfachen Stromkreis

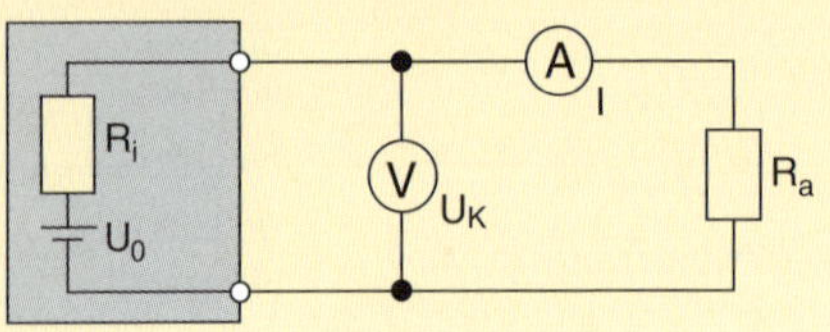

Spannungsquelle (aktiver Zweipol) Außenwiderstand (passiver Zweipol)

Für die Klemmenspannung gilt: $U_K = U_0 - (I \cdot R_i)$

Für die Stromstärke gilt: $I = \frac{U_0}{R_i + R_a}$

- R_i Innenwiderstand der Spannungsquelle
- U_0 Urspannung der Spannungsquelle
- I Stromstärke
- R_a Außenwiderstand
- U_K Klemmenspannung

Leerlauf: $R_a \to \infty$ $I = 0$ $U_K = U_0$

Kurzschluss: $R_a \to 0$

$I = \frac{U_0}{R_i}$ $U_k \to 0$

Anpassung (maximale Leistung): $R_a = R_i$

Spannungsteilerschaltung (Potenziometerschaltung)

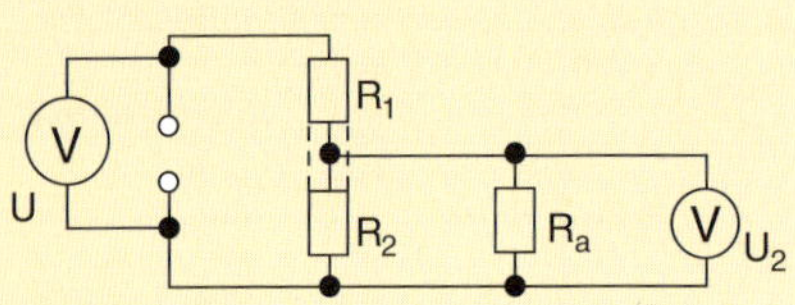

- U Gesamtspannung
- U_2 Teilspannung
- R_1, R_2 Teilwiderstände
- R_a Lastwiderstand

$$\frac{U_2}{U} = \frac{R_2}{R_1 + R_2 + \frac{R_1 \cdot R_2}{R_a}}$$

Brückenschaltung (wheatstonesche Brücke)

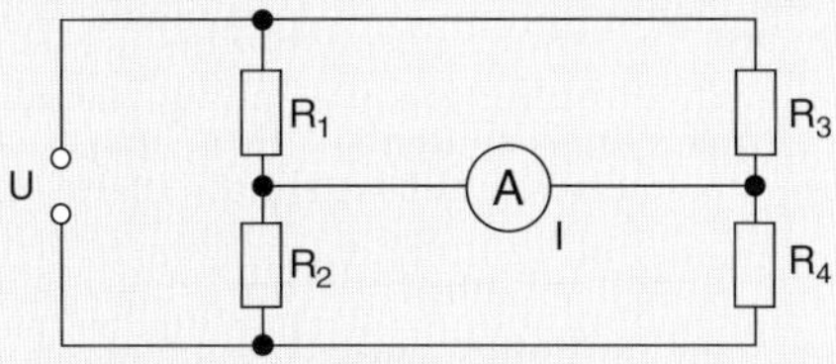

U	Gesamtspannung
I	Stromstärke in der Brücke
R_1, R_2, R_3, R_4	Teilwiderstände

Abgleichbedingung:

$I = 0 \qquad \frac{R_1}{R_2} = \frac{R_3}{R_4}$

Stromrichtige Messschaltung	Spannungsrichtige Messschaltung
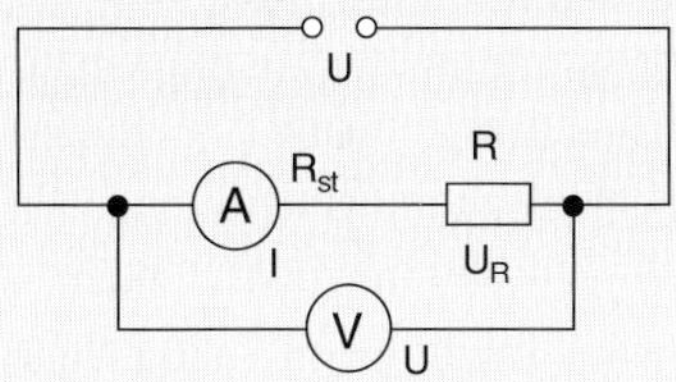	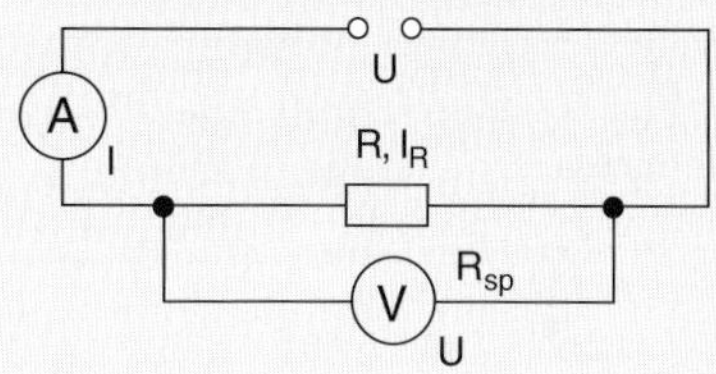
$U_R = U - I \cdot R_{st}$	$I_R = I - \frac{U}{R_{sp}}$
Korrektur nicht erforderlich, wenn $R_{st} \ll R$	Korrektur nicht erforderlich, wenn $R_{sp} \gg R$

Schaltungen eines Drehstromgenerators

Sternschaltung	Dreiecksschaltung
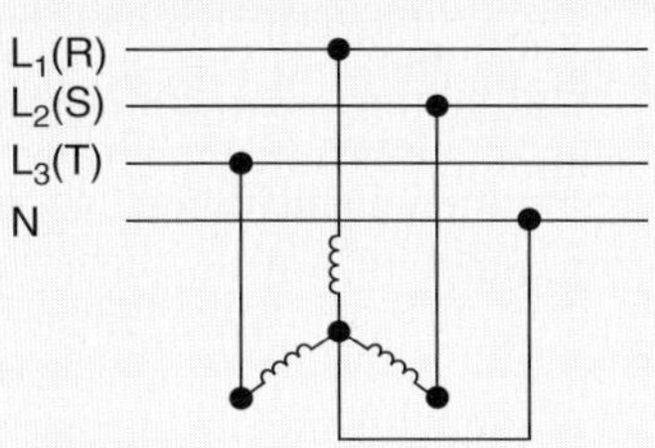	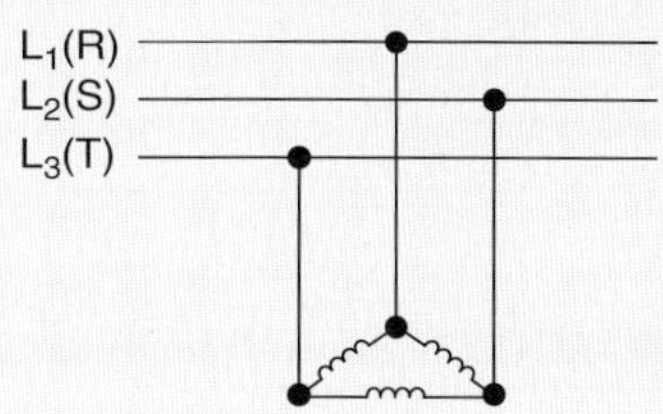
Leiterspannung U_L: $U_L = \sqrt{3} \cdot U_S$	Leiterspannung U_L: $U_L = U_S$
Leiterstromstärke I_L: $I_L = I_S$	Leiterstromstärke I_L: $I_L = \sqrt{3} \cdot I_S$

Transistor (npn-Transistor)

Stromstärke	$I_E = I_B + I_C$	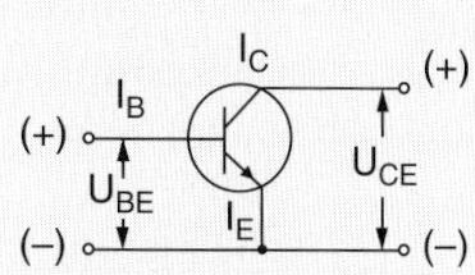
Stromverstärkungsfaktor B	$B = \frac{\Delta I_c}{\Delta I_B}$	I_E Emitterstromstärke I_B Basisstromstärke I_C Kollektorstromstärke U_{BE} Basis-Emitter-Spannung U_{CE} Kollektor-Emitter-Spannung
Verlustleistung P_V	$P_V = I_C \cdot U_{CE}$	

Werkstofftechnik

Anlassfarben von Werkzeugstahl

Anlassfarbe	Weißgelb	Strohgelb	Goldgelb	Gelbbraun	Braunrot	Rot	Purpurrot	Violett	Dunkelblau	Kornblumenblau	Hellblau	Blaugrau	Grau
Temperatur ϑ in °C	200	220	230	240	250	260	270	280	290	300	320	340	360

Glühfarben von Werkzeugstahl

Glühfarbe	Dunkelbraun	Braunrot	Dunkelrot	Dunkelkirschrot	Kirschrot	Hellkirschrot	Hellrot	gut Hellrot	Gelbrot	Hellgelbrot	Gelb	Hellgelb	Gelbweiß
Temperatur ϑ in °C	550	630	680	740	780	810	850	900	950	1000	1100	1200	1300

Maschinentechnik

Übersetzungsverhältnis i	$i = \frac{n_1}{n_2}$	n_1 Drehzahl des antreibenden Rades n_2 Drehzahl des angetriebenen Rades
Zahnradgetriebe	$i = \frac{z_2}{z_1}$	z_1 Zähnezahl des antreibenden Rades z_2 Zähnezahl des angetriebenen Rades
Reibradgetriebe	$i = \frac{d_2}{d_1}$	d_1 Durchmesser des antreibenden Rades d_2 Durchmesser des angetriebenen Rades
Gesamtübersetzung i_{ges}	$i_{ges} = i_1 \cdot i_2 \cdot \ldots \cdot i_n$	

Technisches Zeichnen

Linien

Linienart	Bezeichnung	Liniengruppe I (Linienbreite in mm)	II	III	IV	Verwendung
	breite Volllinie	0,5	0,7	1,0	1,4	Begrenzung von Schnittflächen
	schmale Volllinie	0,265	0,35	0,5	0,7	sichtbare Kanten und Umrisse
	feine Volllinie	0,18	0,25	0,35	0,5	Maßlinien, Maßhilfslinien, Hinweislinien, Bezugslinien, Schraffurlinien
	schmale Strichlinie	0,25	0,35	0,5	0,5	verdeckte Kanten und Umrisse
	breite Strichpunktlinie	0,5	0,7	1,0	1,4	Kennzeichnung des Schnittverlaufs
	feine Strichpunktlinie	0,18	0,25	0,35	0,5	Mittellinien, Adern
	Punktlinie	0,25	0,35	0,5	0,7	Bauteile vor oder über der Schnittebene
	Freihandlinie					Bruchlinien, Skizzierlinien

Stoffkennzeichnende Schraffur

Stoffart	Schraffur	Stoffart	Schraffur	Stoffart	Schraffur
Metall	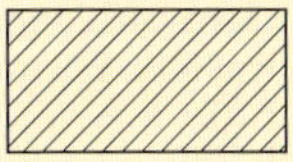	Glas	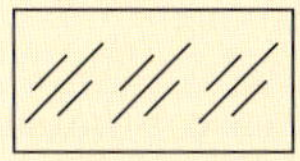	Kunststoff Gummi	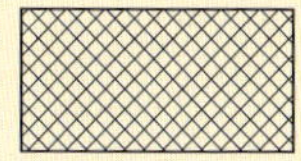
Holz Faser quer	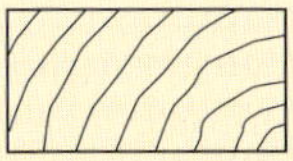	Holz Faser längs	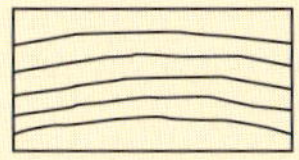	Flüssigkeiten	
Beton	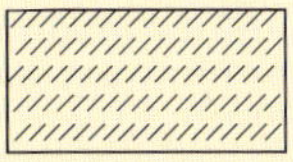	Stahlbeton	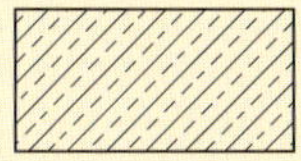	Dämmstoffe	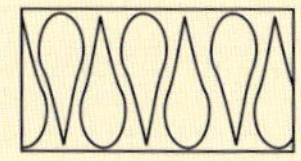
Sand	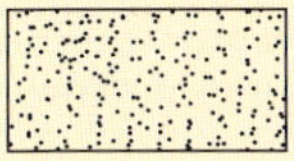	Kies	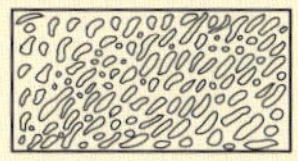	Boden	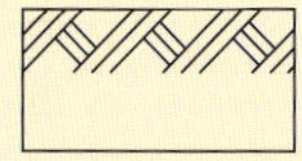
Tür	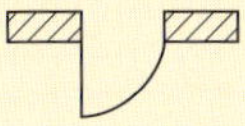	Fenster	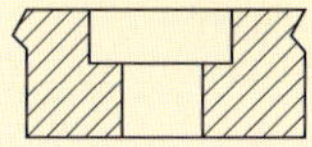	Esse	 oder 

Papierformate

Format	DIN A0	DIN A1	DIN A2	DIN A3	DIN A4	DIN A5	DIN A6
Maße in mm	841 × 1189	594 × 841	420 × 594	297 × 420	210 × 297	148 × 210	105 × 148

Standardisierte Maßstäbe – Auswahl

Vergrößerung	Natur	Verkleinerung
500 : 1 200 : 1 100 : 1 50 : 1 20 : 1 10 : 1 5 : 1 2 : 1	1 : 1	1 : 2 1 : 5 1 : 10 1 : 20 1 : 50 1 : 100 1 : 200 1 : 500

Perspektivische Körperdarstellung

isometrische Projektion (Isometrie)	dimetrische Projektion (Dimetrie)	frontal-dimetrische Projektion (Kavalierperspektive)
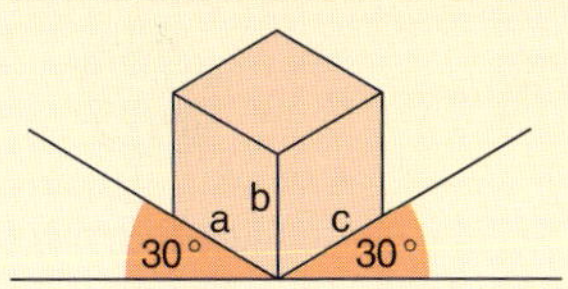	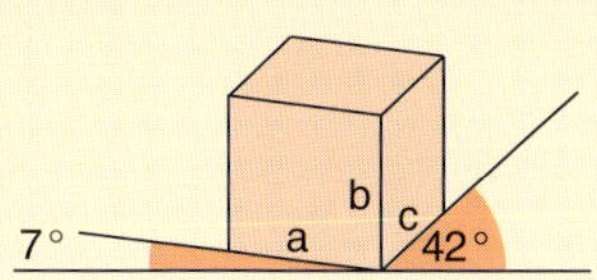	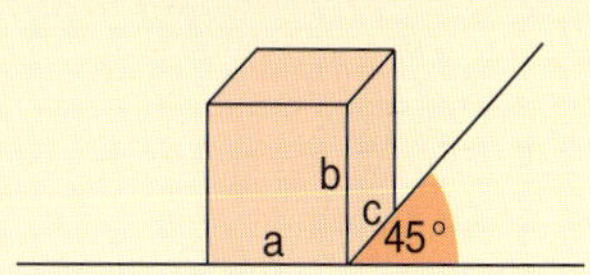
a : b : c = 1 : 1 : 1	a : b : c = 1 : 1 : $\frac{1}{2}$	a : b : c = 1 : 1 : $\frac{1}{2}$

Erhaltungssätze

Energieerhaltungssatz	$E = \sum_{i=1}^{n} E_i$ = konstant Unter der Bedingung reibungsfreier mechanischer Vorgänge gilt: $E_{pot} + E_{kin}$ = konstant	E Energie E_{pot} potenzielle Energie E_{kin} kinetische Energie
Satz von der Erhaltung der Masse	Unter der Bedingung $v \ll c$ gilt für Körper: $m = \sum_{i=1}^{n} m_i$ = konstant	v Geschwindigkeit der Körper c Lichtgeschwindigkeit (S. 11) m Masse
Impulserhaltungssatz	$\vec{p} = \sum_{i=1}^{n} \vec{p}_i$ = konstant $\vec{p} = \sum_{i=1}^{n} m_i \cdot \vec{v}_i$ = konstant	p Impuls m Masse v Geschwindigkeit
Drehimpulserhaltungssatz	$\vec{L} = \sum_{i=1}^{n} \vec{L}_i$ = konstant $\vec{L} = \sum_{i=1}^{n} J_i \cdot \vec{\omega}_i$ = konstant	L Drehimpuls (Drall) J Trägheitsmoment (S. 12 f.) ω Winkelgeschwindigkeit
Satz von der Erhaltung der Ladung	$Q = \sum_{i=1}^{n} Q_i$ = konstant	Q elektrische Ladung

Mechanik

Kräfte in der Mechanik

Gewichtskraft F_G	$F_G = m \cdot g$	m Masse g Fallbeschleunigung (S. 11)
Reibungskraft F_R	$F_R = \mu \cdot F_N$	μ Reibungszahl (S. 12) F_N Normalkraft
Radialkraft F_r	$F_r = m \cdot \frac{v^2}{r}$ $F_r = m \cdot \omega^2 \cdot r$	v Bahngeschwindigkeit r Kreisbahnradius ω Winkelgeschwindigkeit
Federspannkraft F_s	$F_s = D \cdot s$	D Federkonstante s Dehnung der Feder
Auftriebskraft F_A	$F_A = \rho \cdot V \cdot g$	ρ Dichte (S. 11 f.) V Volumen
Gravitationskraft F	$F = G \cdot \frac{m_1 \cdot m_2}{r^2}$	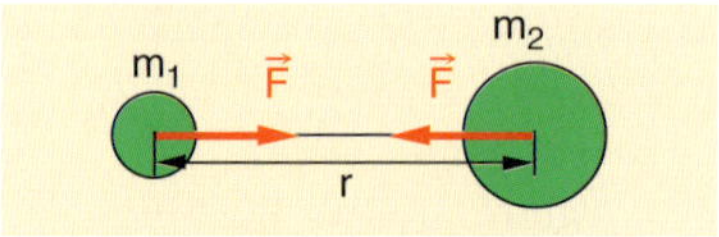 G Gravitationskonstante (S. 11) m_1, m_2 Massen r Abstand der Massenmittelpunkte voneinander

Vektorielle Zusammensetzung und Zerlegung von Kräften S. 52

Newtonsche Gesetze

1. newtonsches Gesetz (Trägheitsgesetz)	Unter der Bedingung $\sum \vec{F}_{äuß} = \vec{0}$ gilt: $\vec{v}$ = konstant	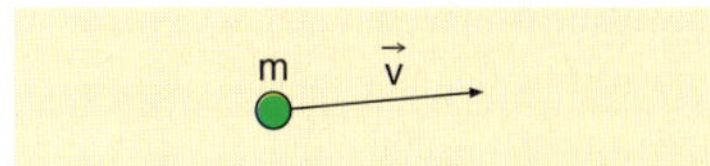 $F_{äuß}$ äußere Kräfte, die auf einen Körper (ein System) wirken v Geschwindigkeit
2. newtonsches Gesetz (newtonsches Grundgesetz)	$\vec{F} = m \cdot \vec{a}$	 F Kraft m Masse a Beschleunigung
3. newtonsches Gesetz (Wechselwirkungsgesetz)	$\vec{F}_1 = -\vec{F}_2$	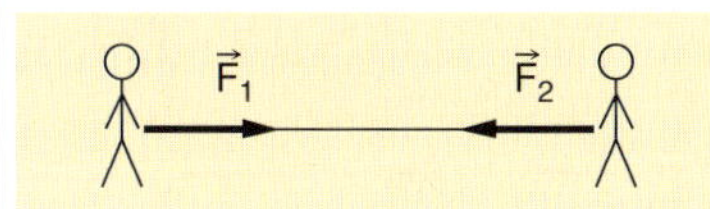

Drehmoment und Gleichgewichte

Drehmoment M	$\vec{M} = \vec{r} \times \vec{F}$ Unter der Bedingung $\vec{r} \perp \vec{F}$ gilt: $M = r \cdot F$	r Hebelarm F Kraft
Gleichgewicht am Hebel	$\sum_{i=1}^{n} \vec{M}_i = \vec{0}$ $\sum \vec{M}_l = \sum \vec{M}_r$	M_i Drehmomente M_l linksdrehende Drehmomente M_r rechtsdrehende Drehmomente
Kräftegleichgewicht	$\sum_{i=1}^{n} \vec{F}_i = \vec{0}$	$\vec{F}_i$ Kräfte

Kraftumformende Einrichtungen

Rolle, Flaschenzug	Hebel	geneigte Ebene
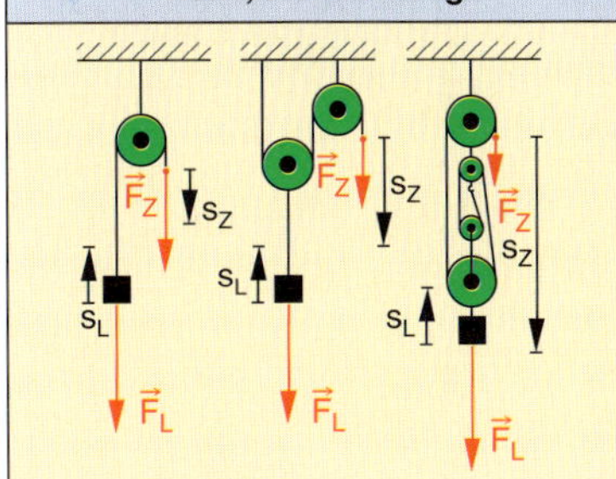	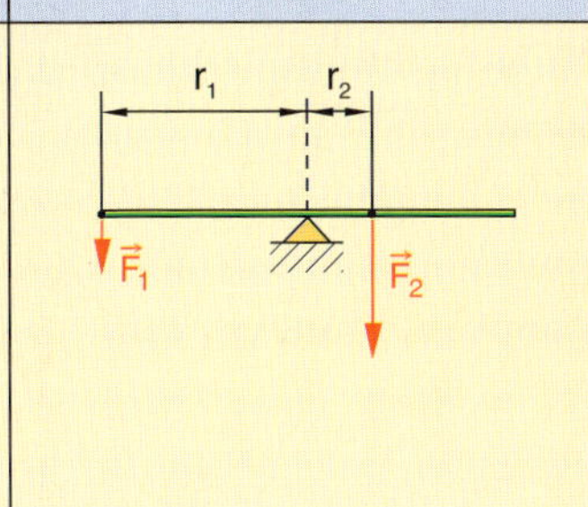	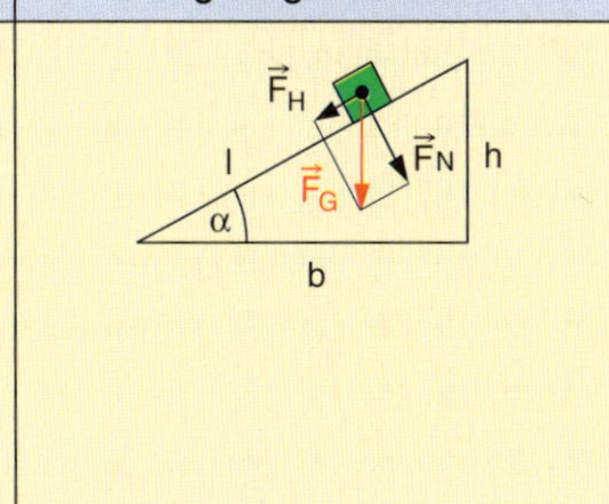
Im Gleichgewicht gilt: $F_Z = F_L$ $\quad F_Z = \frac{1}{2} F_L$ $\quad F_Z = \frac{1}{4} F_L$ Allgemein: $F_Z = \frac{1}{n} \cdot F_L$ n Anzahl der tragenden Seile	Im Gleichgewicht gilt unter der Bedingung $\vec{r} \perp \vec{F}$: $r_1 \cdot F_1 = r_2 \cdot F_2$ $M_1 = M_2$ M Drehmoment r Hebelarm F Kraft	$F_H = F_G \cdot \sin\alpha$ $F_N = F_G \cdot \cos\alpha$ $\frac{F_H}{F_G} = \frac{h}{l}$ $\quad \frac{F_N}{F_G} = \frac{b}{l}$ $\quad \frac{F_H}{F_N} = \frac{h}{b}$ F_G Gewichtskraft h Höhe F_H Hangabtriebskraft l Länge F_N Normalkraft b Basis
Goldene Regel der Mechanik	**Für kraftumformende Einrichtungen gilt:** **Was man an Kraft spart, muss man an Weg zusetzen.** $\mathbf{F_1 \cdot s_1 = F_2 \cdot s_2}$	

Verformungen, hookesches Gesetz

elastische Dehnung ε	$\varepsilon = \frac{\Delta l}{l_0}$	Δl Längenänderung l_0 Ausgangslänge
mechanische Spannung σ	$\sigma = \frac{F}{A}$	F Zugkraft A Querschnittsfläche
hookesches Gesetz	$\sigma = E \cdot \varepsilon$	E Elastizitätsmodul (S. 13)
hookesches Gesetz für eine Feder	$F = D \cdot s$	F Kraft D Federkonstante s Dehnung der Feder

Translation starrer Körper

beliebige Bewegung	$\vec{s} = \int_{t_1}^{t_2} \vec{v}(t)\, dt$ $\vec{v} = \int_{t_1}^{t_2} \vec{a}(t)\, dt$ $\quad \vec{v} = \frac{d\vec{s}}{dt}$ $\vec{a} = \frac{d\vec{v}}{dt} = \frac{d^2\vec{s}}{dt^2}$	s Weg v Geschwindigkeit a Beschleunigung t Zeit
gleichförmige Bewegung **geradlinige Bewegung**	$s = v \cdot t + s_0$ $v = \frac{\Delta s}{\Delta t}$ $a = 0$	gleichförmige Kreisbewegung:
Kreisbewegung	$v = \frac{2\pi \cdot r}{T} = 2\pi \cdot r \cdot n \qquad a_r = \frac{v^2}{r}$	s_0 Anfangsweg bei $t_0 = 0$ r Radius T Umlaufzeit n Drehzahl v_0 Anfangsgeschwindigkeit
gleichmäßig beschleunigte Bewegung	$s = \frac{a}{2} \cdot t^2 + v_0 \cdot t + s_0$ $v = a \cdot t + v_0$ $a = \frac{\Delta v}{\Delta t} = \text{konstant}$ Unter der Bedingung $s_0 = 0$ und $v_0 = 0$ gilt: $s = \frac{a}{2} \cdot t^2$ $v = a \cdot t$ Für den freien Fall im Vakuum gilt: $s = \frac{g}{2} \cdot t^2$ $v = g \cdot t$	gleichmäßig beschleunigte Bewegung: g Fallbeschleunigung (S. 11)

gleichförmige Kreisbewegung:

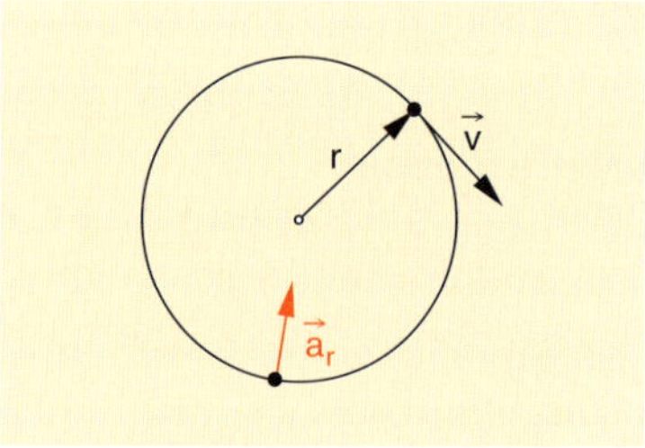

gleichmäßig beschleunigte Bewegung:

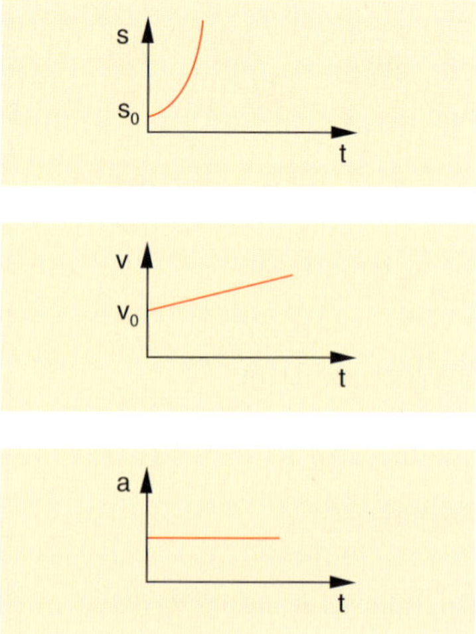

Vektorielle Zusammensetzung von Wegen, Geschwindigkeiten und Beschleunigungen S. 52

Würfe

senkrechter Wurf	$y = \pm v_0 \cdot t - \frac{g}{2} \cdot t^2$ $v = \pm v_0 - g \cdot t$ Steigzeit: $t_h = \frac{v_0}{g}$ Steighöhe: $s_h = \frac{v_0^2}{2g}$
waagerechter Wurf	$x = v_0 \cdot t$ $y = -\frac{g}{2} \cdot t^2$ $v = \sqrt{v_0^2 + g^2 \cdot t^2}$ Wurfparabel: $y = -\frac{g}{2v_0^2} \cdot x^2$
schräger Wurf	$x = v_0 \cdot t \cdot \cos\alpha$ $y = -\frac{g}{2} \cdot t^2 + v_0 \cdot t \cdot \sin\alpha$ $v = \sqrt{v_0^2 + g^2 \cdot t^2 - 2v_0 \cdot g \cdot t \cdot \sin\alpha}$ Wurfparabel: $y = \tan\alpha \cdot x - \frac{g}{2v_0^2 \cdot \cos^2\alpha} \cdot x^2$ Wurfweite: $s_w = \frac{v_0^2 \cdot \sin 2\alpha}{g}$ Steigzeit: $t_h = \frac{v_0 \cdot \sin\alpha}{g}$ Wurfhöhe: $s_h = \frac{v_0^2 \cdot \sin^2\alpha}{2g}$

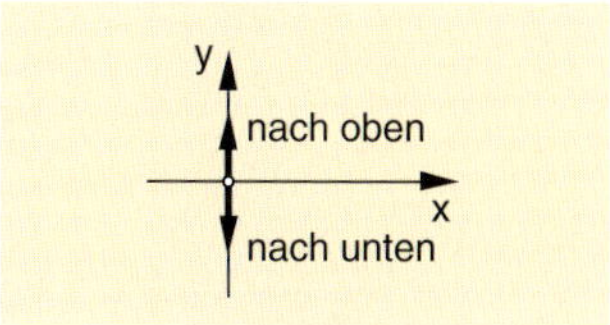

v Geschwindigkeit
v_0 Anfangsgeschwindigkeit
g Fallbeschleunigung (S. 11)
t Zeit

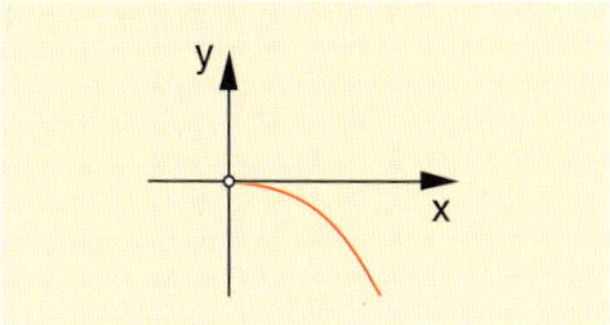

α Abwurfwinkel

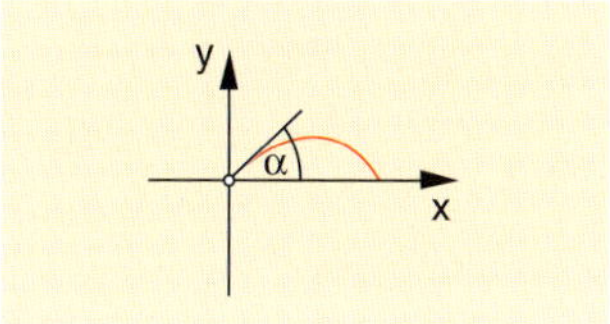

Rotation starrer Körper

beliebige Rotation	$\vec{\sigma} = \int_{t_1}^{t_2} \vec{\omega}(t)\, dt$ $\vec{\omega} = \int_{t_1}^{t_2} \vec{\alpha}(t)\, dt$ $\vec{\omega} = \frac{d\vec{\sigma}}{dt}$ $\vec{\alpha} = \frac{d\vec{\omega}}{dt} = \frac{d^2\vec{\sigma}}{dt^2}$
gleichförmige Rotation	$\sigma = \omega \cdot t + \sigma_0$ $\omega = \frac{\Delta\sigma}{\Delta t}$ $\omega = \frac{2\pi}{T} = 2\pi \cdot n$ $\alpha = 0$
gleichmäßig beschleunigte Rotation	$\sigma = \frac{\alpha}{2} \cdot t^2 + \omega_0 \cdot t + \sigma_0$ $\omega = \alpha \cdot t + \omega_0$ $\alpha = \frac{\Delta\omega}{\Delta t}$ = konstant Unter der Bedingung $\sigma_0 = 0$ und $\omega_0 = 0$ gilt: $\sigma = \frac{\alpha}{2} \cdot t^2$ $\omega = \alpha \cdot t$

σ Winkel
ω Winkelgeschwindigkeit
α Winkelbeschleunigung
t Zeit

σ_0 Anfangswinkel
T Umlaufzeit
n Drehzahl
ω_0 Anfangswinkelgeschwindigkeit

gleichmäßig beschleunigte Rotation:

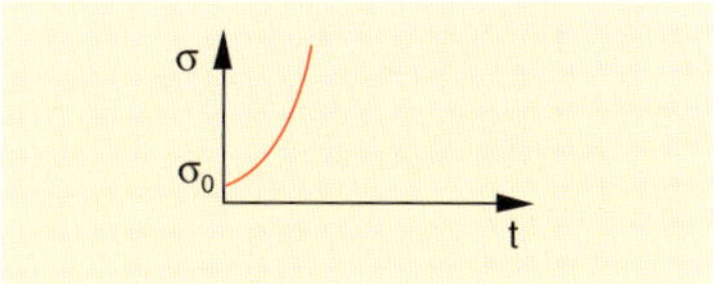

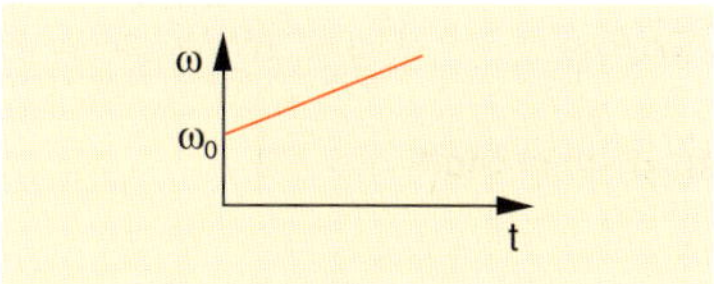

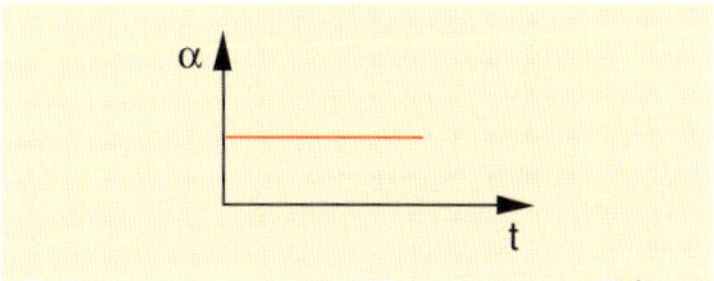

Trägheitsmoment J (S. 12)	$J = \int r^2 \, dm$ Für einen Massepunkt gilt: $J = r^2 \cdot m$
Satz von STEINER	Unter der Bedingung, dass die Achsen durch A und S parallel sind, gilt: $J_A = J_S + m \cdot s^2$
Grundgesetz für die Rotation	$\vec{M} = J \cdot \vec{\alpha}$
Rotationsenergie E	$E = \frac{1}{2} J \cdot \omega^2$

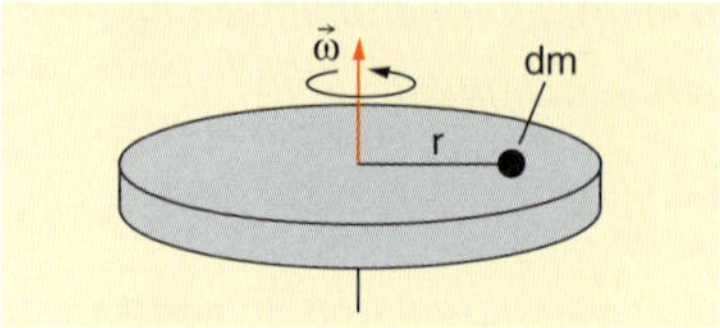

m	Masse
r	Abstand des Massepunktes von der Drehachse
J	Trägheitsmoment (S. 12 f.)
J_S	Trägheitsmoment bei Drehachse durch Schwerpunkt S
J_A	Trägheitsmoment bei Drehachse durch Punkt A
s	Abstand zwischen den Drehachsen
M	Drehmoment
α	Winkelbeschleunigung
ω	Winkelgeschwindigkeit

Zusammenhänge zwischen Größen der Translation und der Rotation

Translation	Zusammenhang	Rotation
Weg s	$s = \sigma \cdot r$	Winkel σ
Geschwindigkeit v	$v = \omega \cdot r$	Winkelgeschwindigkeit ω
Beschleunigung a	$a = \alpha \cdot r$	Winkelbeschleunigung α

Impuls und Drehimpuls

Impuls p	$\vec{p} = m \cdot \vec{v}$ $\Delta\vec{p} = m \cdot \Delta\vec{v}$ $\Delta\vec{p} = \int_{t_1}^{t_2} \vec{F}(t)\,dt$ $\Delta\vec{p} = \vec{F} \cdot \Delta t$
Kraftstoß I	$\vec{I} = \Delta\vec{p}$
Drehimpuls L	$\vec{L} = J \cdot \vec{\omega}$ $\Delta\vec{L} = \int_{t_1}^{t_2} \vec{M}(t)\,dt$ $\Delta\vec{L} = \vec{M} \cdot \Delta t$

m	Masse
v	Geschwindigkeit
F	Kraft
t	Zeit

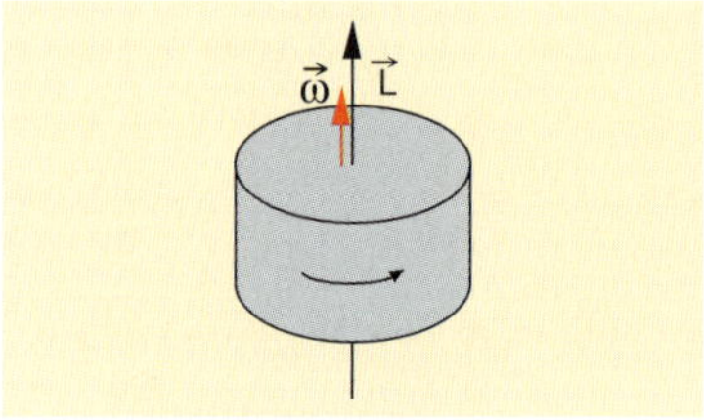

J	Trägheitsmoment (S. 12 f.)
ω	Winkelgeschwindigkeit
M	Drehmoment

Stöße

elastischer Stoß (ideal)	$u_1 = \frac{(m_1 - m_2)v_1 + 2m_2 \cdot v_2}{m_1 + m_2}$ $u_2 = \frac{(m_2 - m_1)v_2 + 2m_1 \cdot v_1}{m_1 + m_2}$
unelastischer Stoß (ideal)	$u = \frac{m_1 \cdot v_1 + m_2 \cdot v_2}{m_1 + m_2}$

m_1, m_2	Massen der Körper
v_1, v_2	Geschwindigkeiten vor dem Stoß
u, u_1, u_2	Geschwindigkeiten nach dem Stoß

Ph1
Ph

Mechanische Arbeit

mechanische Arbeit W	$W = \int_{s_1}^{s_2} \vec{F}(s)\,ds$ Unter der Bedingung $\vec{F}$ = konstant gilt für $\sphericalangle(\vec{F}, \vec{s}) = \alpha$: $W = F \cdot s \cdot \cos\alpha$ $\sphericalangle(\vec{F}, \vec{s}) = 0$: $W = F \cdot s$	F Kraft s Weg 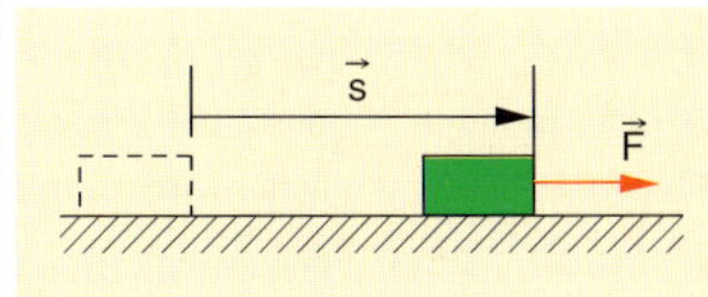
Hubarbeit	$W = F_G \cdot s$	F_G Gewichtskraft
Beschleunigungsarbeit	$W = F_B \cdot s$	F_B beschleunigende Kraft
Reibungsarbeit	$W = F_R \cdot s$	F_R Reibungskraft
Federspannarbeit	$W = \frac{1}{2} F_E \cdot s = \frac{1}{2} D \cdot s^2$	F_E Endkraft (maximale Kraft) D Federkonstante
Arbeit im Gravitationsfeld	$W = G \cdot m_1 \cdot m_2 \left(\frac{1}{r_1} - \frac{1}{r_2}\right)$ $W = G \cdot m_1 \cdot m_2 \cdot \int_{r_1}^{r_2} \frac{1}{r^2} dr$	G Gravitationskonstante (S. 11) m_1, m_2 Massen der Körper r_1, r_2 Abstände der Massenmittelpunkte voneinander
Volumenarbeit (Ausdehnungsarbeit)	$W = -\int_{V_1}^{V_2} p(V)\,dV$	p Druck V Volumen

Mechanische Energie

potenzielle Energie E_{pot} (Energie der Lage)	eines Körpers in der Nähe der Erdoberfläche: $E_{pot} = F_G \cdot h$ einer gespannten Feder: $E_{pot} = \frac{1}{2} F_E \cdot s$	F_G Gewichtskraft h Höhe F_E Endkraft (maximale Kraft) s Dehnung der Feder
kinetische Energie E_{kin} (Energie der Bewegung)	der Translation eines starren Körpers: $E_{kin} = \frac{1}{2} m \cdot v^2$ eines rotierenden starren Körpers: $E_{kin} = \frac{1}{2} J \cdot \omega^2$	m Masse v Geschwindigkeit J Trägheitsmoment (S. 12 f.) ω Winkelgeschwindigkeit

Mechanische Leistung und Wirkungsgrad

mechanische Leistung P	$P = \frac{dW}{dt}$ $P = \frac{W}{t}$ Unter der Bedingung v = konstant und F = konstant bzw. M = konstant und ω = konstant gilt: $P = \frac{F \cdot s}{t} = F \cdot v$ $P = M \cdot \omega$	W verrichtete Arbeit t Zeit F Kraft s Weg v Geschwindigkeit M Drehmoment ω Winkelgeschwindigkeit
Wirkungsgrad η	$\eta = \frac{E_{ab}}{E_{zu}}$ $\eta = \frac{W_{ab}}{W_{zu}}$ $\eta = \frac{P_{ab}}{P_{zu}}$	E_{ab}, W_{ab}, P_{ab} abgegebene (nutzbare) Energie, Arbeit, Leistung E_{zu}, W_{zu}, P_{zu} zugeführte (aufgewendete) Energie, Arbeit, Leistung
Gesamtwirkungsgrad η_G	$\eta_G = \eta_1 \cdot \eta_2 \cdot \ldots \cdot \eta_n$	$\eta_1, \eta_2, \ldots$ Teilwirkungsgrade

Dichte und Druck

Dichte ρ	$\rho = \frac{m}{V}$	m Masse V Volumen F Kraft A Fläche
Druck p	$p = \frac{F}{A}$	
Schweredruck p	$p = \frac{F_G}{A} = \frac{m \cdot g}{A}$ $p = \rho \cdot h \cdot g$	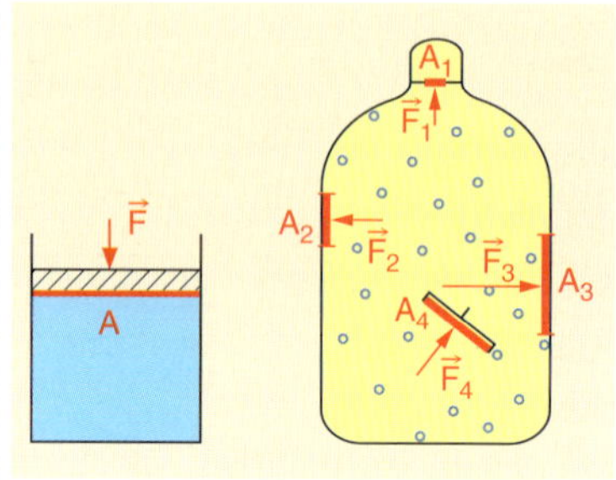
barometrische Höhenformel	$p = p_0 \cdot e^{\left(-\frac{\rho_0 \cdot g}{p_0} \cdot h\right)}$	ρ Dichte der Flüssigkeit oder des Gases (S. 11 f.) h Höhe g Fallbeschleunigung (S. 11) p Druck e eulersche Zahl (S. 11)
Auftriebskraft F_A	$F_A = \rho \cdot V \cdot g$	
hydraulische und pneumatische Anlagen	$\frac{F_1}{A_1} = \frac{F_2}{A_2}$	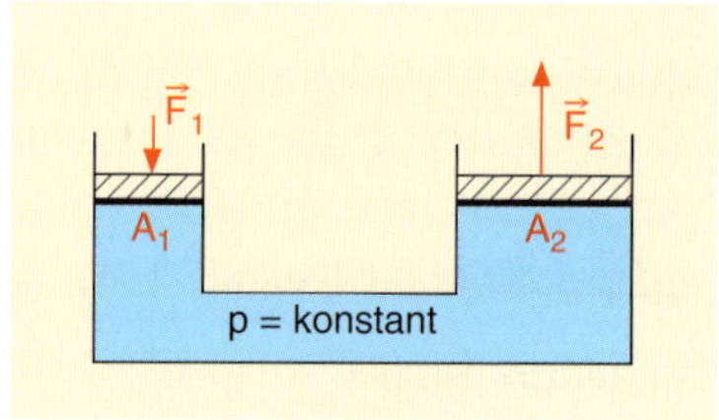 F_1, F_2 Kräfte an den Kolben A_1, A_2 Flächeninhalte der Querschnittsflächen der Kolben

Strömende Flüssigkeiten und Gase

Kontinuitätsgleichung	$A_1 \cdot v_1 = A_2 \cdot v_2$ $\frac{dm}{dt} = \text{konstant}$	A Fläche v Geschwindigkeit der Strömung m Masse t Zeit p_s statischer Druck p Schweredruck p_{St} Staudruck ρ Dichte (S. 11 f.) g Fallbeschleunigung (S. 11) h Höhe
bernoullische Gleichung	$p_s + p + p_{St} = \text{konstant}$ $p_S + \rho \cdot g \cdot h + \frac{1}{2} \rho \cdot v^2 = \text{konstant}$	
Gesetz von HAGEN und POISEUILLE für laminare Strömung	$\frac{V}{t} = \frac{\pi \cdot r^4}{8\eta} \cdot \frac{\Delta p}{l}$	V Volumen t Zeit r Innenradius des Rohres η dynamische Viskosität (S. 13) Δp Druckdifferenz l Rohrlänge F_W Strömungswiderstandskraft einer Kugel r_K Radius der Kugel v Geschwindigkeit der Strömung bzw. des Körpers c_w Luftwiderstandszahl (S. 12) A umströmte Querschnittsfläche ρ Dichte (S. 11 f.)
mittlere Strömungsgeschwindigkeit $\bar{v}$ bei laminarer Strömung	$\bar{v} = \frac{r^2}{8 \cdot \eta} \cdot \frac{\Delta p}{l}$	
stokessches Gesetz für stationäre, laminare Strömung	$F_W = 6\pi \cdot \eta \cdot r_K \cdot v$	
Strömungswiderstandskraft F_{WL} bei Körpern	$F_{WL} = \frac{1}{2} c_w \cdot A \cdot \rho \cdot v^2$	

Mechanische Schwingungen und Wellen

Weg-Zeit-Gesetz einer harmonischen Schwingung	$y = \hat{y} \cdot \sin(\omega \cdot t + \varphi_0)$	y Auslenkung ŷ Amplitude t Zeit ω Kreisfrequenz (S. 90) φ_0 Phasenwinkel
Geschwindigkeit-Zeit-Gesetz einer harmonischen Schwingung	$v = \frac{dy}{dt} = y'$ $v = \hat{y} \cdot \omega \cdot \cos(\omega \cdot t + \varphi_0)$	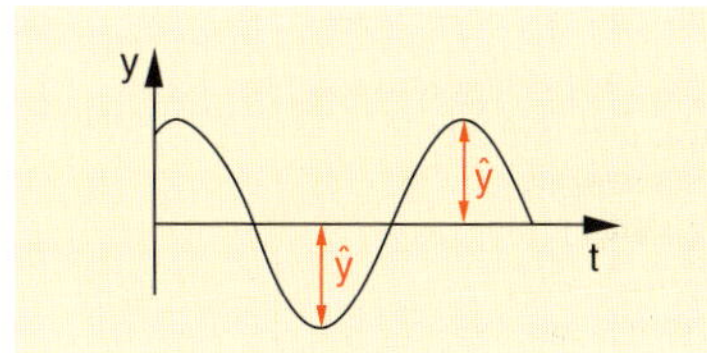
Beschleunigung-Zeit-Gesetz einer harmonischen Schwingung	$a = \frac{dv}{dt} = \frac{d^2y}{dt^2} = y''$ $a = -\hat{y} \cdot \omega^2 \cdot \sin(\omega \cdot t + \varphi_0)$	
Kraftgesetze für harmonische Schwingungen	$F = -D \cdot y$ $M = -D \cdot \sigma$	v Geschwindigkeit a Beschleunigung F Kraft D Richtgröße (Federkonstante) M Drehmoment σ Winkel m Masse
Energie eines harmonischen Oszillators	$E = \frac{1}{2} D \cdot \hat{y}^2$ $E = \frac{1}{2} m \cdot \omega^2 \cdot \hat{y}^2$	
gedämpfte Schwingungen	$y = \hat{y} \cdot e^{-\delta \cdot t} \cdot \sin(\omega \cdot t + \varphi_0)$	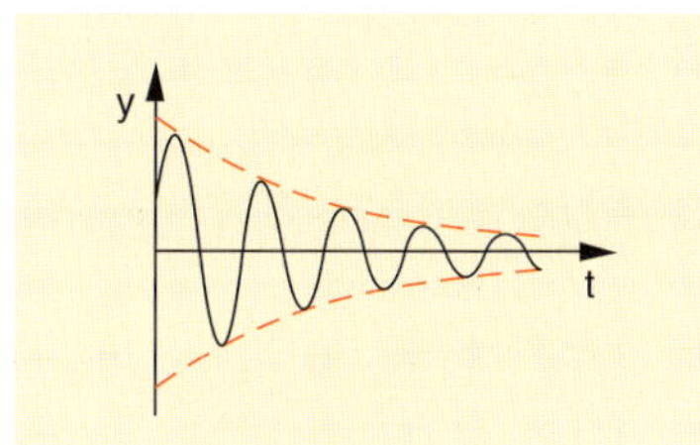
Periodendauer T **eines Fadenpendels** **eines Federschwingers** **eines Torsionspendels** **eines physischen Pendels**	Unter der Bedingung kleiner Auslenkwinkel gilt: $T = 2\pi\sqrt{\frac{l}{g}}$ $T = 2\pi\sqrt{\frac{m}{D}}$ $T = 2\pi\sqrt{\frac{J}{D}}$ $T = 2\pi \cdot \sqrt{\frac{J}{m \cdot g \cdot a}}$	e eulersche Zahl (S. 11) δ Abklingkoeffizient l Länge g Fallbeschleunigung (S. 11) m Masse des Körpers J Trägheitsmoment (S. 12 f.) a Abstand der Drehachse vom Schwerpunkt
Wellengleichung	$y = \hat{y} \cdot \sin 2\pi\left(\frac{t}{T} - \frac{x}{\lambda}\right)$	y Auslenkung ŷ Amplitude t Zeit x Ort λ Wellenlänge T Periodendauer ρ Dichte des Mediums (S. 11 f.) ω Kreisfrequenz A Flächeninhalt c Ausbreitungsgeschwindigkeit
Energiedichte w einer Welle	$w = \frac{1}{2} \cdot \rho \cdot \omega^2 \cdot \hat{y}^2$	
Energie E, die durch eine Welle transportiert wird	$E = \frac{1}{2} \cdot \rho \cdot \omega^2 \cdot \hat{y}^2 \cdot A \cdot c \cdot t$	

Entstehung von mechanischen Schwingungen und Ausbreitung von mechanischen Wellen

Grundfrequenz f **einer schwingenden Saite**	$f = \frac{1}{2l}\sqrt{\frac{F}{\rho \cdot A}}$	l Länge der Saite bzw. Länge der schwingenden Luftsäule F Spannkraft ρ Dichte (S. 11 f.) A Querschnittsfläche c Schallgeschwindigkeit (S. 14)
einer offenen Pfeife	$f = \frac{c}{2l}$	
einer geschlossenen Pfeife	$f = \frac{c}{4l}$	

Ph1
Ph

Schallgeschwindigkeit c **in Gasen** **in Flüssigkeiten** **in festen Stoffen**	$c = \sqrt{\kappa \cdot \frac{p}{\rho}}$ $c = \sqrt{\frac{1}{\rho \cdot \alpha}}$ $c = \sqrt{\frac{E}{\rho}}$	κ Adiabatenkoeffizient $c_p : c_V$ (S. 15) p Druck ρ Dichte (S. 11 f.) α Kompressibilitätskoeffizient E Elastizitätsmodul (S. 13)
Ausbreitungsgeschwindigkeit c von Wellen (Phasengeschwindigkeit)	$c = \lambda \cdot f$	λ Wellenlänge (S. 19) f Frequenz
Schallintensität I	$I = \frac{E}{t \cdot A}$ $I = \frac{P}{A}$	E Schallenergie t Zeit A Flächeninhalt, durch den die Energie E transportiert wird P Leistung
Lautstärkepegel L_N	$L_N = 10 \cdot \lg \frac{I}{I_0}$	I_0 Schallintensität bei der Hörschwelle (10^{-12} W · m^{-2} bei 1000 Hz)
Schalldruckpegel L_A	$L_A = 20 \cdot \lg \frac{p}{p_0}$	p Schalldruck p_0 Schalldruck bei der Hörschwelle ($2 \cdot 10^{-10}$ bar bei 1000 Hz)

Gravitation und Bewegungen im Gravitationsfeld

Gravitationsgesetz	$F = G \cdot \frac{m_1 \cdot m_2}{r^2}$	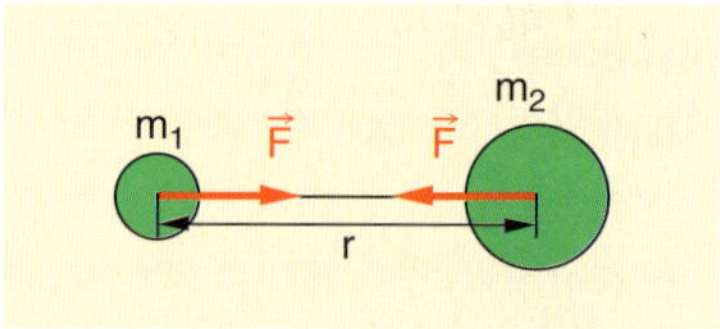
Gravitationsfeldstärke G*	$G^* = \frac{F}{m_1} = G \cdot \frac{m_2}{r^2}$ Unter der Bedingung, dass sich ein Körper in der Nähe der Erdoberfläche befindet, gilt: $G^* = g$	G Gravitationskonstante (S. 11) F Kraft auf einen Körper im Gravitationsfeld m_1, m_2 Massen g Fallbeschleunigung (S. 11)
Arbeit im Gravitationsfeld	$W = G \cdot m_1 \cdot m_2 \left(\frac{1}{r_1} - \frac{1}{r_2}\right)$ Im homogenen Feld gilt: $W = m \cdot g \cdot h$	r_1, r_2 Abstände der Massenmittelpunkte voneinander h Höhe
1. keplersches Gesetz	Alle Planeten bewegen sich auf elliptischen Bahnen, in deren einem Brennpunkt die Sonne steht.	
2. keplersches Gesetz	Der Quotient aus der von einem Leitstrahl überstrichenen Fläche und der dazu erforderlichen Zeit ist konstant. $\frac{A_1}{t_1} = \frac{A_2}{t_2} = \frac{A}{t} = \text{konstant}$	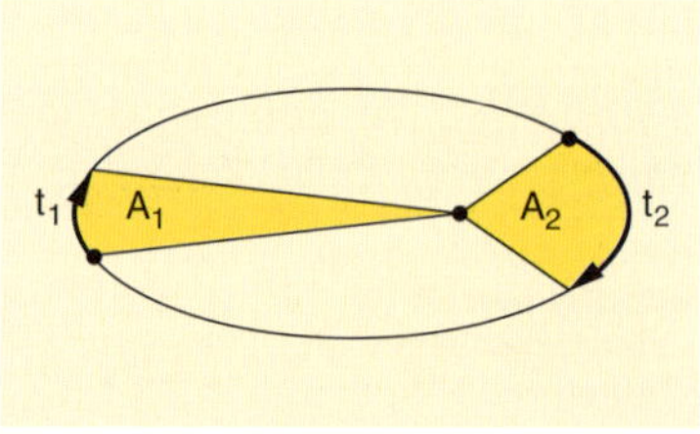
3. keplersches Gesetz	$\frac{T_1^2}{T_2^2} = \frac{a_1^3}{a_2^3}$	Die Quadrate der Umlaufzeiten zweier Planeten verhalten sich wie die dritten Potenzen der großen Halbachsen ihrer Bahnen.

1. kosmische Geschwindigkeit (minimale Kreisbahngeschwindigkeit)	$v = \sqrt{\frac{G \cdot m}{r}}$ $v_{Erde} = 7{,}9\ \frac{km}{s}$	G Gravitationskonstante (S. 11) m Masse des Zentralkörpers (der Erde) r Abstand des Körpers vom Mittelpunkt des Zentralkörpers (der Erde)
2. kosmische Geschwindigkeit (Fluchtgeschwindigkeit)	$v = \sqrt{\frac{2G \cdot m}{r}}$ $v_{Erde} = 11{,}2\ \frac{km}{s}$	

Wärmelehre

Wärme und Energie

Wärme Q (Wärmemenge)	Unter der Bedingung, dass keine Aggregatzustandsänderung auftritt, gilt: $Q = c \cdot m \cdot \Delta\vartheta$ Bei Gasen ist zu unterscheiden zwischen: c_p für p = konstant (S. 15) c_V für V = konstant (S. 15)	c spezifische Wärmekapazität (S. 14 f.) m Masse ϑ Temperatur p Druck V Volumen
Wärmekapazität C_{th} (Wärmeinhalt eines Körpers)	$C_{th} = \frac{Q}{\Delta\vartheta}$ $C_{th} = c \cdot m$	
Verbrennungswärme Q	$Q = H \cdot m$ Für gasförmige Stoffe gilt auch: $Q = H' \cdot V_n$	H Heizwert (S. 16) H′ Heizwert in $MJ \cdot l^{-1}$ (S. 16) V_n Volumen im Normzustand
Leistung von Wärmequellen P_{th} (thermische Leistung)	$P_{th} = \frac{Q_{ab}}{t}$	Q_{ab} abgegebene (nutzbare) Wärme t Zeit
Wirkungsgrad η von Wärmequellen	$\eta = \frac{Q_{ab}}{Q_{zu}}$	
thermischer Wirkungsgrad η	Unter den Bedingungen eines CARNOT-Prozesses gilt: $\eta = \frac{Q_{zu} + Q_{ab}}{Q_{zu}}$ $\eta = 1 - \frac{T_{ab}}{T_{zu}}$	Q_{zu} zugeführte (aufgewandte) Wärme T_{zu} Temperatur, bei der Q zugeführt wurde T_{ab} Temperatur, bei der Q abgegeben wurde
Leistungszahl ε_K einer Kältemaschine	$\varepsilon_K = \frac{Q}{W}$ Unter den Bedingungen eines CARNOT-Prozesses gilt: $\varepsilon_K = \frac{1}{\eta}$	Q dem Kühlraum entzogene Wärme W Arbeit des Kompressors

Hauptsätze der Thermodynamik

1. Hauptsatz der Thermodynamik	$\Delta U = Q + W$
innere Energie U	$U = N \cdot \bar{E}_K$ Für das ideale Gas gilt: $U = c_V \cdot m \cdot T$
kalorische Zustandsgleichung	Unter der Bedingung V = konstant gilt: $\Delta U = c_V \cdot m \cdot \Delta T$
Grundgleichung der Wärmelehre	Unter der Bedingung p = konstant gilt: $Q = c_p \cdot m \cdot \Delta T$
Volumenarbeit W	$W = -\int_{V_1}^{V_2} p(V)\ dV$ Unter der Bedingung p = konstant gilt: $W = -p \cdot \Delta V$
Enthalpie H (Wärmeinhalt)	$H = U + p \cdot V$ Für das ideale Gas gilt: $H = c_p \cdot m \cdot T$
Entropie S	$\Delta S = \frac{Q_{rev}}{T}$ $\Delta S = k \cdot \ln W$
2. Hauptsatz der Thermodynamik	$\Delta S \geq 0$ Für reversible Prozesse gilt: $\Delta S = 0$ Für irreversible Prozesse gilt: $\Delta S > 0$

Q Wärme
W Arbeit
N Anzahl der Teilchen
$\bar{E}_K$ mittlere kinetische Energie der Teilchen
c_V spezifische Wärmekapazität des Gases bei konstantem Volumen (S. 15)
m Masse
T Temperatur
c_p spezifische Wärmekapazität des Gases bei konstantem Druck (S. 15)

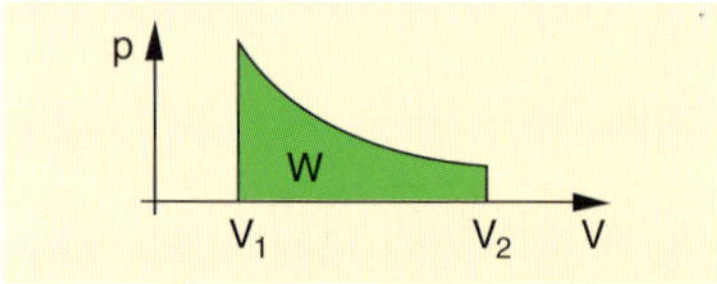

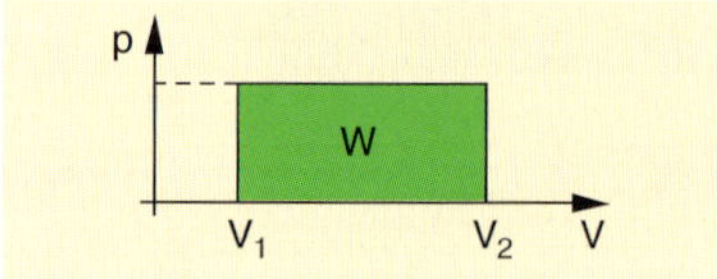

p Druck
V Volumen
Q_{rev} reversibel aufgenommene Wärme
k BOLTZMANN-Konstante (S. 11)
W thermodynamische Wahrscheinlichkeit

Wärmeübertragung und Wärmeaustausch

Wärmeleitung	Unter der Bedingung einer stationären Wärmeleitung (ΔT = konstant) gilt: $Q = \frac{\lambda \cdot A \cdot t \cdot \Delta T}{l}$
Wärmeleitwiderstand R_λ	$R_\lambda = \frac{l}{\lambda \cdot A}$
Wärmestrom Φ_{th}	$\Phi_{th} = \frac{Q}{t}$
Wärmeübergang	Unter der Bedingung ΔT = konstant gilt: $Q = \alpha \cdot A \cdot t \cdot \Delta T$
Wärmedurchgang	Unter der Bedingung ΔT = konstant gilt: $Q = k \cdot A \cdot t \cdot \Delta T$ Unter der Bedingung, dass die Wärmeübertragung durch eine einschichtige Wand hindurch erfolgt, gilt: $\frac{1}{k} = \frac{1}{\alpha_1} + \frac{1}{\alpha_2} + \frac{l}{\lambda}$
Grundgesetz des Wärmeaustauschs	$Q_{zu} = Q_{ab}$
richmannsche Mischungsregel	Unter der Bedingung, dass keine Aggregatzustandsänderung auftritt, gilt: $\vartheta_M = \frac{c_1 \cdot m_1 \cdot \vartheta_1 + c_2 \cdot m_2 \cdot \vartheta_2}{c_1 \cdot m_1 + c_2 \cdot m_2}$

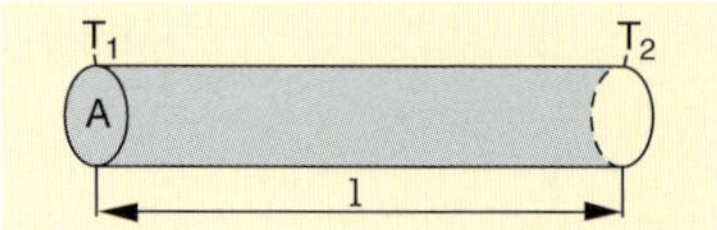

Q Wärme
λ Wärmeleitfähigkeit (S. 15)
A Flächeninhalt der Querschnittsfläche
t Zeit
T Temperatur
l Länge des Wärmeleiters

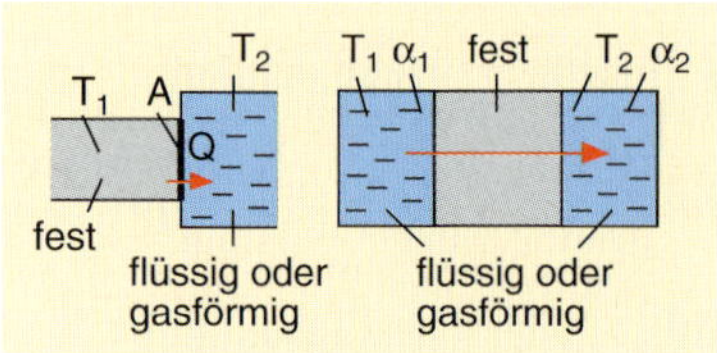

α Wärmeübergangskoeffizient (S. 15)
k Wärmedurchgangskoeffizient (S. 15)
Q_{zu} zugeführte (aufgenommene) Wärme
Q_{ab} abgegebene Wärme

ϑ_M Mischungstemperatur
ϑ_1, ϑ_2 Ausgangstemperaturen der Körper
c_1, c_2 spezifische Wärmekapazitäten der Stoffe (S. 14)
m_1, m_2 Massen der Körper

Ph2
Ph

Thermisches Verhalten von Körpern

Aggregatzustandsänderungen

Schmelzwärme Q_s (Erstarrungswärme)	$Q_s = q_s \cdot m$	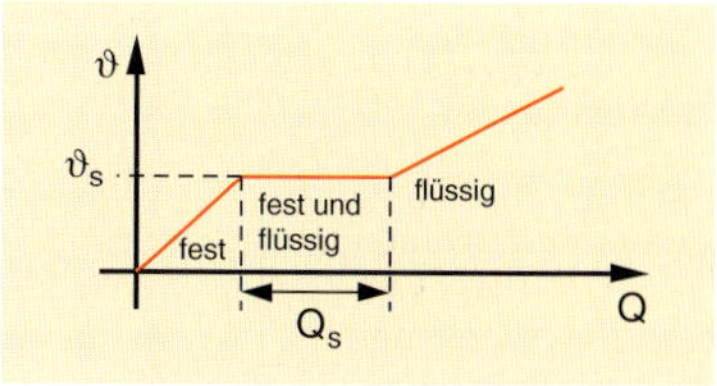 ϑ_s Schmelztemperatur (S. 16) q_s spezifische Schmelzwärme (S. 16) m Masse q_V spezifische Verdampfungswärme (S. 16) ϑ_V Siedetemperatur (S. 16)
Verdampfungswärme Q_V (Kondensationswärme)	Unter der Bedingung p = konstant gilt: $Q_V = q_V \cdot m$	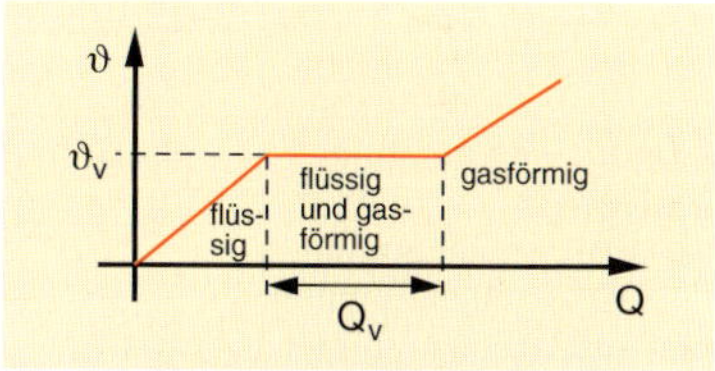
Druckabhängigkeit der Siedetemperatur	$\Delta T = \psi\,(p - 101{,}325\ \text{kPa})$	ΔT Änderung der Siedetemperatur ψ Druckkoeffizient der Siedetemperatur (S. 17) p Druck
relative Feuchte φ (relative Luftfeuchte)	$\varphi = \dfrac{\rho_w}{\rho_{w,\,max}} \cdot 100\ \%$	ρ_w absolute Feuchte $\rho_{w,\,max}$ maximale absolute Feuchte (S. 16)

Thermisches Verhalten fester, flüssiger und gasförmiger Körper

Längenänderung fester Körper Δl	$\Delta l = \alpha \cdot l_0 \cdot \Delta\vartheta$	α Längenausdehnungskoeffizient (S. 14)
Volumenänderung fester und flüssiger Körper ΔV	$\Delta V = \gamma \cdot V_0 \cdot \Delta\vartheta$ Für feste Körper gilt: $\gamma = 3 \cdot \alpha$	l_0 Ausgangslänge ϑ Temperatur γ Volumenausdehnungskoeffizient (S. 14)
Volumenänderung realer Gase (Gesetz von GAY-LUSSAC)	Unter der Bedingung p = konstant gilt: $\Delta V = \gamma \cdot V_0 \cdot \Delta\vartheta$ $V = V_0\,(1 + \gamma \cdot \Delta\vartheta)$	V_0 Ausgangsvolumen
Druckänderung realer Gase (Gesetz von AMONTONS)	Unter der Bedingung V = konstant gilt: $\Delta p = \beta \cdot p_0 \cdot \Delta\vartheta$ $p = p_0\,(1 + \beta \cdot \Delta\vartheta)$	β Spannungskoeffizient p_0 Ausgangsdruck p Druck
van der waalssche Zustandsgleichung	$\left(p + \dfrac{a \cdot n^2}{V^2}\right) \cdot (V - b \cdot n) = n \cdot R \cdot T$	a, b van der waalssche Konstanten (S. 17) V Volumen R universelle Gaskonstante (S. 11) T Temperatur n Stoffmenge

Thermisches Verhalten des idealen Gases

Normzustand des idealen Gases	$\vartheta_n = 0\ °C \quad T_n = 273{,}15\ K$ $p_n = 1{,}013\,25 \cdot 10^5\ Pa$ $V_n = 2{,}2414 \cdot 10^{-2}\ m^3 \cdot mol^{-1}$ $\gamma = \dfrac{1}{273{,}15} \cdot K^{-1}$ $\beta = \gamma$	ϑ_n, T_n Normtemperatur p_n Normdruck V_n molares Normvolumen γ Volumenausdehnungskoeffizient β Spannungskoeffizient

thermische Zustandsgleichung des idealen Gases	Unter der Bedingung m = konstant gilt: $\frac{p \cdot V}{T} = \text{konstant}$ $\frac{p_1 \cdot V_1}{T_1} = \frac{p_2 \cdot V_2}{T_2}$ $p \cdot V = n \cdot R \cdot T$ $p \cdot V = m \cdot R_s \cdot T$	V Volumen p Druck T Temperatur n Stoffmenge
Gaskonstanten	$R_s = \frac{R}{M}$ $R_s = c_p - c_v$ $R = k \cdot N_A$	R_s spezifische Gaskonstante (S. 15) R universelle Gaskonstante (S. 11) m Masse c_p spezifische Wärmekapazität bei konstantem Druck (S. 15)
isotherme Zustandsänderung (Gesetz von BOYLE und MARIOTTE)	Unter der Bedingung T = konstant gilt: $p \cdot V = \text{konstant}$ $p_1 \cdot V_1 = p_2 \cdot V_2$	c_V spezifische Wärmekapazität bei konstantem Volumen (S. 15) k BOLTZMANN-Konstante (S. 11)
isobare Zustandsänderung (Gesetz von GAY-LUSSAC)	Unter der Bedingung p = konstant gilt: $\frac{V}{T} = \text{konstant}$ $\frac{V_1}{T_1} = \frac{V_2}{T_2}$	M molare Masse N_A AVOGADRO-Konstante (S. 11)
isochore Zustandsänderung (Gesetz von AMONTONS)	Unter der Bedingung V = konstant gilt: $\frac{p}{T} = \text{konstant}$ $\frac{p_1}{T_1} = \frac{p_2}{T_2}$	
adiabatische Zustandsänderung (Gesetze von POISSON)	Unter der Bedingung Q = 0 gilt: $p \cdot V^{\kappa} = \text{konstant}$ $p_1 \cdot V_1^{\kappa} = p_2 \cdot V_2^{\kappa}$ $\frac{T_1}{T_2} = \left(\frac{V_2}{V_1}\right)^{\kappa - 1}$ $\frac{T_1}{T_2} = \left(\frac{p_1}{p_2}\right)^{\frac{\kappa - 1}{\kappa}}$	κ Adiabatenexponent (POISSON-Konstante) $\kappa = \frac{5}{3} \approx 1{,}67$ (einatomiges Gas) $\kappa = \frac{7}{5} = 1{,}40$ (zweiatomiges Gas)

Kinetische Theorie der Wärme

Die folgenden Gleichungen gelten für das ideale Gas

Anzahl der Gasteilchen N	$N = N_A \cdot n$	n Stoffmenge N_A AVOGADRO-Konstante (S. 11)
molares Volumen V_m	$V_m = \frac{V}{n}$	V Volumen
molare Masse M	$M = \frac{m}{n}$	m Masse
Masse eines Teilchens m_T	$m_T = \frac{m}{N}$ $m_T = \frac{M}{N_A}$	
mittlere Geschwindigkeit der Teilchen $\bar{v}$	$\bar{v} = \sqrt{\frac{3 \cdot R \cdot T}{M}} = \sqrt{3 \cdot R_s \cdot T}$ $\bar{v} \approx \sqrt{\frac{3p}{\rho}}$	R universelle Gaskonstante (S. 11) R_s spezifische Gaskonstante (S. 15) T Temperatur in K v Geschwindigkeit
wahrscheinlichste Geschwindigkeit der Teilchen v_W	$v_W = \frac{\sqrt{\pi}}{2} \cdot \bar{v} \approx 0{,}886 \cdot \bar{v}$	p Druck ρ Dichte (S. 12)
mittlere kinetische Energie der Teilchen $\overline{E_K}$	$\overline{E_K} = \frac{3}{2} k \cdot T$	k BOLTZMANN-Konstante (S. 11)
Grundgleichung der kinetischen Gastheorie	$p \cdot V = \frac{1}{3} \cdot N \cdot m_T \cdot \overline{v^2}$ $p \cdot V = N \cdot k \cdot T$ $p \cdot V = \frac{2}{3} \cdot N \cdot \overline{E_K}$	f Anzahl der Freiheitsgrade (f = 3 für einatomiges Gas, f = 5 für zweiatomiges Gas)
innere Energie U	$U = N \cdot \overline{E_K}$ $U = \frac{1}{2} f \cdot n \cdot R \cdot T$	

Elektrizitätslehre

Einfacher Gleichstromkreis

elektrische Spannung U	$U = \varphi_1 - \varphi_2$ $\qquad U = \frac{W}{Q}$	φ_1 elektrisches Potenzial im Punkt 1 φ_2 elektrisches Potenzial im Punkt 2 Q elektrische Ladung t Zeit W mechanische Arbeit
elektrische Stromstärke I	$I = \frac{dQ}{dt}$ Unter der Bedingung eines stationären Stromes (I = konstant) gilt: $I = \frac{Q}{t}$	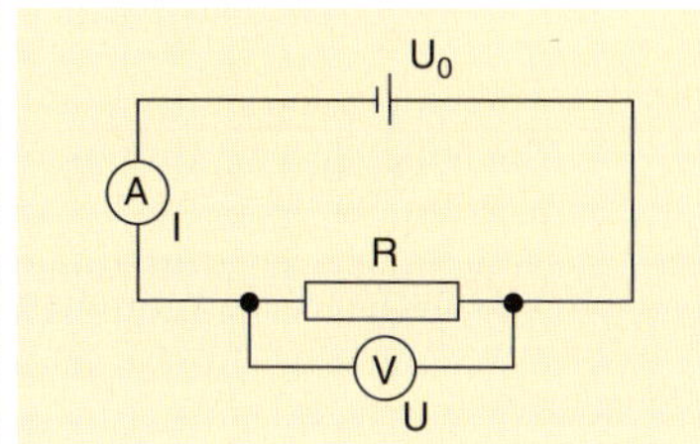
elektrischer Widerstand R	$R = \frac{U}{I}$	
elektrischer Leitwert G	$G = \frac{1}{R}$	
elektrische Leistung P	$P = U \cdot I$	U_0 Urspannung der Spannungsquelle
elektrische Arbeit W	$W = P \cdot t$ $\qquad W = U \cdot I \cdot t$	
ohmsches Gesetz	Unter der Bedingung ϑ = konstant gilt: $U \sim I, \ \frac{U}{I} = \text{konstant}$	ϑ Temperatur
Widerstandsgesetz	$R = \frac{\rho \cdot l}{A}$	ρ spezifischer elektrischer Widerstand (S. 17) l Länge des Leiters A Flächeninhalt der Querschnittsfläche
elektrische Leitfähigkeit γ	$\gamma = \frac{1}{\rho}$	R_ϑ Widerstand bei der Temperatur ϑ
Temperaturabhängigkeit des elektrischen Widerstands	$\Delta R = \alpha \cdot R_{20} \cdot \Delta\vartheta$ mit $\Delta\vartheta = \vartheta - 20\,°C$ $R_\vartheta = R_{20}\,(1 + \alpha \cdot \Delta\vartheta)$	R_{20} Widerstand bei 20 °C α Temperaturkoeffizient (Temperaturbeiwert) (S. 17)

Unverzweigter und verzweigter Gleichstromkreis

Reihenschaltung von Widerständen	Parallelschaltung von Widerständen
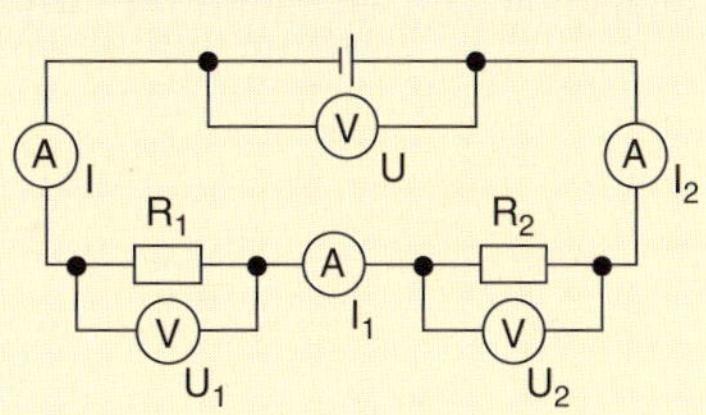	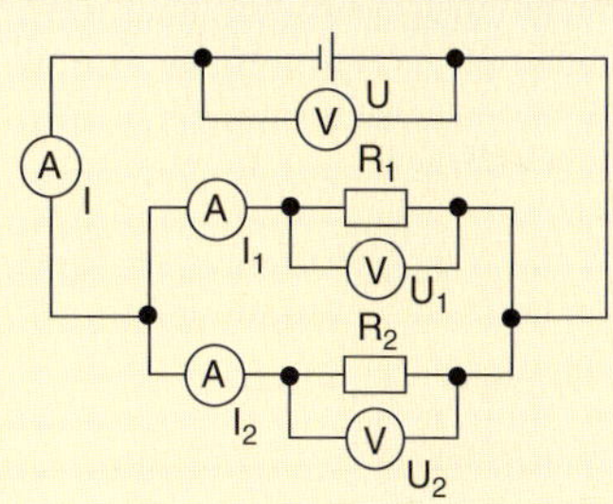
$I = I_1 = I_2 = ... = I_n$	$I = I_1 + I_2 + ... + I_n$
$U = U_1 + U_2 + ... U_n$	$U = U_1 = U_2 = ... = U_n$
$R = R_1 + R_2 + ... + R_n$	$\frac{1}{R} = \frac{1}{R_1} + \frac{1}{R_2} + ... + \frac{1}{R_n}$
Spannungsteilerregel: $\frac{U_1}{U_2} = \frac{R_1}{R_2} \qquad \frac{U_1}{U} = \frac{R_1}{R}$	Stromteilerregel: $\frac{I_1}{I_2} = \frac{R_2}{R_1} \qquad \frac{I_1}{I} = \frac{R}{R_1}$

Reihenschaltung von Spannungsquellen	Parallelschaltung von Spannungsquellen
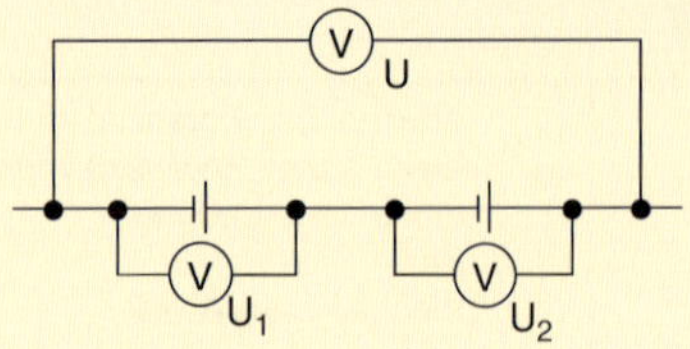	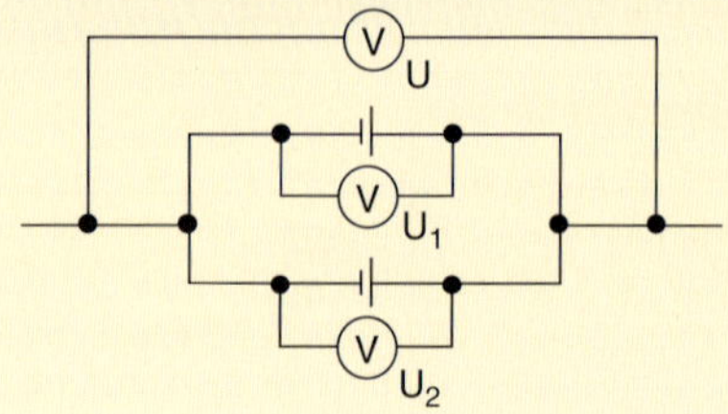
$U = U_1 + U_2 + ... + U_n$	Unter der Bedingung gleicher Spannungsquellen gilt: $U = U_1 = U_2 = ... = U_n$
1. kirchhoffsches Gesetz (Knotenpunktsatz)	**2. kirchhoffsches Gesetz (Maschensatz)**
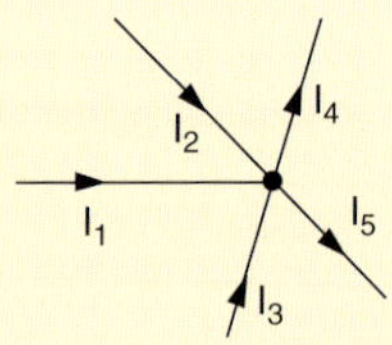	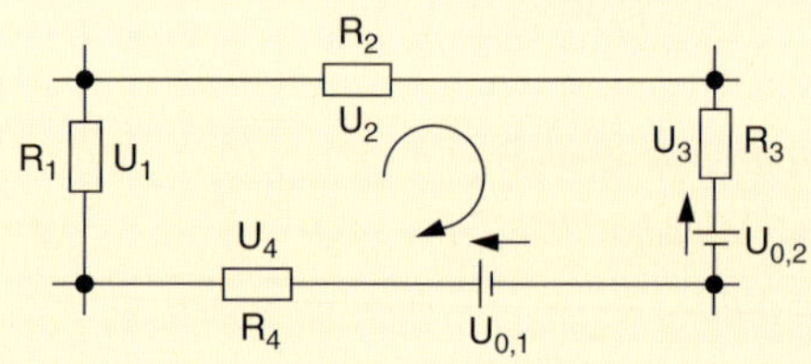
$\sum I_{zu} = \sum I_{ab}$ $\quad \sum_{k=1}^{n} I_k = 0$	$\sum_{i=1}^{n} U_i = \sum_{i=1}^{n} R_i \cdot I_i = \sum_{k=1}^{m} U_{0,k}$

Elektrisches Feld

elektrische Ladung Q	$Q = N \cdot e$ $Q = \int_{t_1}^{t} I(t)\, dt$ Unter der Bedingung I = konstant gilt: $Q = I \cdot t$
coulombsches Gesetz	Unter der Bedingung, dass Punktladungen vorliegen, gilt: $F = \frac{1}{4\pi \cdot \varepsilon_0 \cdot \varepsilon_r} \frac{Q_1 \cdot Q_2}{r^2}$
elektrische Feldstärke E	$\vec{E} = \frac{\vec{F}}{Q}$ Unter der Bedingung eines homogenen elektrischen Feldes gilt: $E = \frac{U}{s}$
elektrische Flussdichte D	$\vec{D} = \varepsilon_0 \cdot \varepsilon_r \cdot \vec{E}$ Für das Vakuum gilt: $\varepsilon_r = 1$
Dielektrizitätskonstante ε	$\varepsilon = \varepsilon_0 \cdot \varepsilon_r$
elektrischer Fluss ψ	$\psi = \int \vec{D}\, d\vec{A}$ Unter der Bedingung $\vec{D}$ = konstant und $\vec{D} \parallel \vec{A}$ gilt: $\psi = D \cdot A$

N	Anzahl der Elektronen
e	Elementarladung (S. 11)
I	Stromstärke
t	Zeit
F	Kraft
ε_0	elektrische Feldkonstante (S. 11)
ε_r	Dielektrizitätszahl (S. 18)
r	Abstand der Punktladungen voneinander

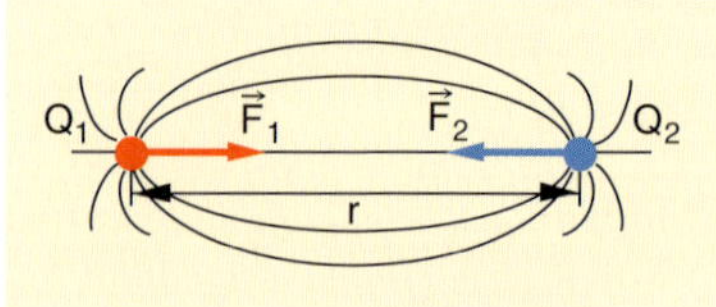

s Abstand der Punkte, zwischen denen die Spannung U besteht

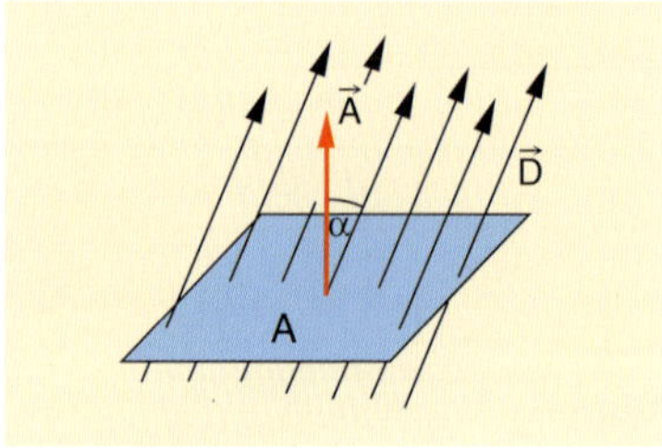

A Flächeninhalt

$\vec{A}$ Flächennormale

elektrisches Potenzial φ	$\varphi = \frac{W}{Q}$	$\varphi = \int_{P_0}^{P_1} \vec{E}(s)d\vec{s}$
elektrische Spannung U	$U = \varphi_1 - \varphi_2$ In einem homogenen Feld gilt: $U = \vec{E} \cdot \vec{s}$	$U = \int_{P_2}^{P_1} \vec{E}(s)d\vec{s}$

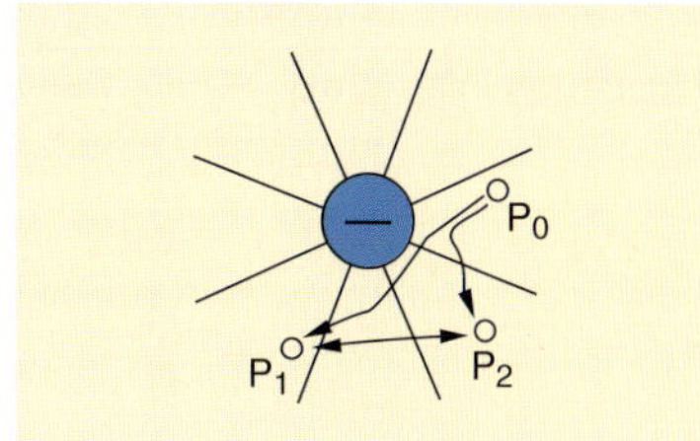

W	Verschiebungsarbeit an einer Ladung Q im elektrischen Feld
φ_1	elektrisches Potential im Punkt P_1
φ_2	elektrisches Potential im Punkt P_2
s	Weg

Kondensatoren

Kapazität C eines Kondensators	$C = \frac{Q}{U}$
Durchschlagsfestigkeit E_d	$E_d = \frac{U}{d}$
elektrische Feldstärke E eines Plattenkondensators	$E = \frac{U}{d}$
Kapazität C eines Plattenkondensators	$C = \varepsilon_0 \cdot \varepsilon_r \cdot \frac{A}{d}$
Energie E des elektrischen Feldes eines Kondensators	$E = \frac{1}{2} C \cdot U^2$
Aufladen eines Kondensators	$U_C = U \cdot \left[1 - e^{\left(-\frac{t}{R \cdot C}\right)}\right]$ $I = I_0 \cdot e^{\left(-\frac{t}{R \cdot C}\right)}$
Entladen eines Kondensators	$U_C = U \cdot e^{\left(-\frac{t}{R \cdot C}\right)}$ $I = I_0 \cdot e^{\left(-\frac{t}{R \cdot C}\right)}$
Zeitkonstante τ	$\tau = R \cdot C$

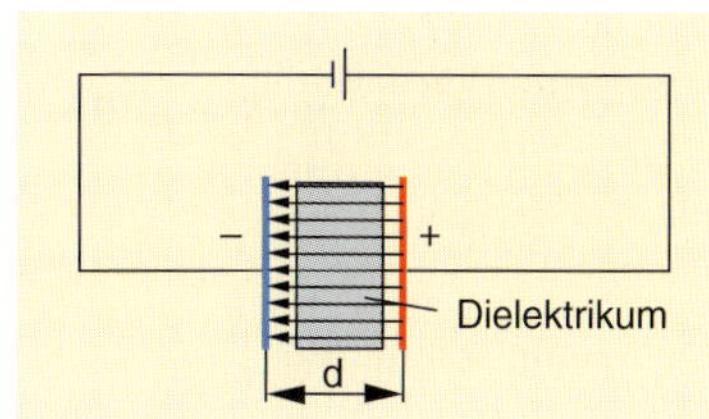

Q	Ladung
U	Spannung
d	Abstand der Platten
ε_0	elektrische Feldkonstante (S. 11)
ε_r	Dielektrizitätszahl (S. 18)
A	Flächeninhalt

U_C	Spannung am Kondensator
U	Ladespannung
R	ohmscher Widerstand
C	Kapazität
t	Zeit
I	Stromstärke
I_0	Anfangsstromstärke
e	eulersche Zahl (S. 11)

Reihenschaltung von Kondensatoren	Parallelschaltung von Kondensatoren
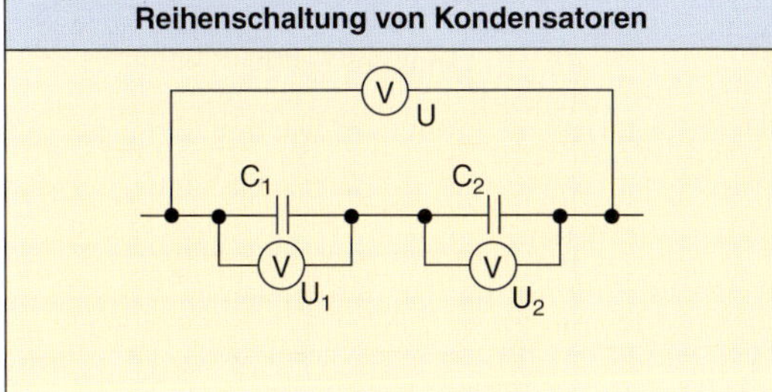	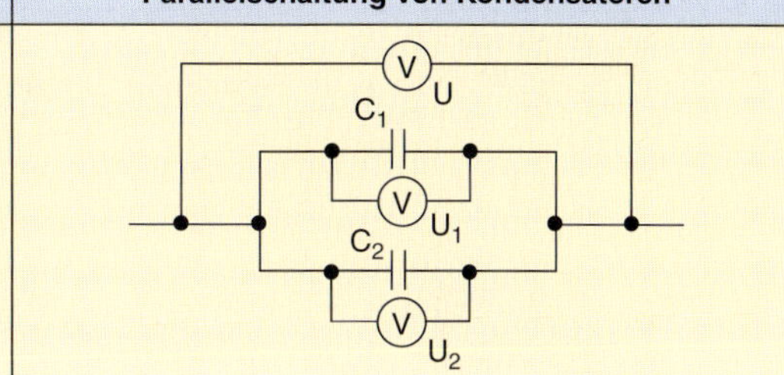
$\frac{1}{C} = \frac{1}{C_1} + \frac{1}{C_2} + \ldots + \frac{1}{C_n}$	$C = C_1 + C_2 + \ldots + C_n$
$U = U_1 + U_2 + \ldots + U_n$	$U = U_1 = U_2 = \ldots = U_n$

Magnetisches Feld

magnetische Feldstärke H	Für das Feld außerhalb eines geraden stromdurchflossenen Leiters gilt: $H = \frac{I}{2\pi r}$ Für das Feld im Inneren einer langen stromdurchflossenen Spule gilt: $H = \frac{N \cdot I}{l}$ Für ein homogenes magnetisches Feld gilt: $H = \frac{\Theta}{s}$	I Stromstärke r Abstand vom Leiter 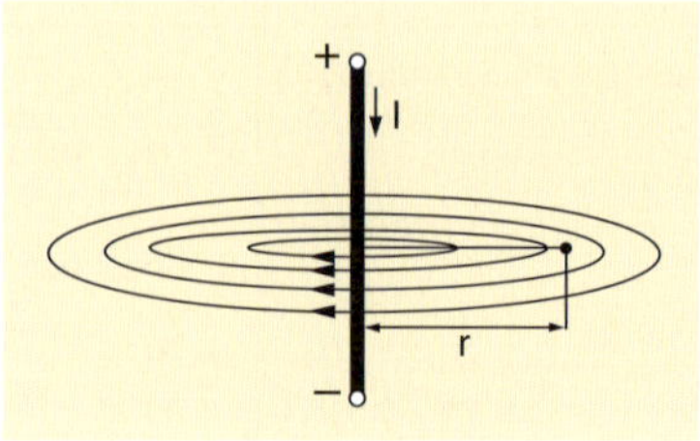
magnetische Flussdichte B (magnetische Induktion)	$\vec{B} = \mu_0 \cdot \mu_r \cdot \vec{H}$	N Windungszahl der Spule l Länge der Spule 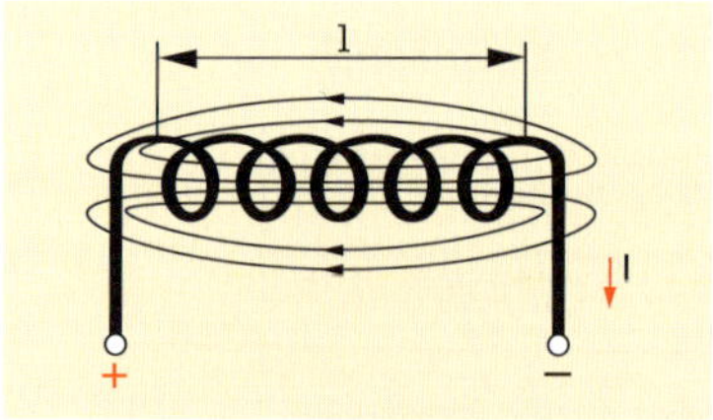
Permeabilität μ	$\mu = \mu_0 \cdot \mu_r$ Für das Vakuum gilt: $\mu_r = 1$	
magnetischer Fluss Φ	$\Phi = \int \vec{B}\, d\vec{A}$ Unter der Bedingung $\vec{B}$ = konstant gilt: $\Phi = B \cdot A \cdot \cos \sphericalangle(\vec{B}, \vec{A})$ Unter der Bedingung $\vec{B}$ = konstant und $\vec{B} \parallel \vec{A}$ bzw. $\vec{B}$ senkrecht zur Fläche gilt: $\Phi = B \cdot A$	Θ elektrische Durchflutung s Umfang einer Fläche μ_0 magnetische Feldkonstante (S. 11) μ_r Permeabilitätszahl (S. 18) A Flächeninhalt $\vec{A}$ Flächennormale 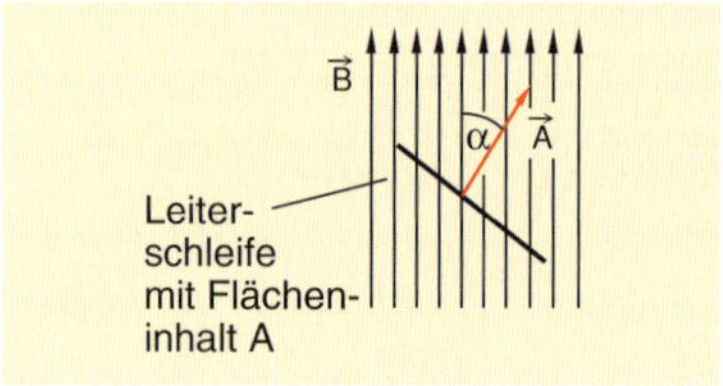
magnetische Spannung V	$V = \int_{P_1}^{P_2} \vec{H}(s)\, d\vec{s}$ In einem homogenen Feld gilt: $V = \vec{H} \cdot \vec{s}$	s Weg
magnetischer Widerstand R_m	$R_m = \frac{V}{\Phi}$ $\quad R_m = \frac{l}{\mu_0 \cdot \mu_r \cdot A}$	l Länge A Flächeninhalt
Kraft auf einen bewegten Ladungsträger F_L **(Lorentzkraft)**	$\vec{F}_L = Q \cdot \vec{v} \times \vec{B}$ Unter der Bedingung $\vec{v} \perp \vec{B}$ gilt: $F_L = Q \cdot v \cdot B$	Q Ladung v Geschwindigkeit
Kraft F auf einen stromdurchflossenen Leiter	$\vec{F} = l \cdot \vec{I} \times \vec{B}$ Unter der Bedingung $\vec{I} \perp \vec{B}$ gilt: $F = l \cdot I \cdot B$	l Länge des Leiters 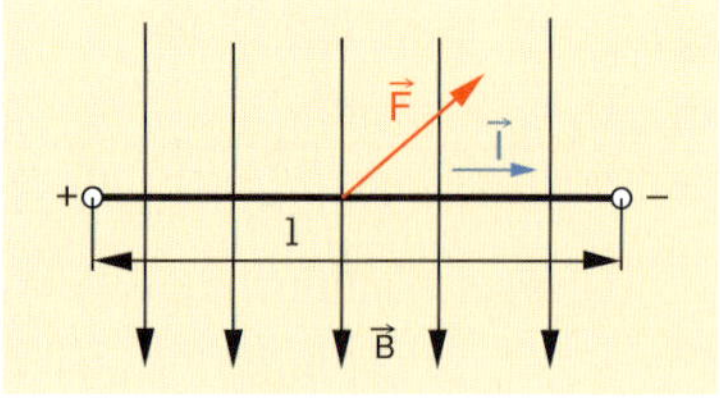
Energie E des magnetischen Feldes einer stromdurchflossenen Spule	$E = \frac{1}{2} L \cdot I^2$	L Induktivität der Spule

Ph 3

Ph

Elektromagnetisches Feld

Induktionsgesetz	$U_i = -\frac{d\Phi}{dt}$ Unter den Bedingungen einer gleichmäßigen Änderung des magnetischen Feldes und $B \perp A$ gilt für eine Spule: $U_i = -N\,\frac{\Delta(B \cdot A)}{\Delta t}$ Für einen bewegten Leiter mit $\vec{v} \perp \vec{B}$ gilt: $U_i = -B \cdot l \cdot v$
Selbstinduktionsspannung U_i in einer Spule	$U_i = -L \cdot \frac{dI}{dt}$ Unter der Bedingung einer gleichmäßigen Änderung der Stromstärke gilt: $U_i = -L \cdot \frac{\Delta I}{\Delta t}$
Induktivität L einer Spule	Für eine lange Spule gilt: $L = \frac{\mu_0 \cdot \mu_r \cdot N^2 \cdot A}{l}$

U_i induzierte Spannung
Φ magnetischer Fluss
N Windungszahl
t Zeit
B magnetische Flussdichte
A Flächeninhalt

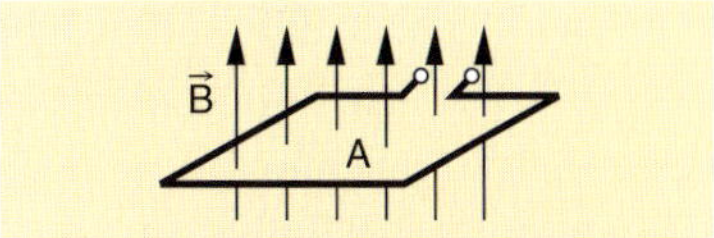

v Geschwindigkeit des Leiters
l Länge des Leiters bzw. der Spule

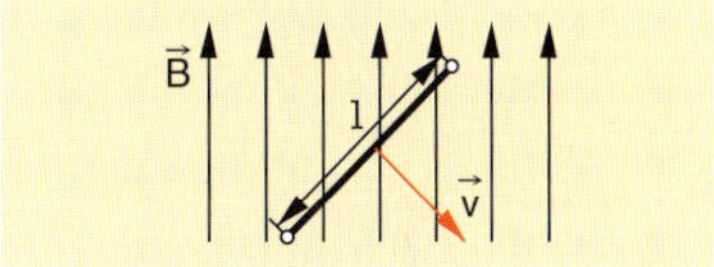

I Stromstärke
μ_0 magnetische Feldkonstante (S. 11)
μ_r Permeabilitätszahl (S. 18)
A Flächeninhalt der Querschnittsfläche

Wechselstromkreis

Stromstärke i im Wechselstromkreis	Momentanwert: $i = \hat{\imath} \cdot \sin(\omega \cdot t + \varphi_0)$ Effektivwert: $I = \frac{1}{\sqrt{2}}\,\hat{\imath} \approx 0{,}7\,\hat{\imath}$
Spannung u im Wechselstromkreis	Momentanwert: $u = \hat{u} \cdot \sin(\omega \cdot t + \varphi_0)$ Effektivwert: $U = \frac{1}{\sqrt{2}}\,\hat{u} \approx 0{,}7\,\hat{u}$
Scheinleistung S	$S = U \cdot I$
Wirkleistung P	$P = U \cdot I \cdot \cos\varphi$
Blindleistung Q	$Q = U \cdot I \cdot \sin\varphi$

ω Kreisfrequenz (S. 90)
i Momentanwert
t Zeit
$\hat{\imath}$ Scheitelwert
I Effektivwert
φ_0 Phasenwinkel
u Momentanwert
$\hat{u}$ Scheitelwert
U Effektivwert

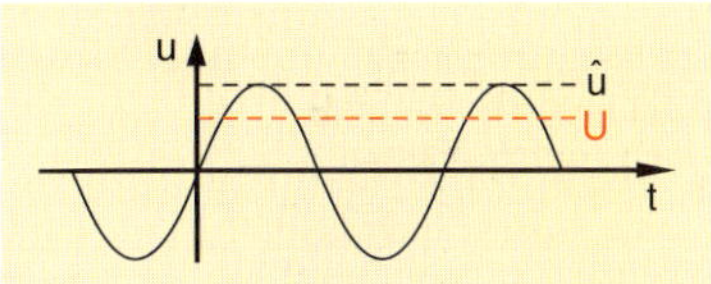

$\cos\varphi$ Leistungsfaktor
φ Phasenverschiebungswinkel

Widerstände im Wechselstromkreis

ohmscher Widerstand R	induktiver Widerstand X_L	kapazitiver Widerstand X_C
$R = \frac{U}{I}$	$X_L = \frac{U}{I}$	$X_C = \frac{U}{I}$
Für einen metallischen Leiter gilt unter der Bedingung ϑ = konstant $R = \frac{\rho \cdot l}{A}$	Für eine Spule gilt: $X_L = \omega \cdot L$	Für einen Kondensator gilt: $X_C = \frac{1}{\omega \cdot C}$
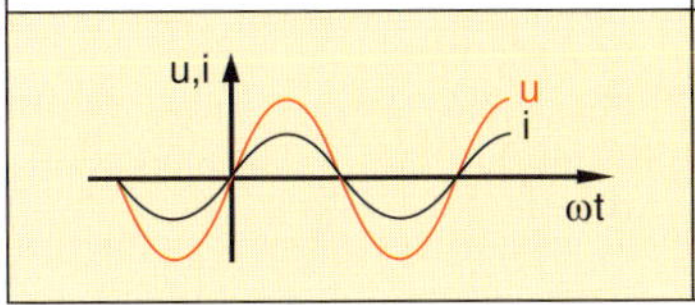	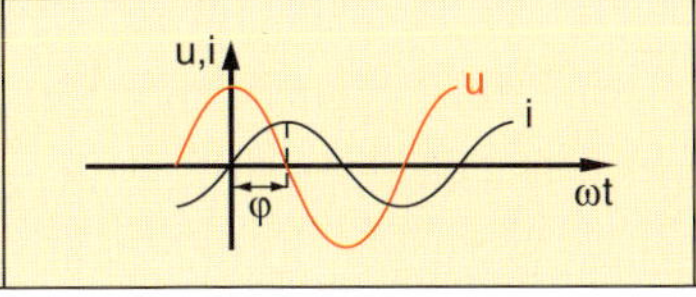	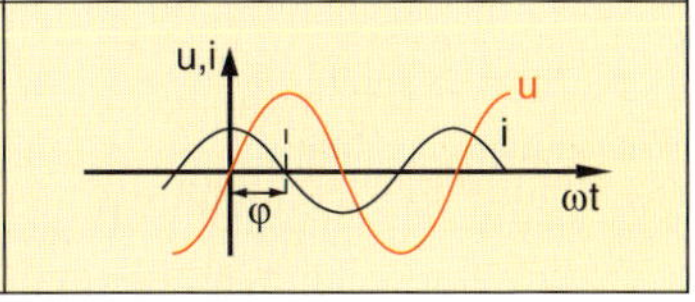

	Reihenschaltung von R, X_L und X_C	Parallelschaltung von R, X_L und X_C
Schaltplan	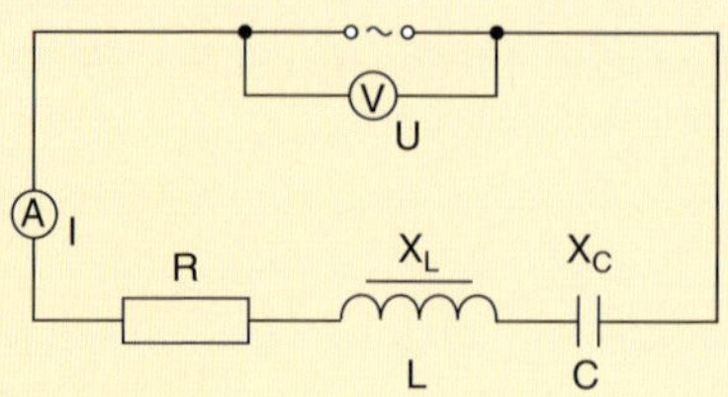	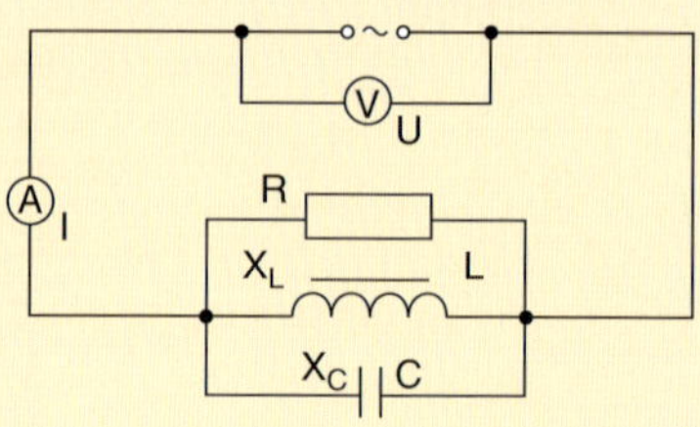
Zeigerdiagramm	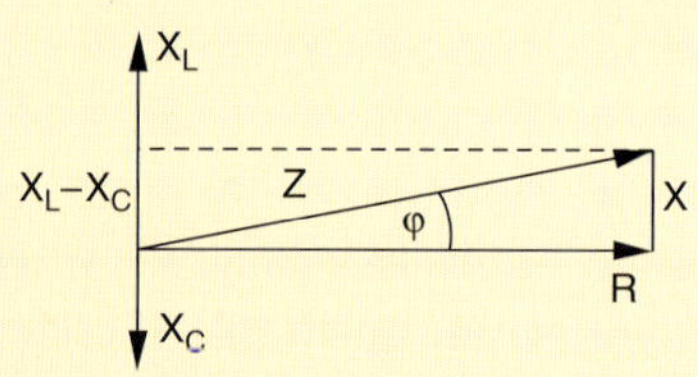	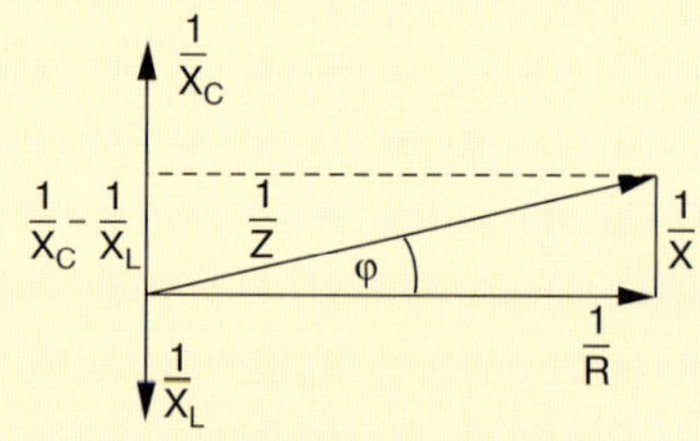
Blindwiderstand X	$X = \omega \cdot L - \frac{1}{\omega \cdot C}$	$\frac{1}{X} = \omega \cdot C - \frac{1}{\omega \cdot L}$
Scheinwiderstand Z	$Z = \sqrt{R^2 + X^2}$	$\frac{1}{Z} = \sqrt{\frac{1}{R^2} + \frac{1}{X^2}}$
Phasenverschiebung tan φ	$\tan \varphi = \frac{X_L - X_C}{R}$	$\tan \varphi = R\left(\frac{1}{X_C} - \frac{1}{X_L}\right)$

Transformator

Spannungsübersetzung für einen verlustlosen Transformator	Unter der Bedingung $I_2 \to 0$ (Leerlauf) gilt: $\frac{U_1}{U_2} = \frac{N_1}{N_2}$
Stromstärkeübersetzung für einen verlustlosen Transformator	Unter der Bedingung $I_2 \to \infty$ (Kurzschluss) gilt: $\frac{I_1}{I_2} = \frac{N_2}{N_1}$
Übersetzungsverhältnis ü	$ü = \frac{N_1}{N_2}$
Leistungsübersetzung	$P_1 = P_2 + P_v$ $U_1 \cdot I_1 \cdot \cos \varphi_1 = U_2 \cdot I_2 \cdot \cos \varphi_2 + P_v$ Unter der Bedingung der Vernachlässigung aller Verluste, einer starken Belastung und $\varphi_1 = \varphi_2$ gilt: $U_1 \cdot I_1 = U_2 \cdot I_2$
Wirkungsgrad η eines Transformators	$\eta = \frac{P_{ab}}{P_{zu}}$

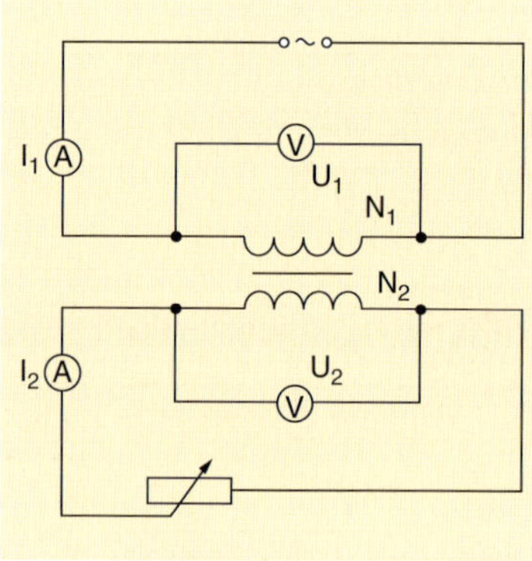

U	Spannung
I	Stromstärke
N	Windungszahl
P	Leistung
P_v	Verlustleistung
φ	Phasenverschiebungswinkel zwischen Stromstärke und Spannung
P_{ab}	abgegebene Leistung
P_{zu}	zugeführte Leistung

Ph 3
Ph

Elektromagnetische Schwingungen

thomsonsche Schwingungsgleichung	$T = 2\pi \cdot \sqrt{L \cdot C}$	T Periodendauer L Induktivität C Kapazität R ohmscher Widerstand
Eigenfrequenz f eines elektrischen Schwingkreises (ungedämpft)	Unter der Bedingung einer freien und ungedämpften Schwingung (R = 0) gilt: $f = \frac{1}{2\pi\sqrt{L \cdot C}}$	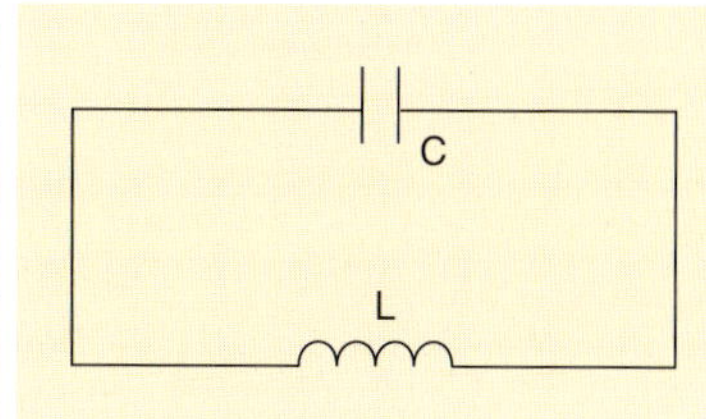
Eigenfrequenz f eines elektrischen Schwingkreises (gedämpft)	Unter der Bedingung einer freien Schwingung gilt: $f = \frac{1}{2\pi}\sqrt{\frac{1}{L \cdot C} - \frac{R^2}{4L^2}}$	R ohmscher Widerstand L Induktivität C Kapazität
Abklingkoeffizient δ	$\delta = \frac{R}{2L}$	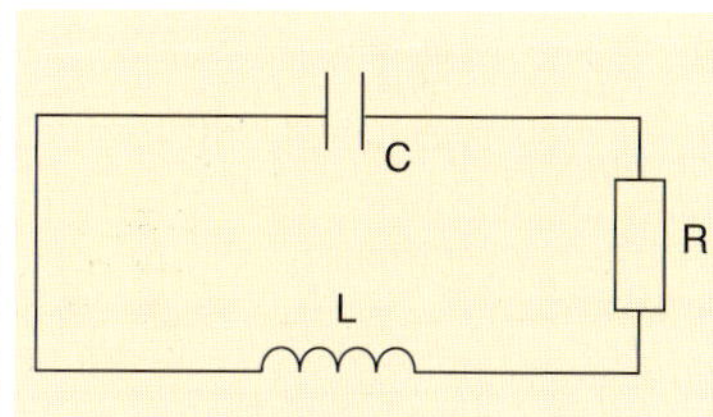
Resonanzbedingung	$f = f_e$	f Eigenfrequenz f_e Erregerfrequenz

Elektromagnetische Wellen

Ausbreitungsgeschwindigkeit c elektromagnetischer Wellen	$c = \lambda \cdot f$ $c = \sqrt{\frac{1}{\varepsilon_r \cdot \varepsilon_0 \cdot \mu_r \cdot \mu_0}}$	λ Wellenlänge (S. 19) f Frequenz (S. 19) ε_0 elektrische Feldkonstante (S. 11) ε_r Dielektrizitätszahl (S. 18) μ_0 magnetische Feldkonstante (S. 11) μ_r Permeabilitätszahl (S. 18)
Eigenfrequenz f eines Dipols	Für die Grundschwingung eines Dipols gilt: $f = \frac{c}{2l}$	
Länge l eines Dipols	Für den optimalen Empfang eines Senders gilt: $l = k \cdot \frac{\lambda}{2}$ (k = 1, 2, 3, ...)	

Leitungsvorgänge in festen und flüssigen Körpern

HALL-Spannung U_H für feste Körper	$U_H = R_H \cdot \frac{I \cdot B}{s}$	I Stromstärke B magnetische Flussdichte s Dicke des Leiters V Volumen N Anzahl der Ladungsträger e Elementarladung (S. 11)
HALL-Konstante R_H	Für Stoffe mit Elektronenleitung gilt: $R_H = \frac{V}{N \cdot e}$	
1. faradaysches Gesetz der Elektrolyse	Für elektrisch leitende Flüssigkeiten (Elektrolyte) gilt: $m = c \cdot Q$	m Masse des abgeschiedenen Stoffes c elektrochemisches Äquivalent (S. 18) Q Ladung n Stoffmenge (S. 107) z Wertigkeit des Stoffes N_A AVOGADRO-Konstante (S. 11) e Elementarladung (S. 11)
2. faradaysches Gesetz der Elektrolyse	Für elektrisch leitende Flüssigkeiten (Elektrolyte) gilt: $Q = n \cdot z \cdot F$	
FARADAY-Konstante F (S. 11)	$F = N_A \cdot e$	

Schwingungen und Wellen

Grundbegriffe und Grundgesetze

Periodendauer T (Schwingungsdauer)	$T = \frac{t}{n}$ $\quad T = \frac{1}{f}$
Frequenz f	$f = \frac{n}{t}$ $\quad f = \frac{1}{T}$
Kreisfrequenz ω	$\omega = 2\pi \cdot f$
Auslenkung y bei einer harmonischen Schwingung	$y = \hat{y} \cdot \sin(\omega \cdot t + \varphi_0)$ Unter der Bedingung $\varphi_0 = 0$ bei $t = 0$ gilt: $y = \hat{y} \cdot \sin(\omega \cdot t)$
Ausbreitungsgeschwindigkeit c von Wellen	$c = \lambda \cdot f$

t	Zeit
n	Anzahl der Schwingungen

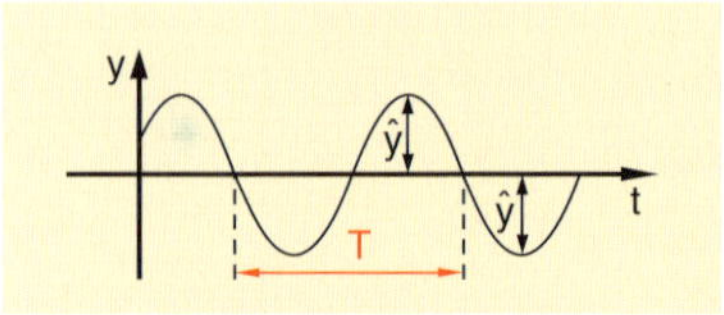

y	Auslenkung (Elongation)
$\hat{y}$	Amplitude
φ_0	Phasenwinkel
λ	Wellenlänge

Schwingungen

Schwingungsgleichung für eine ungedämpfte harmonische Schwingung	$\frac{d^2y}{dt^2} + \omega^2 \cdot y = 0$ Lösung der Differentialgleichung: $y = \hat{y} \cdot \sin(\omega \cdot t + \varphi_0)$
Schwingungsgleichung für eine gedämpfte harmonische Schwingung	$\frac{d^2y}{dt^2} + 2\delta \cdot \frac{dy}{dt} + \omega_0^2 \cdot y = 0$ Lösung der Differentialgleichung: $y = \hat{y} \cdot e^{-\delta \cdot t} \cdot \sin(\omega \cdot t + \varphi_0)$

y	Auslenkung
t	Zeit
ω	Kreisfrequenz
$\hat{y}$	Amplitude
φ_0	Phasenwinkel
δ	Abklingkoeffizient (Dämpfungsfaktor)
ω_0	Kreisfrequenz der ungedämpften (anfänglichen) Schwingung
e	eulersche Zahl (S. 11)

Wellen

Wellengleichungen	$y = \hat{y} \cdot \sin 2\pi \left(\frac{t}{T} - \frac{x}{\lambda}\right)$ $y = \hat{y} \cdot \sin \omega (t - \frac{x}{c})$

y	Auslenkung
$\hat{y}$	Amplitude
t	Zeit
T	Periodendauer
x	Ort
λ	Wellenlänge
c	Ausbreitungsgeschwindigkeit

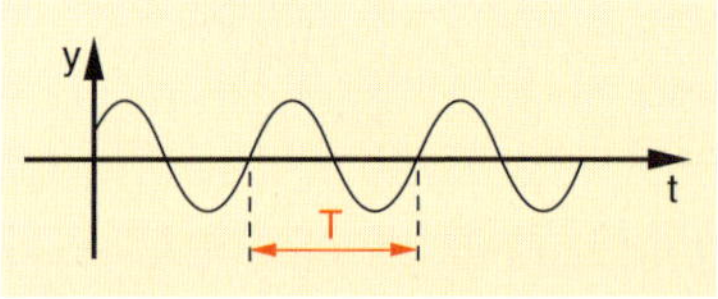

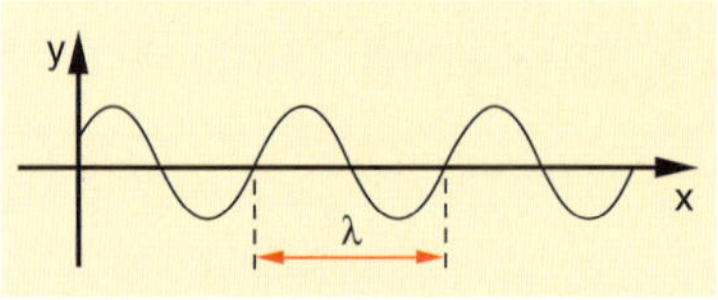

Reflexionsgesetz	$\alpha = \alpha'$	α Einfallswinkel α′ Reflexionswinkel
Brechungsgesetz	$\frac{\sin\alpha}{\sin\beta} = \frac{c_1}{c_2}$	α Einfallswinkel β Brechungswinkel c_1 Ausbreitungsgeschwindigkeit im Medium 1 c_2 Ausbreitungsgeschwindigkeit im Medium 2

Ph 4
Ph

DOPPLER-Effekt	Für einen ruhenden Empfänger und einen bewegten Sender gilt: $f_E = \frac{f_S}{1 \mp \frac{v_S}{c}}$ Für einen bewegten Empfänger und einen ruhenden Sender gilt: $f_E = f_S(1 \pm \frac{v_E}{c})$ Für Licht gilt: $f_E = f_S \cdot \sqrt{\frac{1 \pm \frac{v}{c}}{1 \mp \frac{v}{c}}}$	f_E vom Empfänger gemessene Frequenz f_S vom Sender abgestrahlte Frequenz v_E Geschwindigkeit des Empfängers v_S Geschwindigkeit des Senders c Ausbreitungsgeschwindigkeit der Wellen (S. 7) v Relativgeschwindigkeit zwischen Sender und Empfänger Bei allen Gleichungen gilt das obere Vorzeichen beim Annähern, das untere Vorzeichen beim Entfernen von Empfänger und Sender voneinander.

Optik

Reflexionsgesetz	$\alpha = \alpha'$	α Einfallswinkel α' Reflexionswinkel 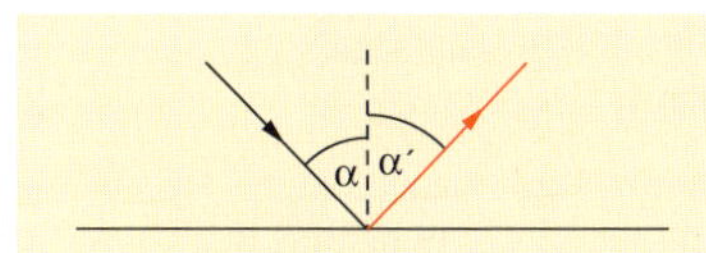
Brechungsgesetz	$\frac{\sin \alpha}{\sin \beta} = \frac{c_1}{c_2}$ $\frac{\sin \alpha}{\sin \beta} = \frac{n_2}{n_1}$ Bezogen auf Vakuum mit $n_1 = 1$ und $n_2 = n$ gilt: $\frac{\sin \alpha}{\sin \beta} = n$	α Einfallswinkel β Brechungswinkel c_1, c_2 Lichtgeschwindigkeiten n_1, n_2 absolute Brechzahlen n Brechzahl (S. 19) 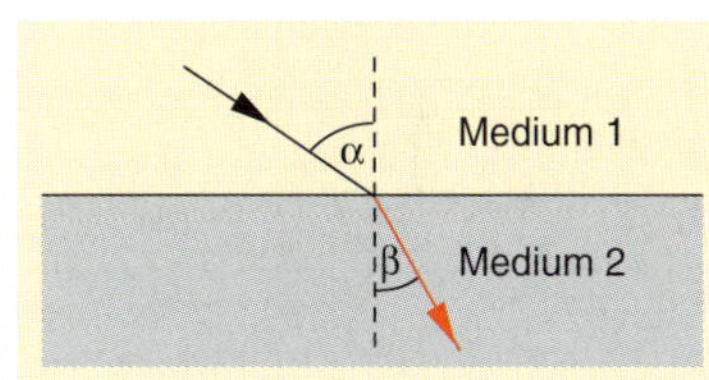
Abbildungsgleichung für dünne Linsen und für Spiegel	$\frac{1}{f} = \frac{1}{g} + \frac{1}{b}$	f Brennweite g Gegenstandsweite b Bildweite
Abbildungsmaßstab A für dünne Linsen und für Spiegel	$A = \frac{B}{G} = \frac{b}{g}$	B Bildgröße G Gegenstandsgröße
Brechwert D von Linsen	$D = \frac{1}{f}$ (f in m)	
Vergrößerung V optischer Geräte	$V = \frac{\tan \alpha_2}{\tan \alpha_1}$	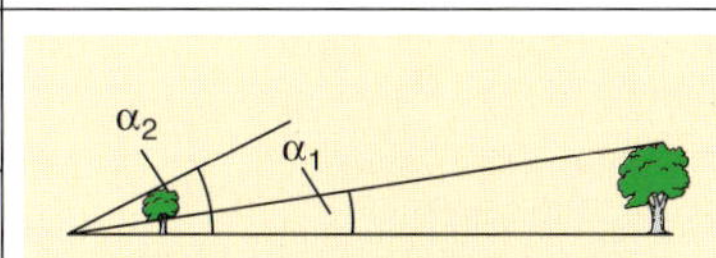
Vergrößerung V einer Lupe	$V = \frac{s_0}{f}$	α_2 Sehwinkel mit optischem Gerät α_1 Sehwinkel ohne optisches Gerät s_0 deutliche Sehweite (25 cm)
Vergrößerung V eines Mikroskops	$V = V_1 \cdot V_2$ $V = \frac{b}{g} \cdot \frac{s_0}{f_2}$	V_1 Vergrößerung des Objektivs V_2 Vergrößerung des Okulars
Vergrößerung V eines Fernrohres	$V = \frac{f_1}{f_2}$	f_1 Brennweite des Objektivs f_2 Brennweite des Okulars

Ph 4

Ph

Interferenz am Spalt	Unter der Bedingung $s_k \ll e_k$ gilt für Maxima: $\frac{(2k+1)\cdot\lambda}{2d} = \sin\alpha_k$ $\frac{(2k+1)\cdot\lambda}{2d} = \frac{s_k}{e_k}$ (k = 1, 2, 3, ...) Unter der Bedingung $s_k \ll e_k$ gilt für Minima: $\frac{k\cdot\lambda}{d} = \sin\alpha_k$ $\frac{k\cdot\lambda}{d} = \frac{s_k}{e_k}$ (k = 1, 2, 3, ...)	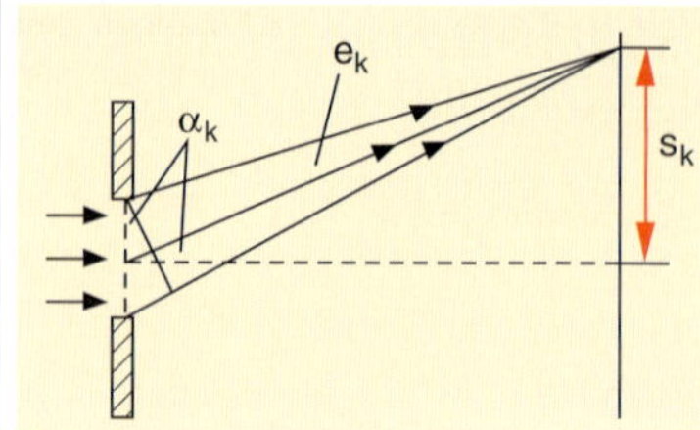 λ Wellenlänge d Spaltbreite
Interferenz am Doppelspalt und am Gitter	Unter der Bedingung $s_k \ll e_k$ gilt für Maxima: $\frac{k\cdot\lambda}{b} = \sin\alpha_k$ $\frac{k\cdot\lambda}{b} = \frac{s_k}{e_k}$ (k = 0, 1, 2, ...) Unter der Bedingung $s_k \ll e_k$ gilt für Minima: $\frac{(2k+1)\cdot\lambda}{2b} = \sin\alpha$ $\frac{(2k+1)\cdot\lambda}{2b} = \frac{s_k}{e_k}$ (k = 0, 1, 2, ...)	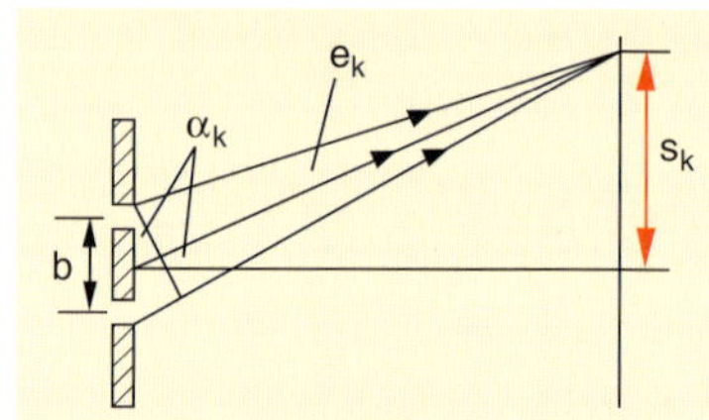 b Gitterkonstante
Interferenz an dünnen Schichten (reflektiertes Licht)	Für Maxima gilt: $d = \frac{2k+1}{n}\cdot\frac{\lambda}{4}$ (k = 0, 1, 2, ...) Für Minima gilt: $d = \frac{2k}{n}\cdot\frac{\lambda}{4}$ (k = 0, 1, 2, ...) Im durchgehenden Licht gilt die erste Bedingung für Minima, die zweite für Maxima.	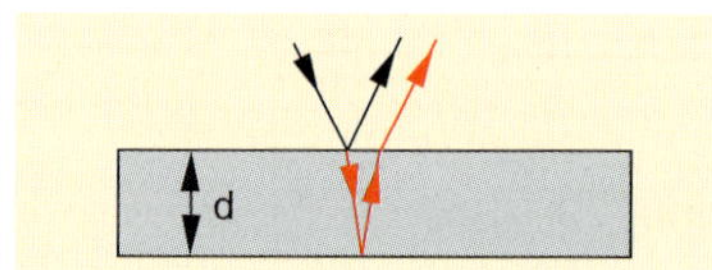 n Brechzahl der dünnen Schicht d Schichtdicke
brewstersches Gesetz	$\tan\alpha_p = n$	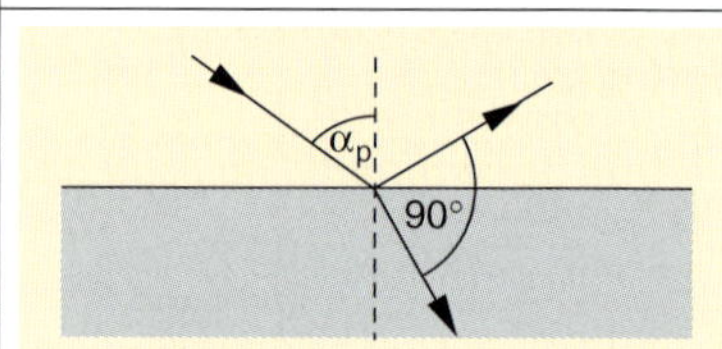
Lichtstrom Φ_V	$\Phi_V = \omega\cdot I_V$ $\Phi_V = E\cdot A$	α_p Einfallswinkel n Brechzahl (S. 19)
Beleuchtungsstärke E	$E = \frac{\Phi_V}{A}$ $E = \frac{I_V}{r^2}$	ω Raumwinkel
Lichtstärke I_V	$I_V = \frac{\Phi_V}{\omega}$	A Flächeninhalt
Leuchtdichte L_V	$L_V = \frac{I_V}{A}$	r Abstand Lichtquelle – beleuchtete Fläche

Ph 4

Quantenphysik

Austrittsarbeit W_A von Elektronen aus Oberflächen	$W_A = h\cdot f_G$	h PLANCK-Konstante (S. 11) f_G Grenzfrequenz
Energie E eines Lichtquants (Photons)	$E = h\cdot f$ $E = h\cdot\frac{c}{\lambda}$	f Frequenz c Lichtgeschwindigkeit (S. 11) λ Wellenlänge
einsteinsche Gleichung für den Fotoeffekt	$h\cdot f = \frac{1}{2}m_e\cdot v^2 + W_A$	m_e Masse eines Elektrons (S. 11) v Geschwindigkeit eines Elektrons
de-BROGLIE-Gleichung für Materiewellen	$\lambda = \frac{h}{p} = \frac{h}{m\cdot v}$	p Impuls Δx Ortsunschärfe
heisenbergsche Unbestimmtheitsrelation	$\Delta x\cdot\Delta p \geq \frac{\hbar}{2}$ $\hbar = \frac{h}{2\pi}$	Δp Impulsunschärfe $\Delta\lambda$ Wellenlängenzunahme
COMPTON-Effekt	$\Delta\lambda = \lambda_C(1-\cos\vartheta)$	λ_C COMPTON-Wellenlänge ($\lambda_C = 2{,}42\cdot 10^{-12}$m) ϑ Streuwinkel

Ph

Spezielle Relativitätstheorie

Relativistische Kinematik

LORENTZ-Transformation	$x = \frac{x' + v \cdot t'}{\sqrt{1 - \frac{v^2}{c^2}}}$ $t = \frac{t' + x' \cdot \frac{v}{c^2}}{\sqrt{1 - \frac{v^2}{c^2}}}$ $y = y'$ $z = z'$	x, y, z x′, y′, z′ v c t t′ l l′	Koordinaten eines Inertialsystems S Koordinaten eines zweiten Inertialsystems S′ Relativgeschwindigkeit zwischen S und S′ Lichtgeschwindigkeit (S. 11) Zeit im Inertialsystem S Zeit im Inertialsystem S′ Länge im Inertialsystem S Länge im Inertialsystem S′
Zeitdilatation	$t = \frac{t'}{\sqrt{1 - \frac{v^2}{c^2}}}$ $t > t'$		
Längenkontraktion	$l = l' \cdot \sqrt{1 - \frac{v^2}{c^2}}$ $l < l'$		
Addition von Geschwindigkeiten	$u = \frac{u' + v}{1 + \frac{u' \cdot v}{c^2}}$ Unter der Bedingung kleiner Geschwindigkeiten gilt: $u = u' + v$	u′ u	Geschwindigkeit im System S′ Geschwindigkeit im System S

Relativistische Dynamik

Masse m eines bewegten Körpers	$m = \frac{m_0}{\sqrt{1 - \frac{v^2}{c^2}}}$	m_0 v c m	Ruhemasse Geschwindigkeit des Körpers Lichtgeschwindigkeit (S. 11) Masse
Masse-Energie-Beziehung	$E = m \cdot c^2$ $E_0 = m_0 \cdot c^2$	E_0	Ruheenergie
relativistische kinetische Energie E_{kin}	$E_{kin} = (m - m_0)c^2$		
Gesamtenergie E eines Körpers	Unter der Bedingung $v \ll c$ gilt: $E = m_0 \cdot c^2 + \frac{1}{2} m_0 \cdot v^2$		

Atom- und Kernphysik

Aufbau von Atomen

Energiebilanz für emittiertes oder absorbiertes Licht	$\Delta E = E_n - E_m$ $\Delta E = h \cdot f$	E_n, E_m f h	Energieniveaus des Atoms Frequenz des Lichtes PLANCK-Konstante (S. 11)
Spektralserien des Wasserstoffatoms	$\frac{1}{\lambda} = R_H \cdot \left(\frac{1}{n^2} - \frac{1}{m^2}\right)$ (n = 1, 2, 3, ...) (m = 2, 3, 4, ...) $f = R_y \cdot \left(\frac{1}{n^2} - \frac{1}{m^2}\right)$ $n < m$	λ R_H R_y	Wellenlänge RYDBERG-Konstante (S. 11) RYDBERG-Frequenz ($3{,}289\,841\,95 \cdot 10^{15}\ s^{-1}$)
relative Atommasse A_r	$A_r = \frac{m_A}{u}$	m_A u	absolute Masse eines Atoms atomare Masseeinheit (S. 11) 1u = 1/12 der Masse [^{12}C]

Nukleonenzahl A (Massenzahl)	$A = Z + N$	
Symbolschreibweise	$^{A}_{Z}$ Symbol des Elements	
Kernmasse m_k und Massendefekt Δm	$m_k < Z \cdot m_p + N \cdot m_n$ $\Delta m = (Z \cdot m_p + N \cdot m_n) - m_k$	
Kernbindungsenergie E_B	$E_B = \Delta m \cdot c^2$	

- Z Protonenzahl (Kernladungszahl, Ordnungszahl im Periodensystem)
- A Massenzahl
- N Neutronenzahl
- m_p Masse eines Protons (S. 11)
- m_n Masse eines Neutrons (S. 11)
- c Lichtgeschwindigkeit (S. 11)

Radioaktive Strahlung

Aktivität A einer radioaktiven Substanz	$A = \frac{\Delta N}{\Delta t}$ $A = A_0 \cdot e^{-\lambda \cdot t}$	
Energiedosis D	$D = \frac{E}{m}$	
Äquivalentdosis H	$H = D \cdot q$	
Zerfallsgesetz	$N = N_0 \cdot e^{-\lambda \cdot t}$ $N = N_0 \cdot \left(\frac{1}{2}\right)^{\frac{t}{T_{1/2}}}$	
Halbwertszeit $T_{1/2}$	$T_{1/2} = \frac{\ln 2}{\lambda}$	

- ΔN Anzahl der zerfallenen Atomkerne
- Δt Zeitspanne
- A_0 Anfangsaktivität
- E von einem Körper aufgenommene Strahlungsenergie
- m Masse des Körpers
- q Qualitätsfaktor
- N_0 Anzahl der zum Zeitpunkt $t = 0$ vorhandenen, nicht zerfallenen Atomkerne
- N Anzahl der nicht zerfallenen Atomkerne
- λ Zerfallskonstante
- t Zeit
- $T_{1/2}$ Halbwertszeit (S. 19)
- e eulersche Zahl (S. 11)

Astronomie

Astronomische Daten

Größe	Sonne	Erde	Mond
mittlerer Radius	696 000 km	6 371 km	1 738 km
Masse	$1{,}99 \cdot 10^{30}$ kg	$5{,}97 \cdot 10^{24}$ kg	$7{,}35 \cdot 10^{22}$ kg
mittlere Dichte	$1{,}41\ g \cdot cm^{-3}$	$5{,}52\ g \cdot cm^{-3}$	$3{,}35\ g \cdot cm^{-3}$
Fallbeschleunigung an der Oberfläche	$274\ m \cdot s^{-2}$	$9{,}81\ m \cdot s^{-2}$	$1{,}62\ m \cdot s^{-2}$
Oberflächentemperatur	≈ 6 000 K	–88 °C ... 60 °C	–160 °C ... 130 °C
mittlere Entfernung	Erde – Sonne: $149{,}6 \cdot 10^6$ km		Erde – Mond: 384400 km

Planeten unseres Sonnensystems

Planet	mittlere Entfernung von der Sonne in 10^6 km	Umlaufzeit um die Sonne in Jahren	mittlere Bahngeschwindigkeit in $km \cdot s^{-1}$	Radius in km	Masse in 10^{24} kg	mittlere Dichte in $g \cdot cm^{-3}$
Merkur	58	0,24	47,9	2 440	0,34	5,4
Venus	108	0,62	35,0	6 050	4,87	5,24
Erde	149,6	1,00	29,8	6 371	5,97	5,52
Mars	227	1,88	24,1	3 400	0,64	3,93
Jupiter	778	11,86	13,1	71 400	1 900	1,33
Saturn	1 424	29,46	9,6	60 300	569	0,69
Uranus	2 874	84,02	6,8	25 600	87	1,24
Neptun	4 497	164,79	5,4	24 800	103	1,60
Pluto	5 894	247,7	4,7	1 150	0,013	2,0

Ph 5

Ph

Astronomie

Einheiten für Länge und Zeit

Größe	Einheit		Beziehungen zwischen Einheiten	
Länge	Astronomische Einheit	AE	1 AE	$= 1{,}496 \cdot 10^{11}$ m
	Lichtjahr	ly	1 ly	$= 6{,}323 \cdot 10^{4}$ AE
				$= 9{,}461 \cdot 10^{15}$ m
	Parsec	pc	1 pc	= 3,262 ly
				$= 3{,}086 \cdot 10^{16}$ m
Zeit	Siderisches Jahr		1 Sid. Jahr	= 365,256 d
				$= 3{,}1558 \cdot 10^{7}$ s
	Sterntag		1 Sterntag	= 0,99727 d
				$= 8{,}6164 \cdot 10^{4}$ s
	Sonnentag		1 Sonnentag	$= 1\ \text{d} = 8{,}6400 \cdot 10^{4}$ s

Einige Daten der Galaxis (des Milchstraßensystems)

Gesamtmasse **Anzahl der Sterne**	$\approx 2{,}2 \cdot 10^{11}$ Sonnenmassen $\approx 2 \cdot 10^{11}$
Durchmesser **Dicke**	≈ 30 000 pc ≈ 98 000 ly ≈ 5 000 pc ≈ 16 000 ly
Abstand der Sonne vom Kern des Systems	≈ 10 000 pc ≈ 33 000 ly
mit bloßem Auge sichtbare Sterne	≈ 5 000
mittlere Dichte $\bar{\rho}$ der Galaxis	$10^{-23}\ \text{g} \cdot \text{cm}^{-3}$

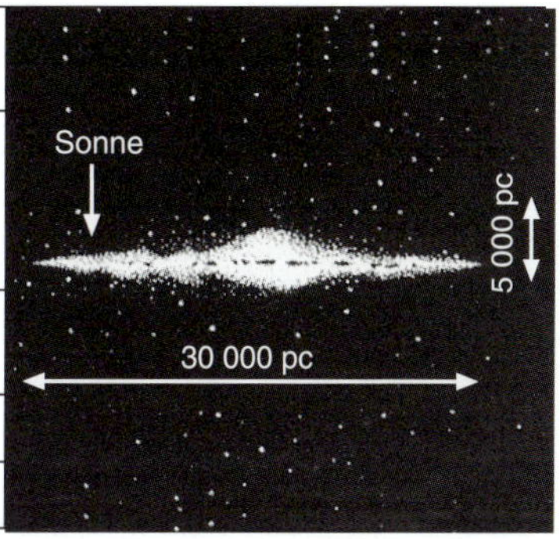

Der Sonne benachbarte Sterne, Nebel und Extragalaxien

Name	Entfernung von der Sonne	Einordnung
Alpha Centauri **Sirius** **Procyon** **Atair** **Wega** **Capella** **Polarstern**	4,3 Lichtjahre 8,9 Lichtjahre 11,6 Lichtjahre 16,5 Lichtjahre 26,7 Lichtjahre 46,2 Lichtjahre 650 Lichtjahre	sichtbare Sterne des Milchstraßensystems
Orion-Nebel **Krebsnebel**	1 630 Lichtjahre 3 260 Lichtjahre	galaktischer Nebel (leuchtende interstellare Materie)
Große Magellansche Wolke **Andromeda-Nebel**	$1{,}6 \cdot 10^{5}$ Lichtjahre $2{,}2 \cdot 10^{6}$ Lichtjahre	Extragalaxien

Astrophysikalische Größen und Zusammenhänge

Gesetz von HUBBLE	$v = H \cdot r$	v Fluchtgeschwindigkeit H HUBBLE-Konstante (S. 11) r Entfernung des Sterns λ Wellenlänge (S. 19) c Lichtgeschwindigkeit (S. 11)
Rotverschiebung	$\lambda_E = \lambda \cdot \sqrt{\dfrac{1+\frac{v}{c}}{1-\frac{v}{c}}}$	
Leuchtkraft L eines Sterns	$L = \dfrac{E}{t}$	E ausgestrahlte Energie t Zeit
scheinbare Helligkeit m eines Sterns	$m_1 - m_2 = -2{,}5 \cdot \lg \dfrac{\Phi_{V,1}}{\Phi_{V,2}}$	Φ_V Lichtstrom
absolute Helligkeit M	$m - M = 5 \cdot \lg r - 5$	r Entfernung des Sterns

Ph 5
Ph

Eigenschaften von Stoffen

Elemente

Schmelz- und Siedetemperaturen in °C

Name		Ordnungszahl	Atommasse in u	Dichte ♦ in g · cm^{-3} bei 25 °C	Schmelztemperatur •	Siedetemperatur •	Elektronenkonfiguration der Atome im Grundzustand	Standardentropie S^0 in $J \cdot mol^{-1} \cdot K^{-1}$
Actinium	Ac	89	[227]		1050	3200	Rn $7s^2 6d^1$	
Aluminium	Al	13	26,98	2,7	660	2450	Ne $3s^2 3p^1$	28
Americium	Am	95	[243]	11,7	> 850	2600	*Rn $7s^2 5f^7$	
Antimon	Sb	51	121,75	6,68	631	1380	Kr $5s^2 4d^{10} 5p^3$	46
Argon ♦	Ar	18	39,95	1,784 g·l^{-1}	–189	–186	Ne $3s^2 3p^6$	
Arsen (grau)	As	33	74,92	5,72	817p	613 subl.	Ar $4s^2 3d^{10} 4p^3$	35
Astat	At	85	[210]		302	335	Xe $6s^2 4f^{14} 5d^{10} 6p^5$	
Barium	Ba	56	137,33	3,50	714	1640	Xe $6s^2$	63
Berkelium	Bk	97	[247]				*Rn $7s^2 5f^8 6d^1$	
Beryllium	Be	4	9,01	1,85	1280	2480	He $2s^2$	9
Bismut	Bi	83	208,98	9,8	271	1560	Xe $6s^2 4f^{14} 5d^{10} 6p^3$	57
Blei	Pb	82	207,2	11,4	327	1740	Xe $6s^2 4f^{14} 5d^{10} 6p^2$	65
Bohrium*	Bh	107	[262]					
Bor	B	5	10,81	2,34	(2030)	3900	He $2s^2 2p^1$	6
Brom	Br	35	79,90	3,12	–7	58	Ar $4s^2 3d^{10} 4p^5$	152
Cadmium	Cd	48	112,41	8,65	321	765	Kr $5s^2 4d^{10}$	52
Caesium	Cs	55	132,91	1,87	29	690	Xe $6s^1$	83
Calcium	Ca	20	40,08	1,55	838	1490	Ar $4s^2$	41
Californium	Cf	98	[251]				*Rn $7s^2 5f^{10}$	
Cerium	Ce	58	140,12	6,78	795	3470	*Xe $6s^2 4f^1 5d^1$	58
Chlor ♦	Cl	17	35,45	3,214 g·l^{-1}	–101	–35	Ne $3s^2 3p^5$	223
Chromium	Cr	24	51,996	7,19	1900	2642	Ar $4s^1 3d^5$	24
Cobalt	Co	27	58,93	8,90	1490	2900	Ar $4s^2 3d^7$	30
Curium	Cm	96	[247]	7,0			*Rn $7s^2 5f^7 6d^1$	
Dubnium	Db	105	[262]				*RN $7s^2 5f^{14} 6d^3$	
Dysprosium	Dy	66	162,50	8,54	1410	2600	Xe $6s^2 4f^{10}$	
Einsteinium	Es	99	[254]				*Rn $7s^2 5f^{11}$	
Eisen	Fe	26	55,85	7,86	1540	3000	Ar $4s^2 3d^6$	27
Erbium	Er	68	167,26	9,05	1500	2900	Xe $6s^2 4f^{12}$	
Europium	Eu	63	151,96	5,26	826	1440	Xe $6s^2 4f^7$	
Fermium	Fm	100	[257]				*Rn $7s^2 5f^{12}$	
Fluor ♦	F	9	18,998	1,695 g·l^{-1}	–220	–188	He $2s^2 2p^5$	203
Francium	Fr	87	[223]		(27)	(680)	Rn $7s^1$	
Gadolinium	Gd	64	157,25	7,89	1310	3000	Xe $6s^2 4f^7 5d^1$	
Gallium	Ga	31	69,72	5,91	30	2400	Ar $4s^2 3d^{10} 4p^1$	41
Germanium	Ge	32	72,59	5,32	937	2830	Ar $4s^2 3d^{10} 4p^2$	31
Gold	Au	79	196,97	19,3	1063	2970	Xe $6s^1 4f^{14} 5d^{10}$	
Hafnium	Hf	72	178,49	13,1	2000	5400	Xe $6s^2 4f^{14} 5d^2$	
Hassium*	Hs	108	[262]					
Helium ♦	He	2	4,00	0,178 g·l^{-1}	–270	–269	$1s^2$	
Holmium	Ho	67	164,93	8,80	1460	2600	Xe $6s^2 4f^{11}$	
Indium	In	49	114,82	7,31	156	2000	Kr $5s^2 4d^{10} 5p^1$	58
Iod	I	53	126,90	4,94	114	183	Kr $5s^2 4d^{10} 5p^5$	116
Iridium	Ir	77	192,22	22,5	2450	4500	Xe $6s^2 4f^{14} 5d^7$	
Kalium	K	19	39,10	0,86	64	760	Ar $4s^1$	64
Kohlenstoff	C	6	12,01					
(Grafit)				2,26	3730	4830	He $2s^2 2p^2$	6
(Diamant)				3,51	> 3550		He $2s^2 2p^2$	2
Krypton ♦	Kr	36	83,80	3,74 g·l^{-1}	–157	–152	Ar $4s^2 3d^{10} 4p^6$	164
Kupfer	Cu	29	63,55	8,96	1083	2600	Ar $4s^1 3d^{10}$	33
Lanthan	La	57	138,91	6,17	920	3470	Xe $6s^2 5d^1$	
Lawrencium	Lr	103	[260]				*Rn $7s^2 5f^{14} 6d^1$	
Lithium	Li	3	6,94	0,53	180	1330	He $2s^1$	138
Lutetium	Lu	71	174,97	9,84	1650	3330	Xe $6s^2 4f^{14} 5d^1$	
Magnesium	Mg	12	24,31	1,74	650	1110	Ne $3s^2$	33
Mangan	Mn	25	54,94	7,43	1250	2100	Ar $4s^2 3d^5$	32

Name		Ordnungszahl	Atommasse in u	Dichte ♦ in g · cm^{-3} bei 25 °C	Schmelztemperatur •	Siedetemperatur •	Elektronenkonfiguration der Atome im Grundzustand	Standardentropie S^0 in $J \cdot mol^{-1} \cdot K^{-1}$
Meitnerium*	Mt	109	[266]					
Mendelevium	Md	101	[258]				*Rn $7s^2 5f^{13}$	
Molybdän	Mo	42	95,94	10,2	2610	5560	Kr $5s^1 4d^5$	29
Natrium	Na	11	22,99	0,97	98	892	Ne $3s^1$	51
Neodymium	Nd	60	144,24	7,00	1020	3030	Xe $6s^2 4f^4$	
Neon ♦	Ne	10	20,18	0,899 g · l^{-1}	–249	–246	He $2s^2 2p^6$	
Neptunium	Np	93	237,05	20,4	640		*Rn $7s^2 5f^4 6d^1$	
Nickel	Ni	28	58,70	8,90	1450	2730	Ar $4s^2 3d^8$	30
Niobium	Nb	41	92,91	8,55	2420	4900	Kr $5s^1 4d^4$	
Nobelium	No	102	[259]				*Rn $7s^2 5f^{14}$	
Osmium	Os	76	190,2	22,4	3000	5500	Xe $6s^2 4f^{14} 5d^6$	
Palladium	Pd	46	106,4	12,0	1550	3125	Kr $4d^{10}$	
Phosphor (weiß)	P	15	30,97	1,82	44	280	Ne $3s^2 3p^3$	41
Platin	Pt	78	195,09	21,4	1770	3825	*Xe $6s^1 4f^{14} 5d^9$	
Plutonium	Pu	94	[244]	19,8	640	3230	*Rn $5f^6 7s^2$	
Polonium	Po	84	[209]	9,4	254	962	Xe $6s^2 4f^{14} 5d^{10} 6p^4$	
Praseodymium	Pr	59	140,91	6,77	935	3130	Xe $6s^2 4f^3$	
Promethium	Pm	61	[145]		(1030)	(2730)	*Xe $6s^2 4f^5$	
Protactinium	Pa	91	231,04	15,4	(1230)		*Rn $7s^2 5f^2 6d^1$	
Quecksilber	Hg	80	200,59	13,53	–39	357	Xe $6s^2 4f^{14} 5d^{10}$	76
Radium	Ra	88	[226]	5,0	700	1530	Rn $7s^2$	
Radon ♦	Rn	86	[222]	9,37 g · l^{-1}	–71	–62	Xe $6s^2 4f^{14} 5d^{10} 6p^6$	
Rhenium	Re	75	186,21	21,0	3180	5630	Xe $6s^2 4f^{14} 5d^5$	
Rhodium	Rh	45	102,91	12,4	1970	3730	Kr $5s^1 4d^8$	
Rubidium	Rb	37	85,47	1,53	39	688	Kr $5s^1$	77
Ruthenium	Ru	44	101,07	12,2	2300	3900	Kr $5s^1 4d^7$	
Rutherfordium	Rf	104	[261]				*Rn $7s^2 5f^{14} 6d^2$	
Samarium	Sm	62	150,35	7,54	1070	1900	Xe $6s^2 4f^6$	
Sauerstoff ♦	O	8	15,999	1,429 g · l^{-1}	–219	–183	He $2s^2 2p^4$	205
Scandium	Sc	21	44,96	3,0	1540	2730	Ar $4s^2 3d^1$	35
Schwefel	S	16	32,06					
rhombisch				2,07	113		Ne $3s^2 3p^4$	22
monoklin				1,96	119	445	Ne $3s^2 3p^4$	33
Seaborgium*	Sg	106	[262]					
Selen (grau)	Se	34	78,96	4,80	217	685	Ar $4s^2 3d^{10} 4p^4$	42
Silber	Ag	47	107,87	10,5	961	2210	Kr $5s^1 4d^{10}$	43
Silicium	Si	14	28,09	2,33	1410	2680	Ne $3s^2 3p^2$	19
Stickstoff ♦	N	7	14,007	1,251 g · l^{-1}	–210	–196	He $2s^2 2p^3$	192
Strontium	Sr	38	87,62	2,6	770	1380	Kr $5s^2$	52
Tantal	Ta	73	180,95	16,6	3000	5430	Xe $6s^2 4f^{14} 5d^3$	
Technetium	Tc	43	[97]	11,5	2140	(4600)	*Kr $5s^1 4d^6$	
Tellur	Te	52	127,60	6,24	450	1390	Kr $5s^2 4d^{10} 5p^4$	50
Terbium	Tb	65	158,92	8,27	1360	2800	Xe $6s^2 4f^9$	
Thallium	Tl	81	204,37	11,85	303	1460	Xe $6s^2 4f^{14} 5d^{10} 6p^1$	64
Thorium	Th	90	232,04	11,7	1700	4200	*Rn $7s^2 6d^2$	54
Thulium	Tm	69	168,93	9,33	1550	1730	Xe $6s^2 4f^{13}$	
Titanium	Ti	22	47,90	4,5	1670	3260	Ar $4s^2 3d^2$	31
Uranium	U	92	238,03	18,90	1130	3820	*Rn $7s^2 5f^3 6d^1$	50
Vanadium	V	23	50,94	5,8	1900	3450	Ar $4s^2 3d^3$	29
Wasserstoff ♦	H	1	1,008	0,089 g · l^{-1}	–259	–253	$1s^1$	131
Wolfram	W	74	183,85	19,3	3410	5930	Xe $6s^2 4f^{14} 5d^4$	33
Xenon ♦	Xe	54	131,30	5,89 g · l^{-1}	–112	–108	Kr $5s^2 4d^{10} 5p^6$	170
Ytterbium	Yb	70	173,04	6,98	824	1430	Xe $6s^2 4f^{14}$	
Yttrium	Y	39	88,91	4,5	1500	2930	Kr $5s^2 4d^1$	
Zink	Zn	30	65,38	7,14	419	906	Ar $4s^2 3d^{10}$	42
Zinn	Sn	50	118,69	7,30	232	2270	Kr $5s^2 4d^{10} 5p^2$	52
Zirconium	Zr	40	91,22	6,49	1850	3580	Kr $5s^2 4d^2$	39

* Die Elektronenkonfiguration der Atome ist nicht gesichert.
[ ] Die umklammerten Werte für die Atommasse geben die Massenzahl des Isotops mit der höchsten Halbwertszeit an.
♦ Dichte gasförmiger Stoffe bei 0 °C
• Schmelz- und Siedetemperatur bei 1013,25 hPa

Ch1

Ch

Anorganische Verbindungen

Name	Aggregatzustand bei 25 °C	Formel	Dichte♦ ρ in $g \cdot cm^{-3}$ bei 25 °C	molare Masse in $g \cdot mol^{-1}$	Schmelztemperatur• ϑ_s in °C	Siedetemperatur• ϑ_v in °C	Standardbildungsenthalpie $\Delta_f H^0$ in $kJ \cdot mol^{-1}$	Standardentropie S^0 in $J \cdot mol^{-1} \cdot K^{-1}$	freie Standardbildungsenthalpie $\Delta_f G^0$ in $kJ \cdot mol^{-1}$
Aluminiumbromid	s	$AlBr_3$	2,6	266,7	97,4	257	–516	163	–488
Aluminiumchlorid	s	$AlCl_3$	2,4	133,3	192,5 p	180 subl.	–704	111	–629
Aluminiumhydroxid	s	$Al(OH)_3$	2,4	78	> 170	–	–1277	–	–
Aluminiumoxid	s	Al_2O_3	4,0	101,9	2045	≈ 3000	–1676	50,9	–1582
Aluminiumsulfat	s	$Al_2(SO_4)_3$	2,7	342,1	605 z	–	–3442	239	–3100
Ammoniak♦	g	NH_3	$0{,}77\,g \cdot l^{-1}$	17,0	–78	–33,5	–46,1	192,2	–16
Ammoniumchlorid	s	NH_4Cl	1,5	53,5	–	335 subl.	–314,6	94,6	–203
Ammoniumnitrat	s	NH_4NO_3	1,7	80,0	169	200 z	–366	151	–184
Ammoniumsulfat	s	$(NH_4)_2SO_4$	1,8	132,1	280 z	–	–1180	220	–902
Arsentrioxid	s	As_2O_3	3,7	197,8	309	459	–657	107	–578
Bariumcarbonat	s	$BaCO_3$	4,4	197,4	1350	–	–1216	112	–1138
Bariumchlorid	s	$BaCl_2$	3,9	208,2	963	1562	–859,8	124	–811
Bariumhydroxid	s	$Ba(OH)_2$	4,5	171,4	408	–	–945		–
Bariumoxid	s	BaO	5,7	153,3	1920	–	–554	70	–525
Bariumsulfat	s	$BaSO_4$	4,5	233,4	1350	–	–1473	132	–1362
Blei(II)-chlorid	s	$PbCl_2$	5,8	278,1	498	954	–359	136	–314
Blei(II)-nitrat	s	$Pb(NO_3)_2$	4,5	331,2	470 z	–	–456		–
Blei(II)-oxid	s	PbO	9,5	223,2	890	1470	–217	69	–188
Blei(II, IV)-oxid (Mennige)	s	Pb_3O_4	9,1	685,6	500 z	–	–718	211	–601
Blei(IV)-oxid	s	PbO_2	9,4	239,2	290 z	–	–277	69	–217
Blei(II)-sulfat	s	$PbSO_4$	6,2	303,3	1170	–	–920	149	–813
Blei(II)-sulfid	s	PbS	7,5	239,3	1114	–	–100	91	–99
Borsäure	s	H_3BO_3	1,4	61,8	185 z	–	–1094	88,7	–969
Bromwasserstoff♦	g	HBr	$3{,}644\,g \cdot l^{-1}$	80,9	–87	–67	–36	199	–53
Calciumbromid	s	$CaBr_2$	3,3	199,9	730	810	–683	130	–664
Calciumcarbid	s	CaC_2	2,2	64,1	2300	–	–60	70	–65
Calciumcarbonat	s	$CaCO_3$	2,7	100,1	900 z	–	–1207	93	–1129
Calciumchlorid	s	$CaCl_2$	2,1	111,0	772	>1600	–796	105	–748
Calciumfluorid	s	CaF_2	3,2	78,1	1392	(2500)	–1220	69	–1167
Calciumhydroxid	s	$Ca(OH)_2$	2,3	74,1	580 z	–	–986	83	–899
Calciumnitrat	s	$Ca(NO_3)_2$	2,5	164,1	561	–	–938	193	–743
Calciumoxid	s	CaO	3,3	56,1	2570	2850	–635	40	–604
Calciumphosphat	s	$Ca_3(PO_4)_2$	3,1	310,2	1670	–	–4120	236	–3885
Calciumsulfat	s	$CaSO_4$	3,0	136,1	1450	–	–1434	107	–1322
Chlorwasserstoff♦	g	HCl	$1{,}639\,g \cdot l^{-1}$	36,5	–114	–85	–92	187	–95
Chromium(II)-chlorid	s	$CrCl_2$	2,9	122,9	815	–	–395	115	–356
Chromium(III)-oxid	s	Cr_2O_3	5,2	152,0	2437	(3000)	–1140	81	–1058
Cobaltchlorid	s	$CoCl_2$	3,4	129,8	727	1050	–313	109	–270
Eisen(III)-chlorid	s	$FeCl_3$	2,8	162,2	306	315	–399	142	–334
Eisen(III)-hydroxid	s	$Fe(OH)_3$	3,9	106,9	500 z	–	–823	107	–697

Name	Aggregatzustand bei 25 °C	Formel	Dichte ♦ ρ in $g \cdot cm^{-3}$ bei 25 °C	molare Masse in $g \cdot mol^{-1}$	Schmelztemperatur• ϑ_s in °C	Siedetemperatur• ϑ_v in °C	Standardbildungsenthalpie $\Delta_f H^0$ in $kJ \cdot mol^{-1}$	Standardentropie S^0 in $J \cdot mol^{-1} \cdot K^{-1}$	freie Standardbildungsenthalpie $\Delta_f G^0$ in $kJ \cdot mol^{-1}$
Eisen(II)-oxid	s	FeO	5,7	71,8	1380	–	–272	61	–251
Eisen(II, III)-oxid	s	Fe_3O_4	5,2	231,5	1538 z	–	–11	146	–1015
Eisen(III)-oxid	s	Fe_2O_3	5,2	159,7	1560	–	–824	87	–742
Eisen(II)-sulfat	s	$FeSO_4$	–	151,9	z	–	–928	108	–821
Eisen(II)-sulfid	s	FeS	4,8	87,9	1195	–	–100	60	–100
Eisensulfid (Pyrit)	s	FeS_2	5,0	120,0	1171	z	–178	53	–167
Fluorwasserstoff ♦	g	HF	0,987 (l)	20	–83	19	–271	174,7	–243
Iodwasserstoff ♦	g	HI	5,79 $g \cdot l^{-1}$	127,9	–51	–35	25,9	206,3	62
Kaliumbromid	s	KBr	2,7	119	734	1380	–392	97	–379
Kaliumcarbonat	s	K_2CO_3	2,3	138,2	897	z	–1146	156	–1061
Kaliumchlorat	s	$KClO_3$	2,3	122,6	368	400 z	–391	143	–290
Kaliumchlorid	s	KCl	2,0	74,6	770	1407	–436	83	–408
Kaliumchromat	s	K_2CrO_4	2,7	194,2	975	z	–1383	–	–
Kaliumcyanid	s	KCN	1,5	65,1	623	–	–113	128	–102
Kaliumdichromat	s	$K_2Cr_2O_7$	2,7	294,2	398	500 z	–2033	–	–
Kaliumhydroxid	s	KOH	2,0	56,1	360	1327	–425	79	–379
Kaliumiodat	s	KIO_3	3,9	214,0	560	z	–508	152	–426
Kaliumiodid	s	KI	3,1	166,0	681	1324	–328	104	–322
Kaliumnitrat	s	KNO_3	2,1	101,1	338	400 z	–493	133	–393
Kaliumpermanganat	s	$KMnO_4$	2,7	158,0	240 z	–	–813	172	–714
Kaliumphosphat	s	K_3PO_4	2,6	212,3	1340	–	–	–	–
Kaliumsulfat	s	K_2SO_4	2,7	174,3	1074	1689	–1434	176	–1316
Kaliumoxid	s	K_2O	2,3	94,2	350 z	–	–361	98	–322
Kohlenstoffdioxid ♦	g	CO_2	1,977 $g \cdot l^{-1}$	44	–56,6 p	–78,4 subl.	–393	214	–394
Kohlenstoffdisulfid	l	CS_2	1,3	76,1	–111	46	90	151	65
Kohlenstoffmonooxid ♦	g	CO	1,250 $g \cdot l^{-1}$	28	–205	–190	–110,5	198	–137
Kupfer(I)-chlorid	s	$CuCl$	3,5	99,0	430	1490	–137	86	–120
Kupfer(II)-chlorid	s	$CuCl_2$	3,4	134,4	498	993 z	–220	108	–176
Kupfer(II)-nitrat	s	$Cu(NO_3)_2$	–	187,6	–	–	–303	–	–
Kupfer(I)-oxid	s	Cu_2O	6,0	143,1	1230	1800 z	–169	93	–146
Kupfer(II)-oxid	s	CuO	6,4	79,5	1026 z	–	–157	43	–130
Kupfer(II)-sulfat	s	$CuSO_4$	3,6	159,6	650 z	–	–771	109	–662
Magnesiumbromid	s	$MgBr_2$	3,7	184,1	700	–	–524	117	–504
Magnesiumchlorid	s	$MgCl_2$	2,3	95,2	712	1418	–642	90	–592
Magnesiumhydroxid	s	$Mg(OH)_2$	2,4	58,3	350 z	–	–924	63	–834
Magnesiumnitrat	s	$Mg(NO_3)_2$	–	148,3	–	–	–791	164	–590
Magnesiumoxid	s	MgO	3,6	40,3	2800	3600	–601,2	27	–570
Magnesiumsulfat	s	$MgSO_4$	2,7	120,4	1124 z	–	–1288	92	–1171
Manganchlorid	s	$MnCl_2$	3,0	125,9	650	1190	–481	118	–441
Mangan(IV)-oxid	s	MnO_2	5,0	86,9	535 z	z	–520	53	–465
Mangansulfat	s	$MnSO_4$	3,2	151,0	700	850 z	–1065	112	–957

Name	Aggregatzustand bei 25 °C	Formel	Dichte♦ ρ in $g \cdot cm^{-3}$ bei 25 °C	molare Masse in $g \cdot mol^{-1}$	Schmelztemperatur● ϑ_s in °C	Siedetemperatur● ϑ_v in °C	Standardbildungsenthalpie $\Delta_f H^0$ in $kJ \cdot mol^{-1}$	Standardentropie S^0 in $J \cdot mol^{-1} \cdot K^{-1}$	freie Standardbildungsenthalpie $\Delta_f G^0$ in $kJ \cdot mol^{-1}$
Natriumbromid	s	NaBr	3,2	102,9	747	1390	–360	84	–347
Natriumcarbonat	s	Na_2CO_3	2,5	106,0	854	z	–1131	136	–1048
Natriumchlorid	s	NaCl	2,2	58,5	801	1465	–411	72	–384
Natriumhydrogencarbonat	s	$NaHCO_3$	2,2	84,0	270 z	–	–948	102	–852
Natriumhydroxid	s	NaOH	2,1	40	322 p	1378	–427	64	–381
Natriumnitrat	s	$NaNO_3$	2,3	85	310	z	–467	116	–366
Natriumnitrit	s	$NaNO_2$	2,2	69,0	271	320 z	–359	–	–
Natriumphosphat	s	Na_3PO_4	2,5	163,9	1340	–	–1925	–	–
Natriumsulfat	s	Na_2SO_4	2,7	142,0	884	–	–1384	149	–1267
Natriumthiosulfat	s	$Na_2S_2O_3$	1,7	158,1	z	–	–1117	–	–
phosphorige Säure	s	H_3PO_3	1,6	82	74	200 z	–964	–	–
Diphosphorpentoxid	s	P_4O_{10}	2,4	284	580	300 subl.	–3008	228	–2724
Phosphorpentachlorid	g	PCl_5	1,6	208,3		164 z	–375	113	–305
Phosphorsäure	s	H_3PO_4	1,8	98,0	42	213 z	–1286	110	–1126
Phosphortrichlorid	g	PCl_3	1,6	137,3	–91	74	–287	72	–268
Quecksilber(II)–chlorid	s	$HgCl_2$	5,4	271,5	277	304	–224	146	–179
Quecksilber(II)-oxid	s	HgO	11,1	216,6	500 z	–	–91	70	–59
Salpetersäure	l	HNO_3	1,5	63	–47	86	–174	156	–81
Schwefeldioxid ♦	g	SO_2	2,926 $g \cdot l^{-1}$	64,1	–73	–10	–297	248	–300
Schwefelsäure	l	H_2SO_4	1,8	98,1	10	338 z	–814	157	–690
Schwefeltrioxid (α)		SO_3	2,75	80,1	17	45	–396	257	–371
Schwefelwasserstoff♦	g	H_2S	1,529 $g \cdot l^{-1}$	34,1	–86	–62	–20,7	205,5	–34
Silberbromid	s	AgBr	6,5	187,8	430	700 z	–100	107	–97
Silberchlorid	s	AgCl	5,6	143,3	455	1564	–127	96	–110
Silberiodid	s	AgI	5,7	234,8	557	1506	–62	115	–66
Silbernitrat	s	$AgNO_3$	4,4	169,9	209	444z	–124	141	–33
Siliciumdioxid	s	SiO_2	2,6	60,1	1700	2230	–911	42	–858
Distickstoffpentoxid	g	N_2O_5	1,6	108,0	–	32 z	11	356	115
Distickstofftrioxid	g	N_2O_3	1,4 (l)	76,0	–102	–	84	312	139
Stickstoffdioxid ♦	g	NO_2	1,49 (l)	46,0	–11	21	33	240	51
Stickstoffmonooxid ♦	g	NO	1,340 $g \cdot l^{-1}$	30	–164	–152	90	211	87
Wasser	l	H_2O	0,997■	18,0	0	100	–285	70	–237
Wasser	g	H_2O	–	–	–	–	–242	189	–229
Wasserstoffperoxid	l	H_2O_2	1,4	34,0	–0,4	158	–188	109	–120
Zinkchlorid	s	$ZnCl_2$	2,9	136,3	283	732	–415	111	–369
Zinkoxid	s	ZnO	5,5	81,4	1970	subl.	–348	44	–318
Zinksulfid	s	ZnS	4,1	97,4	1020 p	subl.	–206	58	–201

s – (solid) – fest   p – unter Druck   l – (liquid) – flüssig
subl. – sublimiert   g – (gaseous) – gasförmig   z – zersetzlich

♦ Dichte gasförmiger Stoffe bei 0 °C   ● Schmelz- und Siedetemperatur bei 1013,25 hPa

■ Dichte von Wasser: bei 0 °C 0,999 84 $g \cdot cm^{-3}$; bei 4 °C 0,999 97 $g \cdot cm^{-3}$; bei 100 °C 0,958 35 $g \cdot cm^{-3}$

Ch1

Ch

Organische Verbindungen

Name	Aggregatzustand bei 25 °C	Formel	Dichte ♦ ρ in $g \cdot cm^{-3}$ bei 25 °C	molare Masse in $g \cdot mol^{-1}$	Schmelztemperatur ● ϑ_s in °C	Siedetemperatur ● ϑ_v in °C	Standard-Bildungsenthalpie $\Delta_f H^0$ in $kJ \cdot mol^{-1}$	Standard-Entropie S^0 in $J \cdot mol^{-1} \cdot K^{-1}$	freie Standard-Bildungsenthalpie $\Delta_f G^0$ in $kJ \cdot mol^{-1}$
2-Amino-Ethansäure (Glycin)	s	NH_2CH_2COOH	0,828	75,1	262z	–	–528,8	108,78	–369
Aminobenzol (Anilin)	l	$C_6H_5NH_2$	1,02	93,1	–6,3	184,1	35,14	191,62	167 (g)
Benzaldehyd	l	C_6H_5CHO	1,042 (15 °C)	106,1	–26	178,1	–82,0	–	–
Benzoesäure	s	C_6H_5COOH	1,266 (15 °C)	122,1	122,4	249	–380,74	170,7	–210 (g)
Benzol (Benzen)	l	C_6H_6	0,874	78,1	5,5	80,1	83 (g)	269 (g)	130 (g)
Bromethan	l	C_2H_5Br	1,451	109	–118,6	38,4	–92	288 (g)	–27 (g)
Brommethan	g	CH_3Br	1,662 (l)	94,9	–93,6	3,6	–38	246	–28
2-Brompropan	l	C_3H_7Br	1306	123,0	–89	59,4	–	–	–27 (g)
Buta-1,3-dien	g	C_4H_6	0,650 (–6 °C)	54,1	–108,9	–4,4	110	279	151
Butan ♦	g	C_4H_{10}	2,703 $g \cdot l^{-1}$	58,1	–138,4	–0,5	–124,51	310,45	–17
Butansäure	l	C_3H_7COOH	0,952	88,1	–5,2	163,3	–533,8	225,9	–378
Butansäureethylester	l	$C_3H_7COOC_2H_5$	0,879 (20 °C)	116,15	–93,3	120	–	–	–
But-1-en	g	C_4H_8	0,589 (l)	56,1	–185,4	–6,3	–0,1	306	71
Chlorbenzol	l	C_6H_5Cl	1,106	112,6	–45	132	11	196,22	99 (g)
Chlorethan	g	C_2H_5Cl	0,917 (6 °C)	64,5	–136,4	12,3	–112	276	–73
Chlorethansäure	s	$ClCH_2COOH$	1,404 (40 °C)	94,5	63	187,9	–513	–	–
Chlorethen	g	C_2H_3Cl	0,901 (l)	62,5	–153,8	–13,4	35	264	52
Chlormethan ♦	g	CH_3Cl	2,307 $g \cdot l^{-1}$	50,5	–97,7	–24,2	–86	235	–63
Citronensäure	s	$C_6H_8O_7$	1,542	192,12	153				–
Cyclohexan	l	C_6H_{12}	0,774	84,2	6,6	80,7	–157	205	32 (g)
1,2-Dibromethan	l	$C_2H_4Br_2$	2,169	187,9	9,8	131,4	–81	330 (g)	–11 (g)
1,2-Dichlorbenzol	l	$C_6H_4Cl_2$	1,305	147,0	–17	179	–18	342 (g)	83 (g)
1,3-Dichlorbenzol	l	$C_6H_4Cl_2$	1,288	147,0	–25	172	–22	343 (g)	79 (g)
1,4-Dichlorbenzol	s	$C_6H_4Cl_2$	1,533	147,0	53	174	–42	337 (g)	77 (g)
1,2-Dichlorethan	l	$C_2H_4Cl_2$	1,246	99,0	–35,7	83,5	–165	308 (g)	–74 (g)
Dichlorethansäure	l	$Cl_2CHCOOH$	1,563 (20 °C)	128,9	13,5	194	–501	–	–
Dichlormethan	l	CH_2Cl_2	1,316	84,9	–95,1	39,8	–124	2707 (g)	–69 (g)
1,2-Dihydroxybenzol-Brenzcatechin	s	$C_6H_4(OH)_2$	1,344	110,1	104,5	245	353	–	–
1,3-Dihydroxybenzol (Resorcin)	s	$C_6H_4(OH)_2$	1,271 (15 °C)	110,1	109,8	276,5	–357,73	146,44	–172 (g)

Name	Aggregatzustand bei 25 °C	Formel	Dichte ♦ ρ in g·cm^{-3} bei 25 °C	molare Masse in g·mol^{-1}	Schmelztemperatur ● ϑ_s in °C	Siedetemperatur ● ϑ_v in °C	Standard-Bildungsenthalpie $\Delta_f H^0$ in kJ·mol^{-1}	Standard-Entropie S^0 in J·mol^{-1}·K^{-1}	freie Standard-Bildungsenthalpie $\Delta_f G^0$ in kJ·mol^{-1}
1,4-Dihydroxybenzol (Hydrochinon)	s	$C_6H_4(OH)_2$	–	110,1	171,5	285	366	294	–175 (g)
1,2-Dimethylbenzol (o-Xylol)	l	$C_6H_4(CH_3)_2$	0,876	106,2	–25,2	144,4	–24	353	122 (g)
1,3-Dimethylbenzol (m-Xylol)	l	$C_6H_4(CH_3)_2$	0,860	106,2	–47,9	139,1	–26	358	119 (g)
1,4-Dimethylbenzol (p-Xylol)	l	$C_6H_4(CH_3)_2$	0,875	106,2	13,3	138,4	–24	352	121 (g)
Diethylether	l	$C_2H_5OC_2H_5$	0,714	741	–116,2	34,51	–279	343	–122 (g)
Dimethylether	g	C_2H_6O		46,1	–138,5	–23	–184	267	–113
Ethan ♦	g	C_2H_6	1,356 g·l^{-1}	30,1	–183,3	–88,6	–84,47	228,45	–33
Ethanal	g	CH_3CHO	0,788 (13 °C)	44,1	–123	20,1	–166	264,0	–133
1,2-Ethandiol (Ethylenglycol)	l	$C_2H_4(OH)_2$	1,109	62,1	–15,6	197,8	–451,87	166,94	–305 (g)
Ethandisäure (Oxalsäure)	s	$(COOH)_2$	1,90 (17 °C)	90,0	157 subl.		–821,31	117,15	–701
Ethanol	l	C_2H_5OH	0,785	46,1	–114,1	78,3	–278,31	158,99	–168 (g)
Ethansäure	l	CH_3COOH	1,044	60,1	16,7	117,9	–486,18	158,99	–377 (g)
Ethansäuremethylester	l	CH_3COOCH_3	0,933	74,1	–98,1	57,0	–442	–	–
Ethen ♦	g	C_2H_4	1,260 g·l^{-1}	28,1	–169,2	–103,7	52,55	219,53	68
Ethin ♦	g	C_2H_2	1,170 g·l^{-1}	26,0	–80,8	–84,0	225,51	200,95	209
Ethylbenzol	l	$C_6H_5C_2H_5$	0,863	106,2	–95	136,2	–12	361	131 (g)
Glucose (α-D-Glucose)	s	$C_6H_{12}O_6$	1,54	180,0	146	200z	–	–	–
Harnstoff	s	$CO(NH_2)_2$	1,32	60,1	132,7	z	–330,95	104,6	–154 (g)
Heptan	l	C_7H_{16}	0,68	100	–90	98	–188	428	8
Hexadekansäure (Palmitinsäure)	s	$C_{15}H_{31}COOH$	0,85 (62 °C)	256,4	62,2	219p	–917,3	475,72	–
Hexan	l	C_6H_{14}	0,655	86,2	–95,3	68,7	–211,29	297,9	–0,3 (g)
1-Hexen	l	C_6H_{12}	0,668	84,2	–139,8	63,5	–73	385	87 (g)
Methan ♦	g	CH_4	0,717 g·l^{-1}	16,0	–182,5	–161,5	–74,67	186,02	–51
Methanal	g	$HCHO$	0,82 (–20 °C)	30,0	–117	–19,2	–118,40	217,56	–110
Methanol	l	CH_3OH	0,787	32,0	–97,7	64,5	–238,48	126,77	–163 (g)
Methansäure	l	$HCOOH$	1,214	46,0	8,4	101	–416,43	138,07	–351 (g)
Methylbenzol (Toluol)	l	$C_6H_5CH_3$	0,862	92,1	–95	110,6	15,1	217,71	122 (g)
Milchsäure	s	$C_3H_6O_3$		90,08	25–26	z		143	–
Natriumacetat	s	CH_3COONa	1,5	82,0	324	z	–710	–	–
Nitrobenzol	l	$C_6H_5NO_2$	1,198	123,1	5,7	210,8	17,99	221,75	146

Ch1
Ch

Aggregatzustand bei 25 °C / Name	Formel	Dichte ♦ ρ in $g \cdot cm^{-3}$ bei 25 °C	molare Masse in $g \cdot mol^{-1}$	Schmelztemperatur ● ϑ_s in °C	Siedetemperatur ● ϑ_v in °C	Standard-Bildungsenthalpie $\Delta_f H^0$ in $kJ \cdot mol^{-1}$	Standard-Entropie S^0 in $J \cdot mol^{-1} \cdot K^{-1}$	freie Standard-Bildungsenthalpie $\Delta_f G^0$ in $kJ \cdot mol^{-1}$
Octadekansäure (Stearinsäure) s	$C_{17}H_{35}COOH$	0,84 (80 °C)	284,5	69,4	291p	–954,37	–	–
Octan l	C_8H_{18}	0,698	114,2	–56,8	125,7	–250	467	16 (g)
Oxalsäure s	$(COOH)_2$	1,900	90,9	–	157 z	–830	120	–701
Pentan l	C_5H_{12}	0,621	72,1	–129,7	36,1	–168,19	259,40	–8 (g)
Phenol s	C_6H_5OH	1,132	94,1	41,0	181,8	–155,22	142,25	33 (g)
Phthalsäure s	$C_6H_4(COOH)_2$	1,593	166,1	210 – 211	7	–782	208	–592
Propan ♦ g	C_3H_8	2,019 $g \cdot l^{-1}$	44,1	–187,7	–42,1	–103,63	270,70	–24
Propan-1-ol l	C_3H_7OH	0,799	60,1	–126,2	97,2	–302,5	192,46	–163 (g)
Propan-2-ol l	C_3H_7OH	0,781	60,1	–88,5	82,3	–	–	–173 (g)
Propanon (Aceton) l	CH_3COCH_3	0,785	58,1	–94,7	56,1	–235,14	199,99	–153 (g)
Propan-1,2,3-triol (Glycerin) l	$C_3H_5(OH)_3$	1,26	92,1	17,9	290	–659,8	204,59	–
Propen g	C_3H_6	0,505 (l)	42,1	–185,3	–47,7	20	267	62
Propin g	C_3H_4	–	40,1	–102,7	–23,2	185	248	194
Saccharose s	$C_{12}H_{22}O_{11}$	–	–	–	–	–2221	360	–1544
Tetrachlormethan l	CCl_4	1,584	153,8	–23,0	76,5	–141,4	217,56	–58 (g)
Trichlormethan (Chloroform) λ	$CHCl_3$	1,480	119,4	–63,5	61,7	–132	296 (g)	–69 (g)
Trichlorethansäure s	Cl_3CCOOH	1,62	163,4	58	197,6	–509	–	–

♦ Dichte gasförmiger Stoffe bei 0 °C

● Schmelz- und Siedetemperatur bei 1013,25 hPa

Allgemeine Stoff- und Reaktionskonstanten

Dichten von handelsüblichen konzentrierten Lösungen

	HCl, 37 %	H_2SO_4, 96 %	HNO_3, 65 %	NaOH, 33 %	KOH, 40 %	NH_3, 25 %
ρ in $g \cdot ml^{-1}$	1,18	1,84	1,39	1,36	1,40	0,91

Säure-Base-Indikatoren

Name	angezeigte Farben pH_1 <	pH_2	pH-Umschlagsbereich
Thymolblau	rot	gelb	1,2 – 2,8
Methylorange	rot	gelb	3,1 – 4,4
Methylrot	rosa	gelb	4,4 – 6,2
Lackmus	rot	blau	5,0 – 8,0
Bromthymolblau	gelb	blau	6,0 – 7,6
Phenolphthalein	farblos	rot	8,3 – 10,0

Löslichkeitsprodukte einiger Salze und Hydroxide (25 °C)

Name	Formel	K_L	Einheit	pK_L
Aluminiumhydroxid	$Al(OH)_3$	$1 \cdot 10^{-33}$	$mol^4 \cdot l^{-4}$	33
Bariumcarbonat	$BaCO_3$	$5 \cdot 10^{-9}$	$mol^2 \cdot l^{-2}$	8,3
Bariumhydroxid	$Ba(OH)_2$	$5 \cdot 10^{-3}$	$mol^3 \cdot l^{-3}$	2,3
Bariumsulfat	$BaSO_4$	$1 \cdot 10^{-10}$	$mol^2 \cdot l^{-2}$	10
Blei(II)-chlorid	$PbCl_2$	$2 \cdot 10^{-5}$	$mol^3 \cdot l^{-3}$	4,7
Blei(II)-hydroxid	$Pb(OH)_2$	$6 \cdot 10^{-16}$	$mol^3 \cdot l^{-3}$	15,2
Blei(II)-sulfat	$PbSO_4$	$2 \cdot 10^{-8}$	$mol^2 \cdot l^{-2}$	7,7
Blei(II)-sulfid	PbS	$1 \cdot 10^{-28}$	$mol^2 \cdot l^{-2}$	28
Calciumcarbonat	$CaCO_3$	$5 \cdot 10^{-9}$	$mol^2 \cdot l^{-2}$	8,3
Calciumhydroxid	$Ca(OH)_2$	$4 \cdot 10^{-6}$	$mol^3 \cdot l^{-3}$	5,4
Calciumsulfat	$CaSO_4$	$2 \cdot 10^{-5}$	$mol^2 \cdot l^{-2}$	4,7
Eisen(III)-hydroxid	$Fe(OH)_3$	$4 \cdot 10^{-40}$	$mol^4 \cdot l^{-4}$	39,4
Eisen(II)-sulfid	FeS	$5 \cdot 10^{-18}$	$mol^2 \cdot l^{-2}$	17,3
Kupfer(II)-sulfid	CuS	$6 \cdot 10^{-36}$	$mol^2 \cdot l^{-2}$	35,2
Magnesiumhydroxid	$Mg(OH)_2$	$1 \cdot 10^{-11}$	$mol^3 \cdot l^{-3}$	11
Quecksilber(II)-sulfid	HgS (rot)	$4 \cdot 10^{-53}$	$mol^2 \cdot l^{-2}$	52,4
Silberbromid	AgBr	$5 \cdot 10^{-13}$	$mol^2 \cdot l^{-2}$	12,3
Silberchlorid	AgCl	$2 \cdot 10^{-10}$	$mol^2 \cdot l^{-2}$	9,7
Silberiodid	AgI	$8 \cdot 10^{-17}$	$mol^2 \cdot l^{-2}$	16,1
Silberhydroxid	AgOH	$2 \cdot 10^{-8}$	$mol^2 \cdot l^{-2}$	7,7
Zinkcarbonat	$ZnCO_3$	$6 \cdot 10^{-11}$	$mol^2 \cdot l^{-2}$	10,2
Zinkhydroxid	$Zn(OH)_2$	$3 \cdot 10^{-17}$	$mol^3 \cdot l^{-3}$	16,5

Säure-Base-Konstanten und pK_S- bzw. pK_B-Werte für ausgewählte Säure-Base-Paare bei 25 °C ($pK_S = -\lg \{K_S\}$)

Säure	K_S in $mol \cdot l^{-1}$	pK_S	korrespondierende Base	K_B in $mol \cdot l^{-1}$	pK_B
$HClO_4$	$\approx 10^{9}$	≈ -9	ClO_4^-	$\approx 10^{-23}$	≈ 23
HCl	$\approx 10^{7}$	≈ -7	Cl^-	$\approx 10^{-21}$	≈ 21
H_2SO_4	$\approx 10^{3}$	≈ -3	HSO_4^-	$\approx 10^{-17}$	≈ 17
H_3O^+	$5{,}49, \cdot 10^{1}$	–1,74	H_2O	$1{,}82, \cdot 10^{-16}$	15,74
HNO_3	$2{,}09 \cdot 10^{1}$	–1,32	NO_3^-	$4{,}79 \cdot 10^{-16}$	15,32
HOOC–COOH	$5{,}6 \cdot 10^{-2}$	1,25	$HOOC–COO^-$	$1{,}77 \cdot 10^{-13}$	12,75
$CHCl_2$–COOH	$5{,}0 \cdot 10^{-2}$	1,30	$CHCl_2–COO^-$	$1{,}99 \cdot 10^{-13}$	12,7
HSO_4^-	$1{,}2 \cdot 10^{-2}$	1,92	SO_4^{2-}	$8{,}32 \cdot 10^{-13}$	12,08
H_3PO_4	$1{,}09 \cdot 10^{-2}$	1,96	$H_2PO_4^-$	$9{,}12 \cdot 10^{-13}$	12,04
CH_3–CHCl–COOH	$1{,}48 \cdot 10^{-3}$	2,83	$CH_3–CHCl–COO^-$	$6{,}76 \cdot 10^{-12}$	11,17
CH_2Cl–COOH	$1{,}3 \cdot 10^{-3}$	2,86	$CH_2Cl–COO^-$	$7{,}24 \cdot 10^{-12}$	11,14
HF	$7{,}2 \cdot 10^{-4}$	3,14	F^-	$1{,}38 \cdot 10^{-11}$	10,86
HCOOH	$1{,}78 \cdot 10^{-4}$	3,75	$HCOO^-$	$5{,}62 \cdot 10^{-11}$	10,25
$CH_2Cl–CH_2$–COOH	$1{,}14 \cdot 10^{-4}$	3,98	$CH_2Cl–CH_2–COO^-$	$9{,}54 \cdot 10^{-11}$	10,02
CH_3COOH	$1{,}78 \cdot 10^{-5}$	4,75	CH_3COO^-	$5{,}62 \cdot 10^{-10}$	9,25
H_2CO_3	$3{,}02 \cdot 10^{-7}$	6,52	HCO_3^-	$3{,}31 \cdot 10^{-8}$	7,48
H_2S	$1{,}20 \cdot 10^{-7}$	6,92	HS^-	$8{,}32 \cdot 10^{-8}$	7,08
$H_2PO_4^-$	$7{,}58 \cdot 10^{-8}$	7,12	HPO_4^{2-}	$1{,}31 \cdot 10^{-7}$	6,88
NH_4^+	$5{,}62 \cdot 10^{-10}$	9,25	NH_3	$1{,}78 \cdot 10^{-5}$	4,75

Säure	K_S in $mol \cdot l^{-1}$	pK_S	korrespondie-rende Base	K_B in $mol \cdot l^{-1}$	pK_B
HCN	$3{,}98 \cdot 10^{-10}$	9,40	CN^-	$2{,}51 \cdot 10^{-5}$	4,60
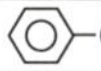–OH	$1{,}04 \cdot 10^{-10}$	9,98	–O^-	$9{,}54 \cdot 10^{-5}$	4,02
HCO_3^-	$3{,}98 \cdot 10^{-11}$	10,40	CO_3^{2-}	$2{,}51 \cdot 10^{-4}$	3,60
HPO_4^{2-}	$4{,}78 \cdot 10^{-13}$	12,32	PO_4^{3-}	$2{,}08 \cdot 10^{-2}$	1,68
H_2O	$1{,}82{,}\cdot 10^{-16}$	15,74	OH^-	$5{,}49{,}\cdot 10^{1}$	–1,74
$[Zn(H_2O_6]^{2+}$	$2{,}45 \cdot 10^{-10}$	9,61	$[Zn(OH)(H_2O)_5]^+$	$4{,}07 \cdot 10^{-5}$	4,39
$[Al(H_2O)_6]^{3+}$	$1{,}41 \cdot 10^{-5}$	4,85	$[Al(OH)(H_2O)_5]^{2+}$	$7{,}08 \cdot 10^{-10}$	9,15
$[Fe(H_2O)_6]^{3+}$	$6{,}03 \cdot 10^{-3}$	2,22	$[Fe(OH)(H_2O)_5]^{2+}$	$1{,}66 \cdot 10^{-12}$	11,78

Elektrochemische Spannungsreihe, Standardpotentiale E^0

Reaktion	E^0 in V	Reaktion	E^0 in V
$Li^+ + e^- \rightleftharpoons Li_{(s)}$	–3,04	$2\,H^+ + 2\,e^- \rightleftharpoons H_{2(g)}$	0,00
$Ca + 2OH^- \rightleftharpoons Ca(OH)_2 + 2e^-$	–3,03	$Cu^{2+} + 2\,e^- \rightleftharpoons Cu_{(s)}$	0,35
$K^+ + e^- \rightleftharpoons K_{(s)}$	–2,92	$O_{2(g)} + 2\,H_2O + 4\,e^- \rightleftharpoons 4\,OH^-$	0,40
$Ba^{2+} + 2\,e^- \rightleftharpoons Ba_{(s)}$	–2,90	$H_2O_2 \rightleftharpoons O_2 + 2H^+ + 2e^-$	0,682
$Ca^{2+} + 2\,e^- \rightleftharpoons Ca_{(s)}$	–2,87	$Fe^{3+} + e^- \rightleftharpoons Fe^{2+}$	0,77
$Na^+ + e^- \rightleftharpoons Na_{(s)}$	–2,71	$Ag^+ + e^- \rightleftharpoons Ag_{(s)}$	0,80
$Mg + 2OH^- \rightleftharpoons Mg(OH)_2 + 2e^-$	–2,63	$Hg^{2+} + 2\,e^- \rightleftharpoons Hg_{(l)}$	0,85
$Mg^{2+} + 2\,e^- \rightleftharpoons Mg_{(s)}$	–2,36	$Br_{2(l)} + 2\,e^- \rightleftharpoons 2\,Br^-$	1,07
$Al^{3+} + 3\,e^- \rightleftharpoons Al_{(s)}$	–1,66	$Pt^{2+} + 2\,e^- \rightleftharpoons Pt_{(s)}$	1,20
$Zn^{2+} + 2\,e^- \rightleftharpoons Zn_{(s)}$	–0,76	$O_{2(g)} + 4\,H^+ + 4\,e^- \rightleftharpoons 2\,H_2O$	1,23
$Cr^{3+} + 3\,e^- \rightleftharpoons Cr_{(s)}$	–0,74	$Cl_{2(g)} + 2\,e^- \rightleftharpoons 2\,Cl^-$	1,36
$Fe^{2+} + 2\,e^- \rightleftharpoons Fe_{(s)}$	–0,41	$Au^{3+} + 2\,e^- \rightleftharpoons Au^+$	1,41
$Cd^{2+} + 2\,e^- \rightleftharpoons Cd_{(s)}$	–0,40	$PbO_{2(s)} + 4\,H^+ + 2\,e^- \rightleftharpoons Pb^{2+} + 2\,H_2O$	1,46
$PbSO_{4(s)} + 2\,e^- \rightleftharpoons Pb_{(s)} + SO_4^{2-}$	–0,36	$Au^+ + e^- \rightleftharpoons Au_{(s)}$	1,68
$Ni^{2+} + 2\,e^- \rightleftharpoons Ni_{(s)}$	–0,23	$PbO_{2(s)} + 4\,H^+ + SO_4^{2-} + 2\,e^- \rightleftharpoons PbSO_{4(s)} + 2\,H_2O$	1,69
$Cu + 2OH^- \rightleftharpoons Cu(OH)_2 + 2e^-$	–0,22		
$Sn^{2+} + 2\,e^- \rightleftharpoons Sn_{(s)}$	–0,14	$H_2O_2 + 2H^+ + 2e^- \rightleftharpoons 2H_2O$	1,776
$Pb^{2+} + 2\,e^- \rightleftharpoons Pb_{(s)}$	–0,13	$O_2 + H_2O \rightleftharpoons O_3 + 2H^+ + 2e^-$	2,07
$Fe^{3+} + 3\,e^- \rightleftharpoons Fe_{(s)}$	–0,02	$F_{2(g)} + 2e^- \rightleftharpoons 2F^-$	2,87

Ebullioskopische und kryoskopische Konstanten

Lösungsmittel	Siedetemperatur• in °C	Schmelztemperatur• in °C	K_e in $K \cdot kg \cdot mol^{-1}$	K_k in $K \cdot kg \cdot mol^{-1}$
Wasser	100	0,0	0,515	1,853
Ethanol	78,3	–114,1	1,04	–
Methanol	64,5	–97,7	0,84	–
Essigsäure	117,9	16,7	3,07	3,9

• Schmelz- und Siedetemperatur bei 1013,25 hPa

Stabilitätskonstanten von Komplex-Ionen bei 298 K *

Z	Li	lgK	Z	Li	lgK
Ag^+	$+ 2\,CN^- \rightleftharpoons [Ag(CN)_2]^-$	20	Fe^{2+}	$+ 6\,CN^- \rightleftharpoons [Fe(CN)_6]^{4-}$	37
Ag^+	$+ 2\,NH_3 \rightleftharpoons [Ag(NH_3)_2]^+$	7	Fe^{3+}	$+ 6\,CN^- \rightleftharpoons [Fe(CN)_6]^{3-}$	44
Ag^+	$+ 2\,S_2O_3^{2-} \rightleftharpoons [Ag(S_2O_3)_2]^{3-}$	13	Hg^{2+}	$+ 4\,CN^- \rightleftharpoons [Hg(CN)_4]^{2-}$	41
Al^{3+}	$+ 6\,F^- \rightleftharpoons [AlF_6]^{3-}$	20	Hg^{2+}	$+ 4\,Cl^- \rightleftharpoons [HgCl_4]^{2-}$	16
Cd^{2+}	$+ 4\,NH_3 \rightleftharpoons [Cd(NH_3)_4]^{2+}$	7	Ni^{2+}	$+ 4\,CN^- \rightleftharpoons [Ni(CN)_4]^{2-}$	31
Co^{2+}	$+ 6\,NH_3 \rightleftharpoons [Co(NH_3)_6]^{2+}$	5	Ni^{2+}	$+ 6\,NH_3 \rightleftharpoons [Ni(NH_3)_6]^{2+}$	8
Co^{3+}	$+ 6\,NH_3 \rightleftharpoons [Co(NH_3)_6]^{3+}$	34	Zn^{2+}	$+ 4\,CN^- \rightleftharpoons [Zn(CN)_4]^{2-}$	20
Cu^+	$+ 2\,NH_3 \rightleftharpoons [Cu(NH_3)_2]^+$	11	Zn^{2+}	$+ 4\,NH_3 \rightleftharpoons [Zn(NH_3)_4]^{2+}$	9
Cu^{2+}	$+ 4\,NH_3 \rightleftharpoons [Cu(NH_3)_4]^{2+}$	13			

* Reaktionsteilnehmer in wässriger Lösung; c in $mol \cdot l^{-1}$; $Z + n\,Li \rightleftharpoons Z\,Li_n$ $\quad K = \dfrac{c_{Z\,Li_n}}{c_Z \cdot c_{Li}^n}$

Anmerkung: Die Komplex-Ionen werden immer in zwei eckige Klammern gesetzt (z. B. $[Zn(CN)_4]^{2-}$).

Gitterenthalpien für den Zerfall von einem Mol Kristall in seine gasförmigen Ionen bei 298 K ($\Delta H_{298}/kJ \cdot mol^{-1}$)

	F^-	Cl^-	Br^-	I^-
Li^+	1039	850	802	742
Na^+	920	780	740	692
K^+	816	710	680	639
Cs^+	749	651	630	599
Be^{2+}	3476	2994	2896	2784
Mg^{2+}	2949	2502	2402	2293
Ca^{2+}	2617	2231	2134	2043
Ba^{2+}	2330	2024	1942	1838
Sr^{2+}	2482	2129	2040	1940

Durchschnittliche Bindungsenthalpien bei 298 K und Atom-Atom-Abstände

Bindung	ΔH, in $kJ \cdot mol^{-1}$	Bindungslängen in pm	Bindung	ΔH, in $kJ \cdot mol^{-1}$	Bindungslängen in pm	Bindung	ΔH, in $kJ \cdot mol^{-1}$	Bindungslängen in pm
Br–Br	193	228	C–O	358	143	C=S	536	189
C–C	348	154	C–P	264	184	N=N	418	125
Cl–Cl	242	199	C–S	272	182	N≡N	945	110
F–F	159	142	H–Cl	431	128	N=O	607	
H–H	436	74	H–Br	366	141	O=O	498	121
I–I	151	267	H–F	567	92	Br–Cl	219	214
N–N	163	146	H–I	298	160	Br–F	249	176
O–O	146	148	H–N	391	101	Br–I	178	
P–P	172	221	H–O	463	97	Cl–F	253	163
S–S	255	205	H–P	322	142	Cl–I	211	232
C–Br	285	194	H–S	367	134	O–Br	234	
C–Cl	339	177	C=C	614	134	O–Cl	208	170
C–I	218	214	C≡C	839	120	O–F	193	142
C–H	413	108	C=N	615	130	O–I	234	
C–F	489	138	C≡N	891	116	O–N	201	136
C–N	305	147	C=O	745	122	O–P	335	154

Atombau

siehe auch S. 19, 92, 93, 94

Atom- und Ionenradien ausgewählter Elemente

Element		Atomradius in 10^{-10} m	Ionenradius in 10^{-10} m	Ionenladung	Element		Atomradius in 10^{-10} m	Ionenradius in 10^{-10} m	Ionenladung
Aluminium	Al	1,43	0,50	+ 3	Kupfer	Cu	1,28	0,96	+1
Beryllium	Be	1,12	0,31	+ 2	Lithium	Li	1,52	0,60	+ 1
Bor	B	0,88	0,20	+ 3	Magnesium	Mg	1,60	0,65	+ 2
Brom	Br	1,14	1,95	− 1	Natrium	Na	1,86	0,95	+ 1
Caesium	Cs	2,62	1,69	+ 1	Phosphor	P	1,10	2,12	− 3
Calcium	Ca	1,97	0,97	+ 2	Rubidium	Rb	2,44	1,48	+ 1
Chlor	Cl	0,99	1,81	− 1	Sauerstoff	O	0,66	1,45	− 2
Eisen	Fe	1,24	0,83	+ 2	Schwefel	S	1,04	1,84	− 2
Fluor	F	0,64	1,36	− 1	Selen	Se	1,17	1,98	− 2
Gallium	Ga	1,22	0,62	+ 3	Silicium	Si	1,17	0,39	+ 4
Germanium	Ge	1,22	0,53	+ 4	Stickstoff	N	0,70	1,71	− 3
Iod	I	1,33	2,16	− 1	Silber	Ag	1,44	1,26	+ 1
Kalium	K	2,02	1,33	+ 1	Wasserstoff	H	0,30		
Kohlenstoff	C	0,77			Zink	Zn	1,33	0,74	+2

Stöchiometrie

Stoffmenge n	$n = \frac{m}{M} = \frac{V}{V_m} = \frac{N}{N_A}$	m Masse M molare Masse V Volumen V_m molares Volumen N Teilchenzahl einer abgeschlossenen Stoffmenge N_A AVOGADRO-Konstante (S. 11)
molare Masse M	$M = \frac{m}{n}$	
molares Volumen V_m	$V_m = \frac{V}{n}$	
Masse/Masse	$\frac{m_1}{m_2} = \frac{M_1 \cdot n_1}{M_2 \cdot n_2}$	m_1, m_2 Massen der Stoffe 1 und 2 n_1,n_2 Stoffmengen der Stoffe 1 und 2 M_1,M_2 molare Massen der Stoffe 1 und 2
Masse/Volumen	$\frac{m_1}{V_2} = \frac{M_1 \cdot n_1}{V_m \cdot n_2}$	V_1, V_2 Volumen der gasförmigen Stoffe 1 und 2 bei 0 °C und 101 325 Pa V_m molares Normvolumen des gasförmigen Stoffes 2
Volumen/Volumen	$\frac{V_1}{V_2} = \frac{n_1}{n_2}$	
Ausbeute η	$\eta = \frac{n_{real}}{n_{max}}$	n_{real} real erhaltene Stoffmenge n_{max} maximal erhaltene Stoffmenge
Massenanteil ω_i	$\omega_i = \frac{m_i}{m}$	m_i Masse der Komponente i m Gesamtmasse des Stoffgemisches
Volumenanteil φ_i	$\varphi_i = \frac{V_i}{V_0}$	V_i Volumen der Komponente i V_0 Gesamtvolumen der Lösung vor dem Mischvorgang V Gesamtvolumen der Lösung nach dem Mischvorgang
Massenkonzentration β_i	$\beta_i = \frac{m_i}{V}$	
Stoffmengenkonzentration c_i	$c_i = \frac{n_i}{V}$	n_i Stoffmenge der Komponente i n Gesamtstoffmenge des Stoffgemisches
Molalität b	$b = \frac{n_i}{m_{Lm}}$	n_i Stoffmenge der Komponente i m_{Lm} Masse des Lösungsmittels

Kinetik

Reaktionsgeschwindigkeit	$\bar{v} = \frac{\Delta c}{\Delta t}$ $v = \frac{dc}{dt}$	Δc Konzentrationsänderung Δt Zeitspanne
ARRHENIUS-Gleichung	$k = A \cdot e^{\frac{-E_A}{R \cdot T}}$ $E_A = (\ln\{A\} - \ln\{k\}) \cdot R \cdot T$	{A} Zahlenwert der Aktivitätskonstanten {k} Zahlenwert der Reaktionsgeschwindigkeitskonstanten E_A Aktivierungsenergie T Temperatur R universelle Gaskonstante (S. 11)

Gasgesetze

unter „Thermisches Verhalten des idealen Gases“ S. 81, 82

Chemisches Gleichgewicht

Massenwirkungsgesetz	$K_C = \frac{c^{\vartheta C}(C) \cdot c^{\vartheta D}(D)}{c^{\vartheta A}(A) \cdot c^{\vartheta B}(B)}$	Reaktion $\vartheta_A\,A + \vartheta_B\,B \rightleftharpoons \vartheta_C\,C + \vartheta_D\,D$ K_C Gleichgewichtskonstante c Stoffmengenkonzentration (S. 8) ϑ stöchiometrischer Faktor
Ionenprodukt des Wassers K_W	$K_W = c(H_3O^+) \cdot c(OH^-)$ $= 10^{-14}\,mol^2 \cdot l^{-2}$	Es gilt für das Gleichgewicht bei 22 °C: $2\,H_2O \rightleftharpoons H_3O^+ + OH^-$
pH-Wert	Für verdünnte wässrige Lösungen gilt: $pH = -\lg\{c(H_3O^+)\}$	$\{c(H_3O^+)\}$ Zahlenwert der Oxoniumionenkonzentration (Hydroniumionenkonzentration) in $mol \cdot l^{-1}$
Säure-Base-Reaktion nach BRÖNSTED	$HA + B \rightleftharpoons A^- + HB^+$	HA Säure 1; A^- Base 1 HB^+ Säure 2; B Base 2
Säurekonstante K_S	$K_S = \frac{c(H_3O^+) \cdot c(A^-)}{c(HA)}$ $pK_S = -\lg\{K_S\}$	Es gilt für das Gleichgewicht: $HA + H_2O \rightleftharpoons H_3O^+ + A^-$ $\{K_S\}$ Zahlenwert der Säurekonstante
Basekonstante K_B	$K_B = \frac{c(HB^+) \cdot c(OH^-)}{c(B)}$ $pK_B = -\lg\{K_B\}$	Es gilt für das Gleichgewicht: $B + H_2O \rightleftharpoons HB^+ + OH^-$ $\{K_B\}$ Zahlenwert der Basekonstante
HENDERSON-HASSELBALCH Puffergleichung	$pH = pK_S + \lg\frac{c(A^-)}{c(HA)}$	c(HA) Gleichgewichtskonzentration einer schwachen Säure $c(A^-)$ Gleichgewichtskonzentration des Anions einer schwachen Base
Löslichkeitsprodukt K_L	$K_L\,(A_xB_y) = c^x(A^{m+}) \cdot c^y(B^{n-})$	x Anzahl der Kationen in der Formeleinheit y Anzahl der Anionen in der Formeleinheit $c(A^{m+})$ Konzentration der Kationen $c(B^{n-})$ Konzentration der Anionen
molare Löslichkeit	$C_{A_xB_y} = \sqrt[x+y]{\frac{K_L(A_xB_y)}{x^x \cdot y^y}}$	$A_xB_y \rightleftharpoons xA^{m+} + yB^{n-}$
OSTWALD-Verdünnungsgesetz	$K_p = \frac{c(K^+) \cdot c(A^-)}{c(KA)} = \frac{\alpha^2}{1-\alpha} \cdot c_o$	K_p Protolysekonstante α Protolysegrad $c(A^-)$ Konzentration der Anionen $c(K^+)$ Konzentration der Kationen c_o Gesamtkonzentration c(KA) Konzentration von nicht protolysiertem Elektrolyt

Elektrochemie

nernstsche Gleichung (S. 108)	$E = E^0 + \frac{R \cdot T}{z \cdot F} \cdot \ln \frac{c(Ox)}{c(Red)}$ Für eine Temperatur von 25 °C gilt: $E = E^0 + \frac{0,059V}{z} \cdot \lg \frac{c(Ox)}{c(Red)}$	E Redoxpotenzial E^0 Standardpotenzial des entsprechenden Redoxpaares in V R universelle Gaskonstante (S. 11) T Temperatur z Anzahl der ausgetauschten Elektronen F FARADAY-Konstante (S. 11) c Konzentration der Halbelemente
Berechnung nach den faradayschen Gesetzen	$\eta \cdot I \cdot t = n \cdot z \cdot F$ $\frac{M}{m} = \frac{F \cdot z}{I \cdot t \cdot \eta}$	M molare Masse m Masse F FARADAY-Konstante (S. 11) z pro Formelumsatz ausgetauschte Zahl von Elektronen I Stromstärke t Zeit n Stoffmenge η Stromausbeute (Wirkungsgrad)

Energetik

Grundbegriffe S. 79, 80

molare Reaktionsenthalpie $\Delta_R H$	$\Delta_R H = \Delta_R U + p \cdot \Delta_R V$	$\Delta_R U$ Änderung der inneren Energie (S. 80) $p \cdot \Delta_R V$ Volumenarbeit (S. 80) $\Delta_R S$ Differenz der Entropien der Edukte und Produkte ≙ molare Reaktionsentropie T Reaktionstemperatur in K
molare freie Reaktionsenthalpie $\Delta_R G$ (GIBBS-HELMHOLTZ-Gleichung)	$\Delta_R G = \Delta_R H - T \cdot \Delta_R S$	
molare freie Standardenthalpie $\Delta_R G°$ und Gleichgewichtskonstante K_c	$\Delta_R G° = -R \cdot T \cdot \ln K_c$ $\Delta_R G = -z \cdot F \cdot \Delta U^0$	T Temperatur R universelle Gaskonstante (S. 11) K Gleichgewichtskonstante F FARADAY-Konstante z Anzahl der ausgetauschten Elektronen ΔU^0 Zellspannung (Standard ~)
van't hoffsche Gleichung	$\ln \frac{K_2}{K_1} = -\frac{\Delta_R H}{R} \cdot \left(\frac{1}{T_2} - \frac{1}{T_1}\right)$	K_2, K_1 Gleichgewichtskonstanten zu T_2 und T_1 ΔH Änderung der molaren Reaktionsenthalpie T_2, T_1 Temperaturen graphische Enthalpieermittlung 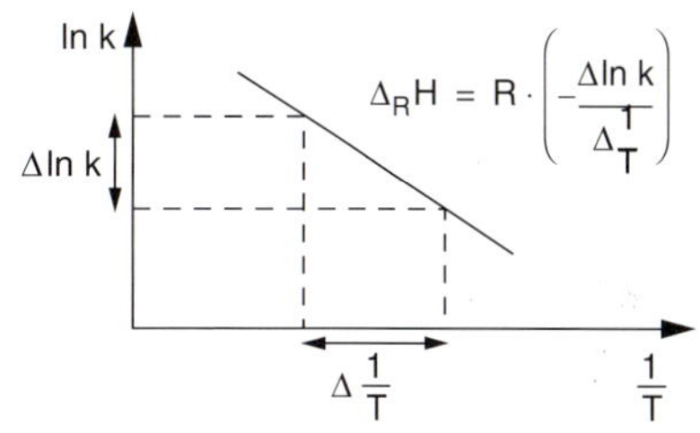
Satz von HESS	$\Delta_R H_1 = \Delta_R H_2 + \Delta_R H_3$	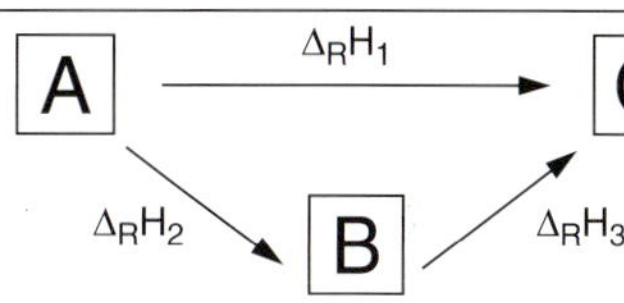
Berechnung der molaren Reaktionsenthalpie $\Delta_R H^0$ nach dem Satz von HESS	$\Delta_R H^0 = (\Delta_f H^0_{AC} + \Delta_f H^0_{BD}) - (\Delta_f H^0_{AB} + \Delta_f H^0_{CD})$	Es gilt für die Reaktion bei 25 °C und 101,3 kPa: $AB + CD \rightarrow AC + BD$ $\Delta_f H^0$ molare Standardbildungsenthalpien der beteiligten Stoffe

Physiologie/Biochemie

Fotosynthese/Atmung

Biomasse-produktion	$S = Pb - (R + m_V)$ $Pn = Pb - R$	S – langfristiger Stoffgewinn für den betrachteten Organismus Pb – Brutto-Primärproduktion Pn – Netto-Primärproduktion R – Stoffverlust durch Atmung m_V – Verlustmasse (z.B. abgeworfene Blätter)
respiratorischer Quotient RQ	$RQ = \frac{n(CO_2)_{aus} - n(CO_2)_{ein}}{n(O_2)_{ein} - n(O_2)_{aus}}$ $= \frac{n(CO_2)_{gebildet}}{n(O_2)_{verbraucht}} = \frac{V_{CO_2\,gebildet}}{V_{O_2\,verbraucht}}$	$n(CO_2)_{aus/ein}$ – aus- bzw. eingeatmete Stoffmenge an Kohlenstoffdioxid $n(O_2)_{ein/aus}$ – Ein- bzw. ausgeatmete Stoffmenge an Sauerstoff V_{CO_2} – gebildetes Kohlenstoffdioxidvolumen V_{O_2} – verbrauchtes Sauerstoffvolumen

Enzymreaktionen

MICHAELIS-MENTEN-Konstante K_M **LINEWEAVER-BURK-Gleichung**	$K_M = \frac{V_{max}}{2}$ $\left(c(S) \text{ bei } v_0 = \frac{V_{max}}{2}\right)$ doppelt reziproke Darstellung: $\frac{1}{v_0} = \frac{K_M}{V_{max}} \cdot \frac{1}{c(S)} + \frac{1}{V_{max}}$	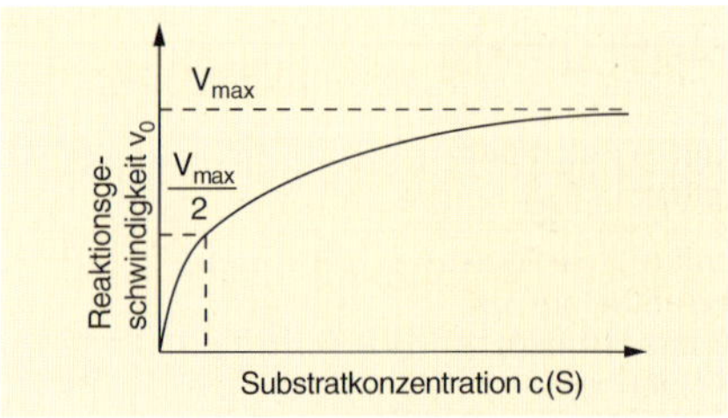
Reaktionsgeschwindigkeit v_0 einer Enzymreaktion	$v_0 = \frac{V_{max} \cdot c(S)}{K_M + c(S)}$	V_{max} – maximale Reaktionsgeschwindigkeit c(S) – Substratkonzentration

Diffusion

1. ficksches Diffusionsgesetz	$\frac{dn}{dt} = -D \cdot A \cdot \frac{dc}{dx}$	n – Stoffmenge (S. 107) t – Diffusionszeit A – Durchtrittsfläche D – Diffusionskonstante
2. ficksches Diffusionsgesetz	$x = D \cdot \sqrt{t}$ $t_{max} = \frac{x^2}{2 \cdot D}$	x – Diffusionsweg c – Konzentration t_{max} – maximale Diffusionszeit
Diffusion durch eine Membran	$\frac{dn}{dt} = -D \cdot A \cdot \frac{(c_i - c_a)}{z}$	c_i; c_a – Konzentration beiderseits der Membran (innen und außen) z – Dicke der Membran
Diffusionspotenzial E_D (nernstsche Gleichung) (S. 107)	$E_D = \frac{R \cdot T}{z \cdot F} \cdot \ln \frac{c(Ion)_I}{c(Ion)_{II}}$	R – universelle Gaskonstante (S. 11) T – absolute Temperatur z – Ionenwertigkeit F – FARADAY-Konstante (S. 11) $c(Ion)_I$ – Ionenkonzentration der Lösung I $c(Ion)_{II}$ – Ionenkonzentration der Lösung II

Osmose

osmotische Zustandsgleichung der Zelle	$S = O - W$ $O = c \cdot R \cdot T$	T – absolute Temperatur R – universelle Gaskonstante (S. 11) c – Konzentration O – osmotischer Druck S – Saugkraft der Zelle W – Turgordruck (Wanddruck)

Bio 1

Bio

Wasserhaushalt

Trockengewicht TG	Unter der Bedingung nach 24 Stunden bei 110 °C gilt: TG = FG – WG	FG Frischgewicht m_V Verlustmasse beim Glühen W_{max} maximal möglicher Wassergehalt W_a zur Zeit vorhandener Wassergehalt (aktueller Wassergehalt) m_{Wab} Masse der abgegebenen Wassermenge pro Zeiteinheit m_{Wauf} Masse der aufgenommenen Wassermenge pro Zeiteinheit V_{Wab} abgegebenes Wasservolumen pro Zeiteinheit V_{Wauf} aufgenommenes Wasservolumen pro Zeiteinheit
Wassergehalt WG	WG = FG – TG	
Aschegewicht AG	$AG = TG - m_V$	
Wasserdefizit Wd (Wasserverlust)	$Wd = \frac{W_{max} - W_a}{W_{max}} \cdot 100\ \%$	
Bilanzquotient BQ des Wassers	$BQ = \frac{m_{Wab}}{m_{Wauf}} \mathrel{\hat=} \frac{V_{Wab}}{V_{Wauf}}$ Ist BQ > 1, welkt der Organismus.	

Humanbiologie

Die Formeln in diesem Abschnitt stellen meist Faustregeln dar, die empirisch gefunden wurden und vor allem auf den „durchschnittlichen Organismus" zu beziehen sind.

Sexualbiologie/Entwicklung

PEARL-Index PI (Versagerquote)	$PI = \frac{N}{N_{Anwender} \cdot t}$	N Anzahl der ungewollten Schwangerschaften t Beobachtungszeitraum in Jahren $N_{Anwender}$ Anzahl der Anwender/innen
Berechnung des Entbindungstermins Et (naegelesche Regel)	$Et = T_m + 7,\ M_m - 3,\ J_m + 1$ (Nicht anwendbar, wenn Et im Oktober, November oder Dezember liegt.)	$(T, M, J)_m$ Termin des ersten Tages der letzten Menstruation (T Tag, M Monat, J Jahr) T, M, J = 20.06.1992 20 + 7, 6 – 3, 1992 +1 Et = 27.03.1993
Intelligenzquotient IQ	$IQ = \frac{\text{Intelligenzalter}}{\text{Lebensalter}} \cdot 100$	Das Intelligenzalter ergibt sich aus Ergebnissen eines Intelligenztests; der IQ wurde für Jugendliche und Kinder unter 15 Jahren abgeleitet.
voraussichtliche Körpergröße KgrE als Erwachsener	$Kf = \frac{Kgr - Dgr}{Uw}$ $KgrE = DgrE + (Kf \cdot UwE)$	Kf Korrekturfaktor Kgr Körpergröße in cm Dgr Durchschnittskörpergröße DgrE Durchschnittskörpergröße als Erwachsener Uw Umrechnungswert UwE Umrechnungswert als Erwachsener

Ernährung

Normalgewicht NG und Idealgewicht IG (nach BROCA)	$NG = (Kgr - 100) \cdot kg$ $IG = NG \cdot 0{,}9$ bei Jugendlichen: $IG = NG \cdot 0{,}85$	Kgr Körpergröße in cm
Gesamtumsatz GesU	GesU = GU + LU	LU Leistungsumsatz an Energie t Zeit in Stunden m_K Körpermasse in kg h Zeit in Stunden für die ausgeführte Tätigkeit EV Energieumsetzung pro Stunde der Tätigkeit Bf Bedarfsfaktor der Nährstoffe (s. Tabelle S. 112) EG Energiegehalt der Nährstoffe (s. Tabelle S. 112) EG_n Energiegehalt der Nahrungsmittel
Grundumsatz GU	$GU = 4{,}2\ kJ \cdot t \cdot m_K$ bei Jugendlichen: $6{,}2\ kJ \cdot t \cdot m_K$	
Leistungsumsatz LU	$LU = (h_1 \cdot EV_1) + (h_2 \cdot EV_2) + \ldots + (h_n \cdot EV_n)$	
Nährstoffbedarf Nb	$Nb = Bf \cdot m_K$	
Energiebedarf Eb	$Eb = (Nb_{KH} \cdot EG_{KH}) + (Nb_{Fett} \cdot EG_{Fett}) + (Nb_{Eiw} \cdot EG_{Eiw})$	
Energiegehalt EG_m einer Mahlzeit	$EG_m = EG_{n_1} + EG_{n_2} + \ldots + EG_{n_n}$	

Bio 1
Bio

Blutalkoholgehalt BAG (nach WIDMARK)	$BAG = \frac{m_{Alkohol}}{m_K \cdot r} = \frac{V_{Alkohol} \cdot D}{m_K \cdot r}$	BAG Blutalkoholgehalt in ‰ r Reduktionsfaktor männlich 0,7, weiblich 0,6 D Dichte von Alkohol (0,79 g · ml^{-1}) $m_{Alkohol}$ aufgenommene Alkoholmenge in g m_K Körpermasse in kg $V_{Alkohol}$ Volumen des Alkohols in ml
Berechnung der menschlichen Körperoberfläche O in m^2	$O = 0{,}007184 \cdot m_K^{0,425} \cdot Kgr^{0,725}$	m_K Körpermasse in kg Kgr Körpergröße in cm

Energiegehalt der Nährstoffe (zur Errechnung von Nb und Eb)

Nährstoffe	Energiegehalt in kJ/g	Bedarfsfaktor in g/kg Körpergewicht	Energiebedarf pro Tag in %
Fette	39	0,9	30–35
Eiweiße (Eiw)	17	0,8	15
Kohlenhydrate (KH)	17	3,0	50–55

Ökologie

Qualität des Wassers

Bestimmung des Plankton- und Schwebstoffgehaltes G_{PS}	$G_{PS} = \frac{(m_2 - m_1) \cdot 1000}{V}$	m_1 Masse des getrockneten Filterpapiers in g m_2 Masse des getrockneten Filterpapiers mit Plankton- und Schwebstoffen in g V Volumen der Wasserprobe in ml
quantitative Sauerstoffbestimmung $\beta(O_2)$ (nach WINKLER)	$\beta(O_2) = \frac{a \cdot 0,08 \cdot 1000}{V - b}$	a Verbrauch an Natriumthiosulfatlösung in ml (c = 0,01 mol · l^{-1}) b zugesetzte Reagenzienmenge in ml 1000 Umrechnungsfaktor für einen Liter
Sauerstoffsättigung S	$S = \frac{\beta(O_2) \cdot 100\,\%}{\beta(O_2)S}$	$\beta(O_2)$ gemessener Sauerstoffgehalt der Frischprobe bei gemessener Temperatur $\beta(O_2)S$ theoretischer Sauerstoffsättigungswert bei der gemessenen Temperatur $\beta(O_{2/II})$ Sauerstoffgehalt der zwei Tage (II) alten Wasserprobe $\beta(O_{2/V})$ Sauerstoffgehalt der fünf Tage (V) alten Wasserprobe
Sauerstoffdefizit $\beta(O_2)_{Def}$	$\beta(O_2)_{Def} = \beta(O_2) - \beta(O_2)S$	
biochemischer Sauerstoffbedarf BSB	$BSB_2 = \beta(O_2) - \beta(O_{2/II})$ $BSB_5 = \beta(O_2) - \beta(O_{2/V})$	

Bestandsaufnahme von Pflanzen

Stufen	Deckungsgrad (bedeckter Anteil der Untersuchungsfläche) in %	Individuenzahl (Häufigkeit der Art auf der Untersuchungsfläche)	Entwicklungszustand
r („rar“)	sehr wenig Fläche abdeckend	etwa 1 bis 2 Individuen	K Keimpflanze J Jungpflanze st steril (ausgewachsene Pflanze ohne Blüten und Samen) ko knospend (Blüten- oder Blattknospen) b blühend f fruchtend v vergilbend t tot (oberirdische Teile abgestorben) S nur als Samen zu finden g abgemäht
+ („Kreuz“)	wenig Fläche abdeckend	etwa 2 bis 5 Individuen	
1	weniger als 5 % abdeckend	sehr spärlich vorhanden	
2	6 % bis 25 % abdeckend	spärlich vorhanden	
3	26 % bis 50 % abdeckend	wenig zahlreich vorhanden	
4	51 % bis 75 % abdeckend	zahlreich vorhanden	
5	76 % bis 100 % abdeckend	sehr zahlreich vorhanden	

Biologische Gütebestimmung eines Gewässers

Saprobienindex S für die untersuchte Biozönose	$S = \frac{\sum_{i=1}^{n} h_i \cdot s_i \cdot g_i}{\sum_{i=1}^{n} h_i \cdot g_i}$ oder $S = \frac{(h_1 \cdot s_1 \cdot g_1) + (h_2 \cdot s_2 \cdot g_2) + \ldots + (h_n \cdot s_n \cdot g_n)}{(h_1 \cdot g_1) + (h_2 \cdot g_2) + \ldots + (h_n \cdot g_n)}$	n Anzahl der untersuchten Organismenarten h ausgezählte Häufigkeit der Organismen einer Art s Saprobienindex für die einzelne Art, gibt deren Optimum innerhalb der Saprobienstufen an g Indikationsgewicht (1 – 5), gibt Eignung einer Art als Indikator für bestimmte Güteklasse an (Bindung an nur eine Güteklasse g = 5; Vorkommen in zwei oder mehr Güteklassen g = 4, 3, 2, 1)

Genetik/Populationsbiologie

Genetik

Berechnung des Austauschwertes AW in Koppelungsgruppen (relative Genabstände)	$AW = \frac{N_A}{N_{ges}} \cdot 100\ \%$	N_A Anzahl der Nachkommen mit Genaustausch N_{ges} Gesamtzahl der Nachkommen
Mutationsrate Mr (nach Nachtsheim)	direkte Berechnung: $Mr = \frac{N_N}{2N_I}$	N_N Anzahl der Neumutanten N_I Gesamtzahl der betrachteten Individuen
Stammbaumsymbole	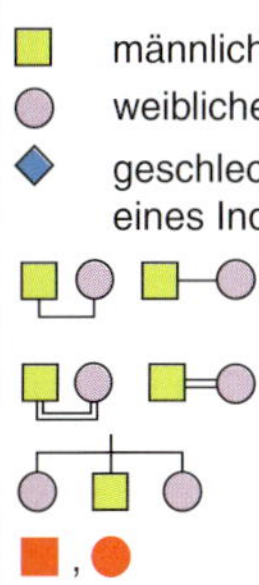 männliches Individuum weibliches Individuum geschlechtlich indifferente Betrachtung eines Individuums Ehe/Fortpflanzungsgemeinschaft Verwandtenehe Geschwister Merkmalsträger, -trägerin	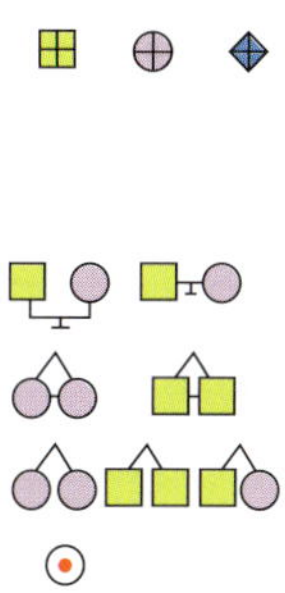 Totgeburt ohne Nachkommen eineiige Zwillinge zweieiige Zwillinge Überträgerin

Hardy-Weinberg-Bedingungen und Hardy-Weinberg-Gesetz

Hardy-Weinberg-Gesetz	für die Ausgangspopulation gilt: $Q + q = 1$ für die Folgepopulation gilt: $Q^2 + 2\,Qq + q^2 = 1$ und $d + h + r = 1$ $Q = d + 0{,}5\,h$ $q = 0{,}5\,h + r$	Q,q Häufigkeit dominanter und rezessiver Allele Genotyphäufigkeit: d homozygot dominant h heterozygot r homozygot rezessiv
	Unter den Annahmen ... – keine Mutationen – keine Selektion – vollständige Panmixie – unendlich große Population – kein Genfluss gilt, dass die Allelenfrequenzen und die Genotyphäufigkeit gleich bleiben, d.h. Evolution nicht stattfindet; in der Realität wirken aber Einflüsse auf die Populationen.	
Individualfitness W (Adaptationswert; relative Überlebensrate)	$W = \frac{N_I}{N_{max}}$ für den besten Genotyp gilt: W = 1	N_I Genotyphäufigkeit des betrachteten Genotyps N_{max} Nachkommenschaft des besten Genotyps

Bio2

Bio

Selektionskoeffizient S	$S = 1 - W$	
mittlere Populationsfitness $\overline{W}$	$\overline{W} = \frac{f_1 \cdot W_1 + f_2 \cdot W_2 + \ldots + f_n \cdot W_n}{f_1 + f_2 + \ldots + f_n}$	W_1, W_2 Individualfitness der Genotypen 1 und 2 f_1, f_2 Häufigkeit der Genotypen 1 und 2
genetische Last L (genetische Bürde)	$L = \frac{W_{max} - \overline{W}}{W_{max}}$	W_{max} Fitness des besten Genotyps In jeder Population ist die durchschnittliche Fitness geringer als die Fitness des besten Genotyps.

Wachstumsgesetze

Geburtenrate GR	$GR = \frac{+N_G}{dt\ N}$	N_G Anzahl der Geburten N Gesamtzahl der betrachteten Individuen N_T Anzahl der Todesfälle t Zeit K Faktor, der die Lebensraumkapazität angibt (maximale Populationsgröße)
Sterberate SR	$SR = \frac{-N_T}{dt\ N}$	
Zuwachsrate r (Vermehrungsrate)	$r = GR + SR$	
logistisches (reales) Wachstum	$\frac{dN}{dt} = r \cdot N \cdot \frac{K-N}{K}$	
exponentielles Wachstum	$\frac{dN}{dt} = r \cdot N$ gültig für $N < K$	

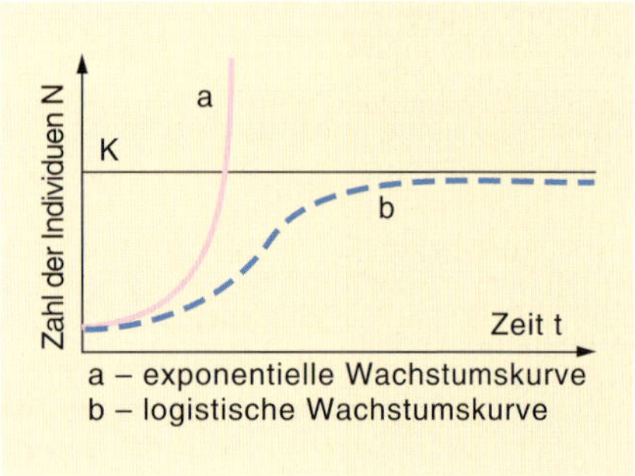

Bakterienwachstum

Bakterienvermehrung in statischer Kultur in der log-Phase	$N = N_0 \cdot 2^n$	N Anzahl der Individuen nach n Teilungen N_0 Ausgangszahl der Bakterien
Wachstumsrate R	$R = \frac{lb\ N_1 - lb\ N_0}{t_1 - t_0}$	lb $\log_2$ N_0, N_1 Anzahl der Bakterien zur Zeit t_0, t_1 t_0, t_1 Zeit
Generationszeit t_{gen}	$t_{gen} = \frac{1}{R}$	

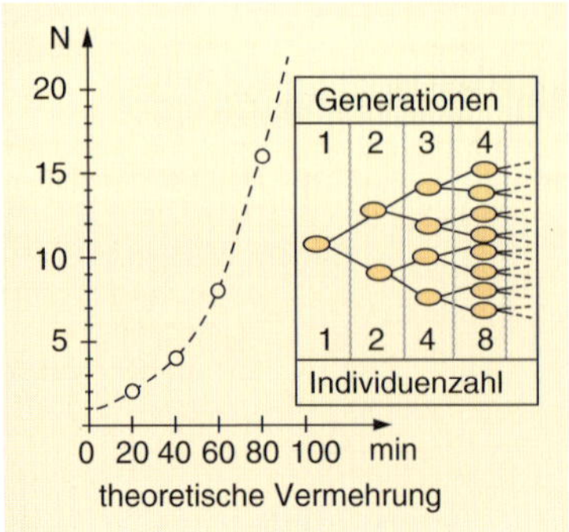

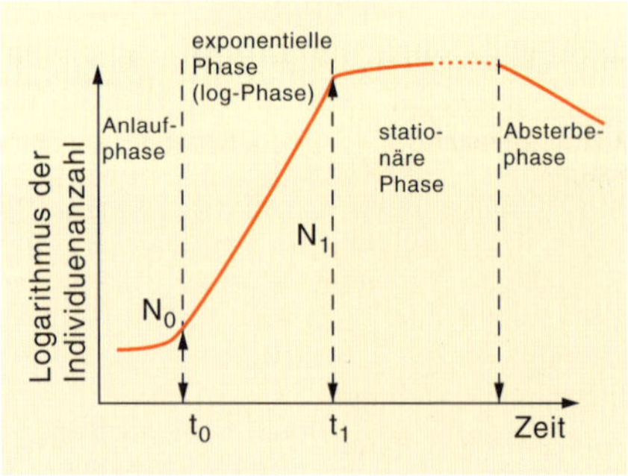